煤炭职业教育"十四五"规划教材

# 矿井瓦斯防治

主　编　赵　亮　宫良伟
副主编　耿　铭　杨明明　赵文利　刘晓帆

应急管理出版社
·北京·

图书在版编目（CIP）数据

矿井瓦斯防治/赵亮，宫良伟主编．――北京：应急管理出版社，2023（2024.12重印）

煤炭职业教育"十四五"规划教材

ISBN 978–7–5020–8738–8

Ⅰ.①矿… Ⅱ.①赵… ②宫… Ⅲ.①煤矿—瓦斯爆炸—防治—高等职业教育—教材 Ⅳ.①TD712

中国版本图书馆 CIP 数据核字（2021）第 095187 号

## 矿井瓦斯防治（煤炭职业教育"十四五"规划教材）

| | |
|---|---|
| 主　编 | 赵　亮　宫良伟 |
| 责任编辑 | 籍　磊 |
| 责任校对 | 邢蕾严 |
| 封面设计 | 之　舟 |

| | |
|---|---|
| 出版发行 | 应急管理出版社（北京市朝阳区芍药居 35 号　100029） |
| 电　话 | 010–84657898（总编室）　010–84657880（读者服务部） |
| 网　址 | www.cciph.com.cn |
| 印　刷 | 河北鹏远艺兴科技有限公司 |
| 经　销 | 全国新华书店 |
| 开　本 | 787mm×1092mm$^1/_{16}$　印张 $12^1/_4$　字数 284 千字 |
| 版　次 | 2023 年 2 月第 1 版　2024 年 12 月第 2 次印刷 |
| 社内编号 | 20210086　　　　　　　　定价 42.00 元 |

**版权所有　违者必究**

本书如有缺页、倒页、脱页等质量问题，本社负责调换，电话：010–84657880

# 前　言

本书为"十四五"煤炭职业教育规划教材系列教程，是通风技术与安全管理专业的主干教程，可与《矿井通风》等教程配合使用。本书主要阐述了煤矿有关瓦斯的防治方法，可供职业技术学院和成人教育学院、中职煤矿学校通风技术与安全管理专业等使用，也可供煤矿智能开采技术专业及相关专业使用，还可供煤炭企业工程技术人员学习参考。各院系在使用过程中，可结合院校的培养目标与特色，进行适当的调整。

在本书编写过程中，我们收集了大量的现场技术资料，借鉴了以往相关教材的优点，编写结构为任务教学模块，注重教材的实用性、先进性、系统性。除重点阐述矿井瓦斯的基本理论外，还增加了技能训练内容，力求做到理论知识够用，实践能力突出。

本书由大同煤炭职业技术学院赵亮、重庆工程职业技术学院宫良伟担任主编。大同煤炭职业技术学院耿铭、杨明明，晋能控股煤业集团赵文利，中国煤炭教育协会刘晓帆担任副主编。大同煤炭职业技术学院孙静、景泽波、赵林，晋能控股煤业集团同忻煤矿山西有限公司吕文陵，四川仪表工业学校陈喜春等参与编著。全书共分为七个情景，其中：情景一，矿井瓦斯基本知识，由刘晓帆、赵文利编写；情景二，煤层瓦斯参数测定，由宫良伟、孙静编写；情景三，矿井瓦斯爆炸及其预防，由赵亮、耿铭编写；情景四，煤与瓦斯突出及其预测，由宫良伟、赵林编写；情景五，区域综合防治措施，由宫良伟、杨明明编写；情景六，局部综合防治措施，由宫良伟、景泽波编写；情景七，矿井瓦斯抽采技术，由赵亮、吕文陵编写；陈喜春、赵文利参与了部分插图的绘制工作和各部分习题的编写。最后，由赵亮、宫良伟对全书进行了统稿。

本书的编写得到了晋能控股煤业集团、松藻煤电集团和有关兄弟院校的大力支持，在此表示感谢。由于编者技术水平、现场经验有限，书中难免有不妥之处，请广大读者批评指正。

编　者<br>
2021 年 3 月

# 目　　次

**情景一　矿井瓦斯基本知识** …………………………………………………… 1
　　任务一　矿井瓦斯的性质 ………………………………………………… 1
　　任务二　矿井瓦斯的危害 ………………………………………………… 2
　　任务三　矿井瓦斯的生成 ………………………………………………… 3
　　任务四　矿井瓦斯的赋存 ………………………………………………… 5
　　任务五　煤层瓦斯的运移 ………………………………………………… 9
　　任务六　矿井瓦斯等级及划分标准 ……………………………………… 9
　　任务七　矿井瓦斯等级鉴定工作 ………………………………………… 11
　　任务八　煤层瓦斯赋存的垂直分带 ……………………………………… 15
　　习题一 ……………………………………………………………………… 17

**情景二　煤层瓦斯参数测定** …………………………………………………… 19
　　任务一　煤层瓦斯参数 …………………………………………………… 19
　　任务二　煤层瓦斯赋存的影响因素分析 ………………………………… 22
　　任务三　煤层瓦斯含量测定 ……………………………………………… 26
　　任务四　煤层瓦斯压力测定 ……………………………………………… 32
　　任务五　瓦斯放散初速度（$\Delta p$）测定 ……………………………… 35
　　任务六　煤的破坏类型测定 ……………………………………………… 38
　　任务七　煤的坚固性系数测定 …………………………………………… 39
　　习题二 ……………………………………………………………………… 41

**情景三　矿井瓦斯爆炸及其预防** ……………………………………………… 43
　　任务一　瓦斯爆炸基本理论 ……………………………………………… 43
　　任务二　瓦斯爆炸的预防措施 …………………………………………… 48
　　任务三　矿井瓦斯自动监测 ……………………………………………… 53
　　任务四　矿井瓦斯检查 …………………………………………………… 58
　　任务五　矿井瓦斯检测仪器 ……………………………………………… 65
　　习题三 ……………………………………………………………………… 69

**情景四　煤与瓦斯突出及其预测** ……………………………………………… 71
　　任务一　煤与瓦斯突出的基本知识 ……………………………………… 71
　　任务二　煤与瓦斯突出机理和影响因素 ………………………………… 74

*1*

  任务三 煤与瓦斯突出防治的原则和要求……………………………………… 79
  任务四 煤与瓦斯突出危险性预测…………………………………………… 81
  任务五 工作面突出危险性参数测定………………………………………… 85
  任务六 工作面突出危险性预测方法………………………………………… 88
  习题四……………………………………………………………………………… 92

## 情景五 区域综合防治措施………………………………………………………… 95
  任务一 煤与瓦斯突出治理一般要求………………………………………… 95
  任务二 区域综合防突措施基本程序………………………………………… 99
  任务三 保护层开采区域防突措施………………………………………… 100
  任务四 预抽煤层瓦斯区域防突措施……………………………………… 106
  任务五 区域措施效果检验………………………………………………… 113
  任务六 区域验证…………………………………………………………… 118
  任务七 煤与瓦斯共采技术………………………………………………… 119
  习题五…………………………………………………………………………… 124

## 情景六 局部综合防治措施……………………………………………………… 127
  任务一 局部综合防突措施的实施程序和启动条件………………………… 127
  任务二 各类工作面能采用的防突措施……………………………………… 128
  任务三 工作面防突措施…………………………………………………… 129
  任务四 工作面措施效果检验及安全防护措施……………………………… 137
  任务五 井巷揭煤突出防治………………………………………………… 141
  任务六 防突日常工作管理………………………………………………… 148
  任务七 煤与瓦斯突出案例分析…………………………………………… 152
  习题六…………………………………………………………………………… 156

## 情景七 矿井瓦斯抽采技术……………………………………………………… 159
  任务一 矿井瓦斯抽采的条件…………………………………………… 159
  任务二 矿井瓦斯抽采的方法…………………………………………… 164
  任务三 瓦斯抽采钻场布置………………………………………………… 169
  任务四 矿井瓦斯抽采设计与施工……………………………………… 175
  任务五 矿井瓦斯抽采泵及管路选择计算……………………………… 181
  任务六 煤矿瓦斯治理规划………………………………………………… 183
  任务七 综合瓦斯抽采技术………………………………………………… 184
  习题七…………………………………………………………………………… 185

**参考文献**…………………………………………………………………………… 187

# 情景一　矿井瓦斯基本知识

**学习目标**

➢ 掌握矿井瓦斯的概念。
➢ 掌握甲烷的物理性质和化学性质。
➢ 理解矿井瓦斯的生成条件和过程。
➢ 理解矿井瓦斯的危害性。
➢ 掌握矿井瓦斯等级的划分标准。
➢ 掌握矿井瓦斯等级的鉴定方法和步骤。
➢ 了解矿井瓦斯的垂直分布规律，理解瓦斯风化带和甲烷带的划分。

## 任务一　矿井瓦斯的性质

### 一、物理性质

广义的瓦斯定义泛指矿井中有毒有害气体。狭义的瓦斯定义就是甲烷。在本书中，瓦斯的含义有时指前者，但有时也把瓦斯和甲烷当作同义词看待，视上下文而定。

甲烷是无色、无味、可以燃烧或爆炸的气体，它对人呼吸的影响同氮气相似，可使人窒息。例如，由于甲烷的存在冲淡了空气中的氧，当甲烷浓度为43%时，空气中相应的氧浓度即降到12%，人会感到呼吸非常短促；当甲烷浓度在空气中达57%时，相应的氧浓度被冲淡到9%，人即刻处于昏迷状态，有死亡危险。甲烷分子直径0.41 nm，其扩散度是空气的1.34倍，它会很快地扩散到巷道空间。甲烷的密度为0.716 kg/m³（标准状况下），为空气密度的0.554倍。甲烷在巷道断面内的分布取决于该巷道有无瓦斯涌出源。在自然条件下，由于甲烷在空气中表现强扩散性，所以它一经与空气均匀混合，就不会因其比重较空气轻而上浮、聚积，所以当无瓦斯涌出时，巷道断面内甲烷的浓度是均匀分布的；当有瓦斯涌出时，甲烷浓度则呈不均匀分布。在有瓦斯涌出的侧壁附近甲烷的浓度高，有时见到在巷道顶板、垮落区顶部积存瓦斯，这并不是由于甲烷的密度比空气小，而是说明这里的顶部有瓦斯（源）在涌出。

### 二、化学性质

甲烷的化学性质不活泼。甲烷微溶于水，在101.3 kPa条件下，当温度20 ℃时，100 L水可溶3.31 L甲烷，0 ℃时可溶解5.56 L甲烷。甲烷对水的溶解度和温度、压力的关系如图1-1所示。

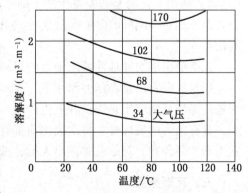

图1-1　甲烷对水的溶解度

从图中可以看到，当瓦斯压力为50大气压、温度为30℃时，其溶解度仅为1%，所以，少量地下水的流动对瓦斯的排放影响不大。

## 任务二 矿井瓦斯的危害

矿井瓦斯是煤矿井下普遍存在的一种有害气体，具有可燃性和爆炸性，瓦斯大量积聚时，当氧气含量下降到12%以下，就能使人窒息、死亡，发生中毒窒息事故。井下空气中瓦斯达到一定的浓度时，遇引爆火源可发生矿井瓦斯爆炸事故。一些煤层瓦斯含量大的矿井，甚至会发生煤与瓦斯突出事故，严重威胁煤矿安全生产和井下作业人员的生命安全。多年来，矿井瓦斯事故一直是矿井主要灾害类型，并随着资源开采深度的不断增加而更加表现出其危害性。

### 一、瓦斯的爆炸和燃烧

瓦斯爆炸有一定的浓度范围，我们把在空气中瓦斯遇火后能引起爆炸的浓度范围称为瓦斯爆炸界限。瓦斯爆炸界限为5%~16%。当瓦斯浓度低于5%时，遇火不爆炸，但能在火焰外围形成燃烧层，当瓦斯浓度为9%时，其爆炸威力最大（氧和瓦斯完全反应）；瓦斯浓度在16%以上时，失去其爆炸性，但在空气中遇火仍会燃烧。

瓦斯爆炸界限并不是固定不变的，它还受温度、压力以及煤尘、其他可燃性气体、惰性气体的混入等因素的影响。

瓦斯爆炸会造成大量井下作业人员的伤亡，损坏矿井设施，严重影响和威胁矿井安全生产，给国家财产造成巨大损失。

1988年8月5日，甘肃陇南地区某煤矿二号井掘进上山与采空区打通，瓦斯浓度达到10%以上。在未采取预防措施情况下排放瓦斯，不停电，不撤人，随意启动局部通风机"一风吹"，工人在回风巷拆卸矿灯引起瓦斯爆炸，死亡45人。

### 二、瓦斯突出

在煤矿建设和生产过程中，受采动影响的煤层、岩层以及被采落的煤和岩石内向矿井下空间释放瓦斯。这种现象称为瓦斯涌出。瓦斯涌出形式分为普通（一般）涌出和特殊（异常）涌出。前者是普遍发生的不间断涌出，涌出量在时间与空间上都比较均匀；后者是在某个时间与空间里突然发生的涌出，称为瓦斯突出，包括瓦斯喷出和煤与瓦斯突出。

瓦斯喷出能快速地使喷出地点的局部瓦斯升高，严重的会引起瓦斯爆炸等灾害。

煤与瓦斯突出是在压力作用下，破碎的煤与瓦斯由煤体内突然向采掘空间大量喷出的现象。煤与瓦斯突出是煤矿井下生产的一种强大的自然灾害，他严重威胁着煤矿的安全生产，具有极大的破坏性。每次突出前都有预兆出现，但出现预兆的种类和时间是不同的。熟悉和掌握预兆，对于及时撤出人员、减少伤亡具有重要的意义。

### 三、瓦斯窒息

瓦斯是一种无毒、无色、无味、无嗅的气体。瓦斯窒息是指因为瓦斯浓度过高而使氧气浓度低于9%时，人缺氧窒息昏迷直至死亡的事故。在长时间停风的煤矿巷道内和瓦斯突出时容易发生此事故。

甲烷本身虽无毒，但空气中甲烷含量较大时，就会相对降低空气中氧气浓度。在压力不变的情况下，当甲烷浓度达到43%时，氧含量将下降到12%，会使人感到呼吸困难、头痛、心跳、呕吐、丧失行动能力；当甲烷浓度达到57%时，氧含量将下降到9%，则会使人短时间内严重缺氧而窒息死亡。

1998年6月26日，云南省文山州某矿井，矿井主通风机因停电停止运转2 h，未打开主通风机防爆门，井下局部通风机停止运转，有害气体涌出，造成970 m水平以下巷道空气缺氧，于一号风井岔口970 m水平安全通道口下58 m处发生重大缺氧窒息事故，死亡6人，直接经济损失14万元。

二氧化碳也是可能造成人员窒息的因素之一。它具有一定的毒性，不助燃，比空气重，沉积在巷道下部，大量聚积时可使人窒息。

2000年8月24日，云南省曲靖市某无证独眼矿井，无任何通风设施，井下处于无风状态，致使二氧化碳聚积，浓度严重超限，发生二氧化碳窒息事故，死亡5人，伤1人，直接经济损失2万元。

### 四、环境污染与温室效应

瓦斯中的甲烷是一种温室气体，其温室效应是二氧化碳的20～40倍，它对全球气候变暖的影响占到15%，仅次于二氧化碳。据2000年估算，我国煤矿在开采过程中每年排放到大气中的甲烷总量约为$2 \times 10^{10}$ $m^3$，并随着煤炭产量的增加而增加，约占全球采煤排放总量的1/3。

值得注意的是，尽管煤矿瓦斯有很大危害，但瓦斯本身是一种清洁能源。这给煤矿瓦斯防治指明了另一条出路：通过抽采利用瓦斯来防治瓦斯，使之变废为宝。

## 任务三　矿井瓦斯的生成

在我国矿井的实际条件下，瓦斯主要是指甲烷，是腐殖型有机物（植物）在成煤过程中生成的。煤层中的甲烷的产生大致可分为两个阶段。

第一阶段为生物化学成气时期，在植物沉积成煤初期的泥炭化过程中，有机物在隔绝外部氧气进入和温度不超过65 ℃的条件下，被厌氧微生物分解为$CH_4$、$CO_2$和$H_2O$。由于这一过程发生于地表附近，上覆盖层不厚且透气性较好，因而生成的气体大部分散失于大气中。随泥炭层的逐渐下沉和地层沉积厚度的增加，压力和温度也随之增加，生物化学作用逐渐减弱并最终停止。

第二阶段为煤化变质作用时期，随着煤系地层的沉陷及所处压力和温度的增加，泥炭转化为褐煤并进入变质作用时期，有机物在高温、高压作用下，挥发分减少，固定碳增加，这时生成的气体主要为$CH_4$和$CO_2$。这个阶段中，瓦斯生成量随着煤的变质程度增高而增多。但在漫长的地质年代中，在地质构造（地层的隆起、侵蚀和断裂）的形成和变化过程中，瓦斯本身在其压力差和浓度差的驱动下进行运移，一部分或大部分瓦斯扩散到大气中，或转移到围岩内，所以不同煤田，甚至同一煤田不同区域煤层的瓦斯含量差别可能很大。

在个别煤层中也有一部分瓦斯是由于油气田的瓦斯侵入造成的，如陕西铜川焦坪煤矿井下的瓦斯与底板砂岩含油层的瓦斯有一定关系。有的煤层中还含有大量的二氧化碳，如波兰的下西里西亚煤田的煤层中含有大量的二氧化碳，则是由于火山活动使碳酸盐类岩石分解产生的二氧化碳侵入的结果。在某些煤层中还含有乙烷、乙烯等重碳氢气体。但一般来说，煤田中所含瓦斯均以甲烷为主。

由植物变成煤炭的过程中，由褐煤至无烟煤变质阶段，瓦斯（煤层气）生产量的总和可达 $200\sim400\ m^3/t$。其中的 $1/5\sim1/10$ 将保存在煤体内。煤体内能保存一定数量的瓦斯，与煤的结构密切相关。煤是一种复杂的孔隙性介质，有着十分发达的、各种不同直径的孔隙和裂隙，形成了庞大的孔隙表面与微空间。根据实验室测定，一克无烟煤的微孔表面积可达 200 多平方米，这就为瓦斯的赋存提供了条件。

为了研究瓦斯在煤中的赋存与流动，把煤中的孔隙作如下分类：

微孔——其直径小于 $10^{-5}$ mm，它构成煤中的吸附容积；

小孔——其直径为 $10^{-5}\sim10^{-4}$ mm，它构成毛细管凝结和瓦斯扩散空间；

中孔——其直径为 $10^{-4}\sim10^{-3}$ mm，它构成缓慢的层流渗透区间；

大孔——其直径为 $10^{-3}\sim10^{-1}$ mm，它构成强烈的层流渗透区间，并决定了具有强烈破坏结构煤的破坏面；

可见孔及裂隙——其直径大于 $10^{-1}$ mm，它构成层流及紊流混合渗透的区间，并决定了煤的宏观（硬和中硬煤）破坏面。

一般来说，把小孔至可见孔的孔隙体积之和称为渗透容积，把吸附容积与渗透容积之和称为总孔隙体积；煤的总孔隙体积占相应煤的体积的百分比称为煤的孔隙率，以%表示。

煤不是单一物质，而是复杂的各种高分子物质的混合物。其成分和结构依赖于形成煤层的原始植被的性质，沉积过程中的水流状况和混浊程度、地应力及大小、温度以及地质年代的构造应力等。电子显微镜图像证实了孔隙的存在，其中很多并没有互相连接，图 1-2 所示是煤在电子显微镜下的孔隙状况。这些孔隙与裂隙有的是微小孔，有的是可见孔。

(a) 龙口白皂矿褐煤　　(b) 大屯孔庄烟煤(8煤)　　(c) 皖北百善矿无烟煤

图 1-2　煤在电子显微镜下的图像

我国一些矿井煤的孔隙率值见表 1-1。一般煤的孔隙率变化范围为 6%~20%。

表1-1 我国一些矿井煤的孔隙率

| 矿 井 | 煤的挥发分/% | 孔隙率/% |
|---|---|---|
| 抚顺老虎台 | 45.76 | 14.05 |
| 鹤岗大陆 | 31.86 | 10.6 |
| 开滦马家沟12煤 | 26.8 | 6.59 |
| 本溪田师付3煤 | 13.71 | 6.7 |
| 阳泉三矿3煤 | 6.66 | 14.1 |
| 焦作王封大煤 | 5.82 | 18.5 |

通常测量孔隙率的方法依赖于用一些渗透流体浸透内部孔隙。流体分子进入孔隙或裂隙的概率,随着其直径的减少或平均自由程的增加而增大(平均自由程是指气体分子碰撞前的统计平均距离)。此外,任意在流体和固体间的吸附可能阻塞狭窄的裂隙。因此,准确测量孔隙率依赖于渗透流体的选择。为了处理煤炭内的微孔,通常使用氦气作为渗透流体来得到有效孔隙率的最大值。这是因为氦气有很小的分子直径($0.27 \times 10^{-9}$ m)和相对较大的平均自由程(大约$270 \times 10^{-9}$ m,在20℃的大气压力下),并且它不被煤炭吸附。

据俄罗斯矿业研究所对煤孔隙的测定,煤孔隙直径与其表面积关系见表1-2。从中可知微微孔和微孔孔隙体积还不到微微孔至中孔孔隙体积的55%,而其孔隙表面积却占整个表面的97%以上。从表中可知,微孔发育的煤,尽管其孔隙率可能不高,可是却有相当可观的表面积。

表1-2 孔隙直径与孔隙表面积、容积关系

| 孔隙类别 | 孔隙直径/mm | 孔隙表面积/% | 孔隙体积/% |
|---|---|---|---|
| 微微孔 | $<2 \times 10^{-6}$ | 62.2 | 12.5 |
| 微孔 | $2 \times 10^{-6} \sim 10^{-5}$ | 35.1 | 42.2 |
| 小孔 | $10^{-5} \sim 10^{-4}$ | 2.5 | 28.1 |
| 中孔 | $10^{-4} \sim 10^{-3}$ | 0.3 | 17.2 |
| 合计 | | 100.0 | 100.0 |

## 任务四 矿井瓦斯的赋存

成煤过程中生成的瓦斯以游离和吸附这两种不同的状态存在于煤体中,通常称为游离瓦斯和吸附瓦斯。

游离状态也叫自由状态,这种状态的瓦斯以自由气体状态存在于煤体或围岩的裂隙和较大孔隙(孔径大于$0.01~\mu m$)内,呈现出压力,并服从自由气体的规律,如图1-3所示。游离瓦斯量的大小与贮存空间的容积和瓦斯压力成正比,与瓦斯温度成反比。

吸附状态的瓦斯主要吸附在煤的微孔表面上(吸附着瓦斯)和煤的微粒结构内部

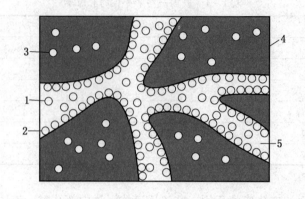

1—游离瓦斯；2—吸着瓦斯；3—吸收瓦斯；4—煤体；5—孔隙

图 1-3　瓦斯在煤内的存在形态示意图

（吸收瓦斯）。吸着状态是在孔隙表面的固体分子引力作用下，瓦斯分子被紧密地吸附于孔隙表面上，形成很薄的吸附层；而吸收状态是瓦斯分子充填到几埃（1 埃 = $10^{-10}$ m）到十几埃的微细孔隙内，占据着煤分子结构的空位和煤分子之间的空间，如同气体溶解于液体中的状态。

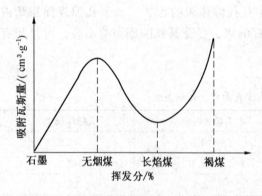

图 1-4　不同煤质对瓦斯的吸附能力示意图

吸附瓦斯量的多少，决定于煤对瓦斯的吸附能力和瓦斯压力、温度等条件。吸附瓦斯在煤中是以多分子层吸附的状态附着于煤的表面，因此煤对瓦斯的吸附能力决定于煤质和煤结构，不同煤质对瓦斯的吸附能力如图 1-4 所示。

在成煤初期，煤的结构疏松，孔隙率大，瓦斯分子能渗入煤体内部，因此褐煤具有很大的吸附瓦斯能力。但褐煤在自然条件下，本身尚未生成大量瓦斯，所以它虽然具有很大的吸附瓦斯能力，但缺乏瓦斯来源，实际所含瓦斯量是很小的。在煤的变质过程中，在地压的作用下，孔隙率减少，煤质渐趋致密。在长焰煤中，其孔隙和表面积都比较少，所以大大降低，最大的吸附瓦斯量为 20~30 m³/t。随着煤的进一步变质，在高温高压作用下，煤体内部由于干馏作用而生成许多微孔隙，使表面积到无烟煤时达到最大，因此无烟煤的吸附瓦斯能力最强，可达 50~60 m³/t。以后微孔又收缩减少，到石墨时变为零，使吸附瓦斯的能力消失。

煤的瓦斯含量和温度、压力的关系，如图 1-5 所示。该图是某一煤样的测定曲线。煤体中的瓦斯含量是一定的，但以游离状态和吸附状态存在的瓦斯量是可以相互转化的。例如，当温度降低或压力升高时，一部分瓦斯将由游离状态转化为吸附状态，这种现象叫作吸附。反之，如果温度升高或压力降低时，一部分瓦斯就由吸附状态转化为游离状态，这种现象叫作解吸。

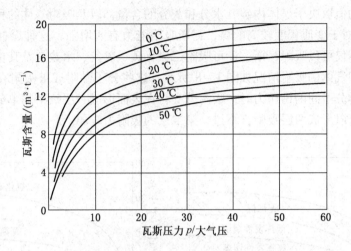

图 1-5 瓦斯含量和温度、压力的关系

煤中吸附瓦斯、游离瓦斯及总瓦斯量随着压力变化的关系图如图 1-6 所示，其中，表示吸附瓦斯量的曲线就是人们熟知的吸附等温线。在当前开采深度内，煤层内的瓦斯主要是以吸附状态存在，通常吸附状态的瓦斯占总量的 95%。这说明了为什么许多煤层中蕴含了大量的瓦斯。但是在断层、大的裂隙、孔洞和砂岩内，瓦斯则主要以游离瓦斯状态赋存。

在煤体未被扰动的状态下，煤的孔隙和裂隙中的游离瓦斯和吸附瓦斯之间存在一个平衡。但是，如果煤层受到采动影响后，形成的压力梯度使瓦斯流动，煤体内瓦斯压力的降低将促进解吸作用。这个过程将沿着吸附等温线

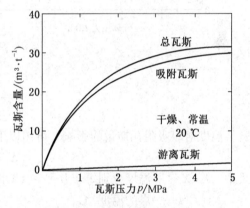

图 1-6 煤中吸附瓦斯、游离瓦斯及总瓦斯量随压力变化的关系

从右向左变化。在图 1-5 和图 1-6 中显示了瓦斯吸附率随着瓦斯压力升高而增加的情况。

描述吸附等温线最常用的数学关系式，是朗缪尔 1916 年导出的单分子层吸附方程，即

$$q = \frac{abp}{1+bp} \tag{1-1}$$

式中 $q$——在给定温度下，瓦斯压力为 $p$ 时，单位质量煤体的表面吸附的瓦斯体积，$m^3/t$ 或 $mL/g$；

$p$——吸附平衡时的瓦斯压力，MPa；

$a$、$b$——吸附常数。$a$ 为在给定温度下的饱和吸附瓦斯量或最大极限吸附量，即 $a = q_{max}$，$m^3/t$ 或 $mL/g$，据实际测定，一般为 14~55 $m^3/t$。$b$ 为朗缪尔常数，$MPa^{-1}$，一般为 0.5~5.0 $MPa^{-1}$，$1/b$ 是当 $q/q_{max} = 1/2$ 时的压力。

吸附常数的值取决于煤体内碳、水分和灰分的含量,以及吸附气体的种类和温度。如图 1-7 所示,对于变质程度较高的煤,瓦斯吸附能力有所增强,这种煤拥有更高的碳含量。煤的表面不仅可以吸附瓦斯,还可吸附二氧化碳、氮气、水蒸气及其他气体,煤表面对几种不同类型气体的吸附情况如图 1-8 所示。这些分子黏附或被吸附在煤炭表面,当吸附力超过气体分子间的排斥力时,吸附分支将在表面形成一层致密的单分子层。当气体压力很高时,可以形成两层吸附,不过,第二层的吸附力较弱。

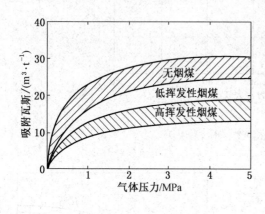

图 1-7　吸附等温线示意图　　　　图 1-8　25℃下煤炭中二氧化碳、
瓦斯和氮气的吸附量

温度对煤吸附瓦斯量的影响,可用以下经验公式计算为

$$X_t = X_0 e^{-nt} \tag{1-2}$$

式中　$X_0$、$X_t$——温度分别等于 0℃ 和 $t$℃ 时煤的吸附瓦斯量,mL/g;

　　　$t$——煤的温度,℃;

　　　$n$——与瓦斯压力有关的常数,即

$$k = \frac{n_m - n_a}{n - n_a}$$

吸附等温线一般在去除水分和灰分影响的基础上被引用。当煤中含有少量水分时,瓦斯吸附量随着水分的增加而减少,这些天然的水分大部分被吸附在煤炭的表面。但是,当水分达到 5% 时,水分子在煤表面的浸润达到饱和,这时,瓦斯吸附量将不再随水分的增加而变化。艾琴格尔 1958 年提出了一个较适用的经验公式来确定煤内水分对瓦斯吸附量的影响,计算式为

$$\frac{q_{\text{moist}}}{q_{\text{dry}}} = \frac{1}{1 + 0.31 W} \tag{1-3}$$

式中　$q_{\text{moist}}$——湿煤的瓦斯吸附量,m³/t;

　　　$q_{\text{dry}}$——干煤的瓦斯吸附量,m³/t;

　　　$W$——煤中的水分,%。在 0~5% 的范围内(当水分含量高于 5% 时,按 5% 计)。

煤中的灰分一般不具有吸附性,因此瓦斯吸附量随着灰分的增加而减少。为了在无灰

分的基础上表示瓦斯含量，需要引入一个修正量，公式为

$$q_{actual} = q_{ash-free}(1 - 0.01A) \tag{1-4}$$

式中　　$A$——煤中的灰分，%。

## 任务五　煤层瓦斯的运移

### 一、瓦斯运移的基本概念

游离状态瓦斯可以自由运动，在一定条件下，吸附状态瓦斯又可转化成游离状态瓦斯，因此瓦斯运移是一种经常而普遍的现象。这种运移大致可分为两种情况：一种是瓦斯在地壳深处从形成和聚集地点向地表方向的运移，称为渗滤［深处瓦斯沿煤层（或岩层）向地表露头方向的运移，一般称为层移］；再一种是瓦斯分子向四周自然散布，称为扩散。渗滤、扩散彼此紧密地联系在一起，经常形成混合型瓦斯流，统称运移。

产生运移的基本原因是瓦斯分子浓度和瓦斯压力差异所致。瓦斯流总是由高浓度地段向低浓度地段运移，以达到扩散平衡；它又总是由高压地段向低压地段运移，以达到动平衡。

此外，地下水的运动也可促使瓦斯的运移。

### 二、瓦斯运移的基本特征和方式

瓦斯运移虽是一种普遍现象，但不总是连续进行，而是时断时续，时强时弱，时快时慢，有时规模大，有时规模小。小规模慢速运移经常在进行，大规模的快速运移实际上就是瓦斯喷出或煤与瓦斯突出。由此可知，瓦斯运移可分为慢速运移和快速运移。

瓦斯主要是沿煤（岩）层孔隙和裂隙运动，这是瓦斯运移的基本方式（途径），其次是沿煤层或岩层的微孔隙缓慢（速度相当慢）渗滤，也有一部分瓦斯溶解在水中并沿构造裂隙或含水层和地下水一起运动。

## 任务六　矿井瓦斯等级及划分标准

矿井在开采过程中，煤层受采动影响，煤层孔隙和裂隙中气压变小，煤层中吸附瓦斯通过解吸变成游离瓦斯，和原来的游离瓦斯一起涌入井下空气中。瓦斯涌出的来源还有煤层顶底板的岩层。

瓦斯涌出一般是以平静的方式慢慢涌出，也可能以剧烈的方式突出。用矿井瓦斯涌出量来表示矿井瓦斯涌出的多少。矿井瓦斯涌出量有两种表示方法：绝对瓦斯涌出量和相对瓦斯涌出量。在一个矿井中，每分钟涌出的瓦斯量称为绝对瓦斯涌出量，单位是 $m^3/min$；每采出一吨煤涌出的瓦斯量称为相对瓦斯涌出量，单位为 $m^3/t$。

按照矿井、采掘工作面瓦斯涌出量的大小和瓦斯涌出形式及其危害程度，将矿井瓦斯分为不同的等级，其主要目的是为了做到区别对待，采取针对性的技术措施与装备，对矿井瓦斯进行有效管理与防治，创造良好的作业环境和提供安全生产保障。

## 一、矿井瓦斯等级

世界主要产煤国家对矿井瓦斯等级划分不尽相同。如德国将瓦斯矿井分为6个级别，波兰分为5级，印度和日本分为3级和2级，美国只是将煤矿分为瓦斯矿井和非瓦斯矿井。

我国在20世纪50~60年代一直沿用原苏联的矿井瓦斯等级划分方法，将瓦斯矿井划分为4个等级，即一级、二级、三级和超级。其中超级瓦斯矿井包括瓦斯喷出或有煤与瓦斯突出的矿井。80年代以来，将一级、二级瓦斯矿井合并为低瓦斯矿井；将三级和超级瓦斯矿井中的非突出矿井合并为高瓦斯矿井；将具有煤（岩）与瓦斯（二氧化碳）突出危险的矿井列为突出矿井。即共分为3个级别，现一直沿用。

## 二、矿井瓦斯等级的划分标准

一般说来，世界产煤国家大多采用矿井相对瓦斯涌出量（$m^3/t$）作为矿井瓦斯等级划分的标准，也有的将矿井回风流中的瓦斯浓度作为划分标准（如英国），或者附加这一标准（如印度）。我国在2001年以前也是采用矿井相对瓦斯涌出量作为矿井瓦斯等级划分的标准。

相对瓦斯涌出量与矿井实际生产原煤的数量有着直接关系，仅仅采用这一单个指标划分矿井瓦斯等级，不能直观地反映出矿井瓦斯涌出量的真实大小和灾害程度。即绝对瓦斯涌出量很小、相对瓦斯涌出量较大的矿井可能被定为高瓦斯矿井；而绝对瓦斯涌出量很大、相对瓦斯涌出量较小的矿井可能被定为低瓦斯矿井。当矿井绝对瓦斯涌出量为 4.5 $m^3/min$ 时，产量 $2.1×10^5$ t/a 以下的矿井相对瓦斯涌出量都大于 10 $m^3/t$，都应当划分为高瓦斯矿井；而产量在 $2.1×10^5$ t/a 以上的矿井相对瓦斯涌出量小于 10 $m^3/t$，都应当划分为低瓦斯矿井。显然，这样划分是不合理的。因此，在2001年颁发《煤矿安全规程》中，对低、高瓦斯矿井的划分标准，增加了绝对瓦斯涌出量大于 40 $m^3/min$ 的条件；同理，矿井绝对瓦斯涌出量变化不大情况下，而矿井内任一采、掘工作面绝对瓦斯涌出量过大，且其他采掘工作面绝对瓦斯涌出量不高的情况下，定位低瓦斯管理的矿井，对瓦斯涌出量大的采掘工作面管理有难度，甚至会出现瓦斯事故。因此，新《煤矿安全规程》（2016版）对低、高瓦斯矿井瓦斯等级划分增加了采、掘工作面绝对瓦斯涌出量的条件。即：矿井任一掘进工作面绝对瓦斯涌出量 3 $m^3/min$、矿井任一采煤工作面绝对瓦斯涌出量 5 $m^3/min$ 的大小来划分。

在矿井的开拓、生产范围内有突出煤（岩）层的矿井为突出矿井。有下列情形之一的煤（岩）层为突出煤（岩）层：

（1）发生过煤（岩）与瓦斯（二氧化碳）突出的。

（2）经鉴定或者认定具有煤（岩）与瓦斯（二氧化碳）突出危险的。

非突出矿井具备下列情形之一的为高瓦斯矿井，否则为低瓦斯矿井。

（1）矿井相对瓦斯涌出量大于 10 $m^3/t$。

（2）矿井绝对瓦斯涌出量大于 40 $m^3/min$。

（3）矿井任一掘进工作面绝对瓦斯涌出量大于 3 $m^3/min$。

（4）矿井任一采煤工作面绝对瓦斯涌出量大于 5 $m^3/min$。

低瓦斯矿井每两年应当进行一次高瓦斯矿井等级鉴定，高瓦斯、突出矿井应当每年测定和计算矿井、采区、工作面瓦斯（二氧化碳）涌出量，并报省级煤炭行业管理部门和煤矿安全监察机构。经鉴定或者认定为突出矿井的，不得改定为非突出矿井。

## 任务七　矿井瓦斯等级鉴定工作

矿井瓦斯是煤矿重大灾害之一。按照矿井瓦斯涌出量的大小及其危害程度，将瓦斯矿井分为不同的等级，其主要目的是为了做到区别对待，采取不同的针对性的技术措施与装备，对矿井瓦斯进行有效管理与防治，以创造良好的作业环境和为安全生产提供保障。

矿井瓦斯等级鉴定工作，其实质就是采用较为科学合理的方法，测定出矿井在实际生产过程中的绝对瓦斯涌出量（$m^3/min$）和相对瓦斯涌出量（$m^3/t$）这两个参数，以此来确定矿井瓦斯等级。

低瓦斯矿井应当在以下时间前进行并完成高瓦斯矿井等级鉴定工作：一是新建矿井投产验收；二是矿井生产能力核定完成；三是改扩建矿井改扩建工程竣工；四是新水平、新采区或开采新煤层的首采面回采满半年；五是资源整合矿井整合完成。

高瓦斯矿井等级鉴定工作，由具备鉴定能力的煤矿企业或者委托具备相应资质的鉴定机构承担。

鉴定开始前应当编制鉴定工作方案，做好仪器准备、人员组织和分工、计划测定路线等。

矿井瓦斯等级鉴定工作一般按以下步骤进行。

### 一、组织准备工作

1. 组织准备
（1）成立以矿技术负责人为组长，有通风、安监、救护等部门人员参加的瓦斯等级鉴定小组。
（2）按矿井范围进行分区、分工，指定专人在测定日、测定地点进行测定工作，准确计算和做好记录。
（3）编制瓦斯等级鉴定工作的注意事项和安全措施。

2. 物质准备
（1）准备好鉴定工作所需的各种仪器、仪表和图表，包括瓦斯检定器、风表、秒表、皮尺等，以及有关记录表格、图、纸、笔等。
（2）对所用的瓦斯检定器、风表等仪器，必须预先进行检验和校正，以保证所测数据准确可靠。
（3）做好鉴定月份内，全矿井和各区域的原煤产量、瓦斯抽放量的统计工作。

### 二、选择测定位置

根据矿井范围和采掘工作面的分布情况，预先选择好测定站的位置，做好标志和测量好断面，并加以编号。

测定站选择的原则是，要能真实反映该矿井、各煤层、各水平、各区域（各翼、各采区、各工作面）的回风量和瓦斯涌出状况。因此，测定站的具体位置应结合矿井生产系统和通风系统的具体情况进行确定。一般在矿井的总回风道、各独立通风区域的回风道、矿井一翼、各煤层、各水平、各采区和各采煤工作面的回风道内，选择合适地点，均应设立测定点。考虑到瓦斯来源和为分析瓦斯涌出状况提供依据，各掘进工作面的回风道也应设立测定点。

测定站应尽量选择原有的测风站，如果附近无测风站，可选取断面规整、无杂物堆积的一段平直巷道作为测定点；但绝对不要选在涡流和严重漏风的地点。测定站（点）前后 10 m 巷道内不应有障碍物或拐弯、断面扩大或缩小；测定点要布置在风流分叉或与其他风流汇合前 15~30 m 的地方。

### 三、井下测定

矿井瓦斯等级鉴定工作要在正常生产条件下进行。按每一自然矿井、煤层、一翼、水平和采区，分别测定、计算月平均日产煤 1 t 的瓦斯涌出量，即相对瓦斯涌出量（$m^3/t$）和绝对瓦斯涌出量（$m^3/min$），并取其中最大值来确定矿井瓦斯等级。井下测定时的具体要求如下：

（1）根据当地气候条件，鉴定时间应选择在瓦斯涌出量较大的一个月份进行，一般在 7、8 月或 3、4 月。

（2）在鉴定月份的月初、月中、月末各选择一天作为鉴定日（间隔不少于 7 天，如 5、15、25 日）；鉴定日的原煤生产和通风状况必须保持正常。

（3）在每一个鉴定日内，还要分早、中、晚 3 个班次分别进行测定工作。四班工作制的矿井，测定工作应在 4 个班次内进行。且每次测定工作都应在本班生产进入正常后进行（交班后 2 h）。

（4）每次测定的主要内容包括各测点的风量、空气温度、瓦斯与二氧化碳的浓度等。为确保测定资料准确，测定方法和测定次数要符合操作规程，每一个参数每个班次必须测定 3 次，取其平均值作为本班次的测定结果。每次测定结果都要记入记录表内，见表 1-3。

表 1-3 井下实测记录表

| 地点 | 班次 | 次序 | 风量 | | | | | 瓦斯浓度/% | 二氧化碳浓度/% | 备注 |
| --- | --- | --- | --- | --- | --- | --- | --- | --- | --- | --- |
| | | | 巷道断面/$m^2$ | 表速/($r \cdot min^{-1}$) | 风速/($m \cdot min^{-1}$) | 温度/℃ | 风量/($m^3 \cdot min^{-1}$) | | | |
| | 早 | 1 | | | | | | | | |
| | | 2 | | | | | | | | |
| | | 3 | | | | | | | | |
| | | 平均 | | | | | | | | |
| | 中 | 1 | | | | | | | | |
| | | 2 | | | | | | | | |
| | | 3 | | | | | | | | |
| | | 平均 | | | | | | | | |

表1-3（续）

| 地点 | 班次 | 次序 | 风量 | | | | | 瓦斯浓度/% | 二氧化碳浓度/% | 备注 |
| --- | --- | --- | --- | --- | --- | --- | --- | --- | --- | --- |
| | | | 巷道断面/$m^2$ | 表速/$(r \cdot min^{-1})$ | 风速/$(m \cdot min^{-1})$ | 温度/℃ | 风量/$(m^3 \cdot min^{-1})$ | | | |
| | 晚 | 1 | | | | | | | | |
| | | 2 | | | | | | | | |
| | | 3 | | | | | | | | |
| | | 平均 | | | | | | | | |

**四、测定资料的整理**

将矿井、煤层、一翼、水平或采区测得的记录资料进行计算汇总后，填写在瓦斯和二氧化碳测定基础资料表中，见表1-4。

表1-4中的每个班次的瓦斯（或二氧化碳）涌出量，应按下列计算

$$瓦斯涌出量 = 风量 \times 瓦斯浓度，(m^3/min)$$

按表内各栏计算为

$$第一班(3) = (1) \times (2)/100，(m^3/min)$$
$$第二班(6) = (4) \times (5)/100，(m^3/min)$$
$$第三班(9) = (7) \times (8)/100，(m^3/min)$$
$$三班平均瓦斯涌出量 = [(3) + (6) + (9)]/3，(m^3/min)$$

在填写和计算表1-4时，必须注意以下几点：

(1) 实行四班工作制的矿井，矿井瓦斯和二氧化碳的计算均应按四班工作制进行。

(2) 计算煤层、一翼、水平或采区的瓦斯涌出量时，均应扣除进风流中的瓦斯含量；在计算各测点的二氧化碳绝对涌出量时，要从实测的二氧化碳浓度中减去地面空气中二氧化碳的含量。

(3) 实施瓦斯抽放的矿井，在鉴定日内还要测定相关地区的瓦斯抽放量。矿井瓦斯等级的划分，也必须按照包括抽放量在内的相对和绝对瓦斯涌出量来确定。

**五、矿井瓦斯等级的确定**

矿井瓦斯等级鉴定报告，要按表1-5、表1-6的格式进行填写和计算。表1-5填写方法如下。

在鉴定月的上、中、下三旬进行测定的三天中，选取瓦斯涌出量（包括抽放量）最大一天，来计算平均日产1 t煤的瓦斯涌出量（$m^3/t$）。其计算公式为

$$平均吨煤瓦斯涌出量(7) = 1440 \times (3)/(6)，(m^3/t)$$

表1-6是经过等级鉴定测算后的结果汇总报告表。根据《煤矿安全规程》（2016版）第一百六十九条规定确定矿井瓦斯等级。

表1-4　瓦斯和二氧化碳测定基础资料表

_____矿(集团公司)　_____矿　_____煤层　_____翼　_____水平　_____采区　_____年_____月

| 气体名称 | 日期 | | 第一班 | | | 第二班 | | | 第三班 | | | 抽放瓦斯量/(m³·min⁻¹) | 涌出总量/(m³·min⁻¹) | 月工作天数/d | 月产煤量/t | 说明 |
|---|---|---|---|---|---|---|---|---|---|---|---|---|---|---|---|---|
| | | | 风量/(m³·min⁻¹) | 浓度/% | 涌出量/(m³·min⁻¹) | 风量/(m³·min⁻¹) | 浓度/% | 涌出量/(m³·min⁻¹) | 风量/(m³·min⁻¹) | 浓度/% | 涌出量/(m³·min⁻¹) | | | | | |
| 瓦斯 | 上 | | (1) | (2) | (3) | (4) | (5) | (6) | (7) | (8) | (9) | | | | | |
| | 中 | | | | | | | | | | | | | | | |
| | 下 | | | | | | | | | | | | | | | |
| 二氧化碳 | 上 | | | | | | | | | | | | | | | |
| | 中 | | | | | | | | | | | | | | | |
| | 下 | | | | | | | | | | | | | | | |

技术负责人：　　　　　　　　　　　审核人：　　　　　　　　　　　制表人：

表1-5　矿用瓦斯等级鉴定和二氧化碳测算表

_____矿　_____年_____月

| 气体名称 | 矿井、煤层、一翼、水平、采区名称 | 三旬中最大一天的涌出量/(m³·min⁻¹) | | 月实际工作日 | 月产煤量/t | 月平均日产煤量/(t·d⁻¹) | 日产吨煤相对涌出量/(m³·t⁻¹) | 说明 |
|---|---|---|---|---|---|---|---|---|
| | | 风排 | 抽放 总量 | | | | | |
| 瓦斯 | | (1) | (2) (3) | (4) | (5) | (6) | (7) | |
| 二氧化碳 | | | | | | | | |

技术负责人：　　　　　　　　　　　审核人：　　　　　　　　　　　制表人：

表1-6　矿井瓦斯等级鉴定和二氧化碳测定结果报告表

_____局(集团公司)　_____矿　_____井　_____年_____月

| 矿井名称 | 瓦　斯 | | | | | | 二氧化碳 | | | | | | 矿长姓名 | 证件号码 | |
|---|---|---|---|---|---|---|---|---|---|---|---|---|---|---|---|
| | 全矿井 | | | | 采区 | | 全矿井 | | | | 采区 | | | 采矿许可证 | 生产许可证 |
| | 相对量/(m³·t⁻¹) | 绝对量/(m³·min⁻¹) | 是否突出 | 鉴定等级 | 上年度鉴定等级 | 最大相对量/(m³·t⁻¹) | 相对量/(m³·t⁻¹) | 绝对量/(m³·min⁻¹) | 是否突出 | 鉴定等级 | 上年度鉴定等级 | 最大相对量/(m³·t⁻¹) | 煤层自燃倾向性等级 | | |
| | | | | | | | | | | | | | | | |

技术负责人：　　　　　　　　　　　审核人：　　　　　　　　　　　制表人：

### 六、矿井瓦斯等级鉴定结果的上报

煤矿企业将煤矿瓦斯等级鉴定结果报省级煤炭行业管理部门和省级煤矿安全监察机构,由省级煤炭行业管理部门按年度汇总报国家煤矿安全监察局、国家能源局,并抄送省级煤矿安全监管部门。

高瓦斯矿井等级鉴定报告应当采用统一的表格格式,并包括以下主要内容:

（1）矿井基本情况。
（2）矿井瓦斯和二氧化碳测定基础数据表。
（3）矿井瓦斯和二氧化碳测定结果报告表。
（4）标注有测定地点的矿井通风系统示意图。
（5）矿井瓦斯来源分析。
（6）最近5年内矿井的煤尘爆炸性鉴定、煤层自然发火倾向性鉴定、最短发火期及瓦斯（煤尘）爆炸或燃烧等情况。
（7）瓦斯喷出及瓦斯动力现象情况。
（8）鉴定月份生产状况及鉴定结果简要分析或说明。
（9）鉴定单位和鉴定人员。
（10）煤矿瓦斯等级鉴定结果表。

## 任务八　煤层瓦斯赋存的垂直分带

煤田形成后,煤变质生成的瓦斯经煤层、围岩裂隙和断层向地表运动。地表的空气、生物化学及化学作用生成的气体由地表向深部运动。由此形成了煤层中各种气体成分由浅到深有规律的逐渐变化,即煤层内的瓦斯呈现出垂直分带特征。一般将煤层由露头自上向下分为4个瓦斯带:$CO_2$—$N_2$ 带、$N_2$ 带、$N_2$—$CH_4$ 带、$CH_4$ 带。图1-9给出了苏联顿巴斯煤田煤层瓦斯组分在各瓦斯带中的变化,各带的煤层瓦斯组分含量见表1-7。

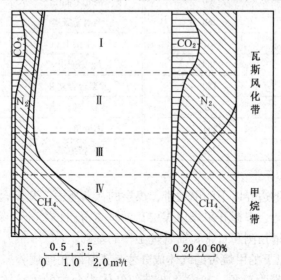

图1-9　煤层瓦斯垂向分带图

表1-7 煤层瓦斯垂直分带及各带气体成分

| 名　称 | 气带成因 | 瓦斯成分/% | | |
|---|---|---|---|---|
| | | $N_2$ | $CO_2$ | $CH_4$ |
| $CO_2$—$N_2$ 带 | 生物化学—空气 | 20~80 | 20~80 | <10 |
| $N_2$ 带 | 空气 | >80 | <10~20 | <20 |
| $N_2$—$CH_4$ 带 | 空气—变质 | 20~80 | <10~20 | 20~80 |
| $CH_4$ 带 | 变质 | <20 | <10 | >80 |

前3个带总称为瓦斯风化带，第四个带为甲烷带。瓦斯风化带下部边界煤层中的瓦斯组分为80%，煤层瓦斯压力为0.1~0.15 MPa，煤的瓦斯含量为2~3 $m^3$/t（烟煤）和5~7 $m^3$/t（无烟煤）。在瓦斯风化带开采煤层时，相对瓦斯涌出量一般不超过2 $m^3$/t，瓦斯对生产不构成主要威胁。我国大部分低瓦斯矿井皆是在瓦斯风化带内进行生产的。

瓦斯风化带的深度取决于煤层地质条件和赋存情况，如围岩性质、煤层有无露头、断层发育情况、煤层倾角、地下水活动情况等。围岩透气性越大、煤层倾角越大、开放性断层越发育、地下水活动越剧烈，则瓦斯风化带下部边界就越深。有露头的煤层往往比无露头的隐伏煤层瓦斯风化带深。表1-8列出了我国部分高瓦斯矿井煤层瓦斯风化带下部边界深度的实测结果。

严格说，用"瓦斯风化"一词并不确切。在所谓"瓦斯风化带"内，煤层里发生过瓦斯与地表大气互相交换，以甲烷为主要成分的瓦斯中的部分甲烷散入大气，同时大气中的二氧化碳与氮进入煤层，以致煤层内的甲烷浓度减小，二氧化碳与氮的浓度增大。甲烷、二氧化碳与氮本身并没有"风化"。现在术语"瓦斯风化带"已经广为流行。

表1-8 我国部分矿井瓦斯风化带下部边界深度

| 矿　井 | 瓦斯风化带深度/m | 矿　井 | 瓦斯风化带深度/m |
|---|---|---|---|
| 抚顺龙凤 | 200 | 淮北朱仙庄 | 320 |
| 抚顺胜利 | 260 | 淮南谢家集 | 45 |
| 开滦赵各庄 | 467 | 中梁山 | 50 |
| 开滦唐山 | 388 | 北票冠山 | 120 |
| 焦作焦西 | 180 | 北票台吉立井 | 130 |
| 涟邵洪山殿 | 30 | 南桐直属一井 | 90 |
| 辽源西安 | 131 | 南桐鱼田堡 | 30 |
| 淮北芦岭 | 240 | 六枝地宗 | 70 |

位于瓦斯风化带下边界以下的甲烷带，煤层的瓦斯压力、瓦斯含量随埋藏深度的增加而有规律地增长。因此，掌握开采煤田煤层瓦斯垂直分带的特征，确定瓦斯风化带深度，是搞好矿井瓦斯涌出量预测和日常瓦斯管理工作的基础。

"瓦斯风化带"以下的甲烷带的气体成分才是正常的瓦斯成分。研究煤层瓦斯应该以正常瓦斯带，即甲烷带为对象。正常瓦斯带的气体成分中的甲烷浓度理应不低于80%。

有些文献作者没有注意这一点，把"瓦斯风化带"里的气体与正常甲烷带的气体混在一起作分析，以致在讨论瓦斯成分与含量时往往概念不清。

确定"瓦斯风化带"的下部边界应该用甲烷及重烃浓度之和大于80%（按体积）为指标。煤矿实测瓦斯成分的资料往往不足，难以勾画出"瓦斯风化带"下界。采矿界用相对瓦斯涌出量（<2 m³/t·d），或瓦斯压力（<0.15 MPa），或瓦斯含量(烟煤2~3 m³/t，无烟煤5~7 m³/t)等指标划定"瓦斯风化带"下界。

# 习 题 一

**一、单选题**

1. 煤矿井下瓦斯爆炸的界限是（　　）。
   A. 5%~16%　　　B. 7%~8%　　　C. 9%~10%　　　D. 15%~16%
2. 煤层中各种瓦斯成分（　　）有规律地逐渐变化就是煤层瓦斯分带现象。
   A. 由浅到深　　　B. 由大到小　　　C. 由多到少　　　D. 由高到低
3. 一般将煤层由露头自上向下分为4个瓦斯带：$CO_2$—$N_2$ 带、$N_2$ 带、$N_2$—$CH_4$ 带、$CH_4$ 带。瓦斯分化带为（　　）。
   A. 仅指 $CO_2$—$N_2$ 带　　　　　　　B. 仅指 $N_2$ 带
   C. 仅指 $N_2$—$CH_4$ 带　　　　　　　D. 包含前三带
4. 甲烷在水中的溶解性是（　　）。
   A. 不溶　　　B. 难溶　　　C. 微溶　　　D. 可溶

**二、多选题**

1. 瓦斯的危害是：（　　）。
   A. 空气中瓦斯浓度很高时，氧含量相对降低，会使人窒息
   B. 瓦斯浓度达到一定值时，遇火会燃烧和爆炸
   C. 瓦斯爆炸将产生大量的有毒有害气体，会造成大量人员中毒而伤亡
   D. 瓦斯破坏大气环境
2. 高瓦斯矿井为非突出矿井，并具备下列情形之一：（　　）。
   A. 矿井相对瓦斯涌出量大于10 m³/t
   B. 矿井绝对瓦斯涌出量大于40 m³/min
   C. 矿井任一掘进工作面绝对瓦斯涌出量大于3 m³/min
   D. 矿井任一采煤工作面绝对瓦斯涌出量大于5 m³/min
3. 瓦斯存储在煤层中的状态有：（　　）。
   A. 游离态　　　B. 吸附态　　　C. 吸收态　　　D. 吸着态
4. 甲烷气体的性质有：（　　）。
   A. 无色　　　B. 无味　　　C. 无毒　　　D. 有爆炸性

**三、判断题**

1. 瓦斯是一种有毒的气体。（　　）
2. 瓦斯运移的基本方式主要是沿煤层或岩层的空隙和裂隙运移。（　　）
3. 煤矿瓦斯（又称煤层气）根据其在煤层中的赋存状态，一般可以分为吸附态和游

离态两种状态。吸附态更容易挥发。（　　）
4. 处于瓦斯风化带的矿井是低瓦斯矿井。（　　）

## 四、简答题

1. 煤层瓦斯的成气时期有哪些？
2. 煤层瓦斯的垂直分带及其特征？
3. 甲烷带内瓦斯含量、瓦斯压力分布特征？
4. 煤的孔隙分类及其与瓦斯运移特征的关系？
5. 现行的矿井瓦斯等级如何划分？
6. 什么是矿井绝对瓦斯涌出量和相对涌出量？
7. 已知绝对瓦斯涌出量和日产量，如何计算矿井相对瓦斯涌出量？
8. 试述瓦斯的主要物理及化学性质，了解这些性质对于预防处理瓦斯危害有何意义？
9. 在全部成煤过程中，每形成一吨无烟煤，大约可以伴生多少 $m^3$ 的瓦斯？
10. 瓦斯在煤层中的赋存状态有哪些？
11. 瓦斯的危害有哪些？

# 情景二　煤层瓦斯参数测定

**学习目标**
➢ 掌握煤层瓦斯常用的几个参数。
➢ 理解影响煤层瓦斯赋存的地质因素。
➢ 理解 DGC 瓦斯含量测定方法的原理并掌握 DGC 瓦斯含量测定过程。
➢ 理解瓦斯压力测定原理并熟悉常用的几种瓦斯压力测定方法。
➢ 熟悉瓦斯放散初速度、煤的破坏类型和煤的坚固性系数测定方法。

## 任务一　煤层瓦斯参数

要有效地防治矿井瓦斯灾害，必须了解与煤层瓦斯相关的参数，即煤层瓦斯参数。这些参数有两类，一类是与煤层中单位煤炭所含瓦斯的多少有关的参数，如瓦斯压力和瓦斯含量；另一类是与煤层性质和煤层中煤（往往是破碎的煤）的性质有关的参数，如透气性系数、钻孔瓦斯流量衰减系数、煤的破坏类型、坚固性系数、放散初速度。

防治不同类型的瓦斯灾害，以及不同的瓦斯防治思路，需要的参数可能不同，但也有相同的部分。如瓦斯突出防治需要的参数有瓦斯参数、瓦斯压力、煤的破坏类型、坚固性系数、放散初速度等，而抽采煤层瓦斯需要的参数有瓦斯压力、原煤瓦斯含量、煤层透气性系数、钻孔瓦斯流量衰减系数、钻孔排放瓦斯有效半径等。

### 一、煤层瓦斯含量

煤层瓦斯含量参数主要用于矿井瓦斯突出防治、矿井通风和瓦斯抽采设计等。煤层瓦斯含量是指在矿井大气条件下（环境温度 20 ℃，环境大气压力 0.1 MPa）单位质量或单位体积的煤体中所含的瓦斯气体量，单位 $m^3/t$ 和 $m^3/m^3$。但在我国采矿界，一般是指 1 t 煤所含标准状态瓦斯体积（$m^3$）。标准状态下瓦斯体积指吸附和游离两种瓦斯量在标准状况下的总和。煤层瓦斯含量（注：下文所指瓦斯含量均指标准状态下的瓦斯含量，20 ℃，0.1 MPa 大气压力）有以下几种：

（1）原始瓦斯含量。煤层未受采动影响时单位质量的瓦斯含量。
（2）残余瓦斯含量。原始煤层受到采动影响破坏，逸散出一部分瓦斯，剩余在煤体中的瓦斯称为残余瓦斯含量。
（3）残存瓦斯含量。矿井生产的原煤运至地表仍保留在煤炭中的瓦斯含量；或者在常压下，煤样解吸后残留在煤样中的瓦斯量。
（4）煤的可解吸瓦斯含量。煤的原始瓦斯含量与残存瓦斯含量之差称为煤的可解吸瓦斯含量。煤的可解吸瓦斯含量基本反映了煤炭开采过程中可能涌出的瓦斯量。
（5）瓦斯容量。在一定条件下，单位质量煤样中能容纳的最大瓦斯量。

## 二、煤层瓦斯压力

煤层瓦斯压力是指煤层孔隙中所含游离瓦斯呈现的压力，即瓦斯作用于孔隙壁的压力，单位为 MPa。如无特别说明，煤层瓦斯压力仅指拒绝瓦斯压力。煤层瓦斯压力是瓦斯涌出和突出的动力，也是煤层瓦斯含量多少的标志。它是煤层孔隙内气体分子自由热运动撞击所产生的作用力；在一个点上力的各向大小相等，方向与孔隙的壁垂直。煤层瓦斯压力分为煤层原始瓦斯压力和煤层残余瓦斯压力（或现存瓦斯压力）两种：

（1）煤层原始瓦斯压力。煤层没有受到采掘工作影响的地方，煤层的瓦斯压力称为煤层原始瓦斯压力。

（2）煤层残余瓦斯压力（或现存瓦斯压力）。在受到采动影响范围内的瓦斯压力称为煤层残余瓦斯压力（或现存瓦斯压力）。现存瓦斯压力总是低于煤层原始瓦斯压力。

煤层瓦斯压力大小受多种地质因素的影响，变化较大。在一个井田内的同一地质单元里，甲烷带的瓦斯压力通常随深度的增加而增大。煤层瓦斯压力是决定煤层瓦斯含量和煤层瓦斯动力学特征的基本参数。

根据大量的测定结果表明，在甲烷带内，煤层的瓦斯压力随深度的增加而增加，多数煤层呈线性增加，可以按下式预测深部煤层的瓦斯压力：

$$p = p_0 + m(H - H_0) \tag{2-1}$$

式中　　$p$——在深度 $H$ 处的瓦斯压力，MPa；

　　　　$p_0$——瓦斯风化带 $H_0$ 深度的瓦斯压力，MPa，一般取 0.15～0.2，预测瓦斯压力时可取 0.196；

　　　　$H_0$——瓦斯风化带的深度，m；

　　　　$H$——煤层距地表的垂直深度，m；

　　　　$m$——瓦斯压力梯度，MPa/m，可由下式计算：

$$m = \frac{p_1 - p_0}{H_1 - H_0} \tag{2-2}$$

　　　　$p_1$——实测瓦斯压力，MPa；

　　　　$H_1$——测瓦斯压力 $p_1$ 地点的垂深，m。

实际应用时，$m$ 一般取为 $0.01 \pm 0.005$。

煤层瓦斯的压力应该实际测量。根据我国各煤矿瓦斯压力随深度变化的实测数据，瓦斯压力梯度 $m$ 一般在 0.007～0.012 MPa/m，而瓦斯风化带的深度则在几米至几百米之间。我国部分矿井的煤层瓦斯压力和瓦斯压力梯度实测值见表 2-1。

表 2-1　我国部分矿井的煤层瓦斯压力和瓦斯压力梯度实测值

| 矿井名称 | 煤层 | 垂深/m | 瓦斯压力/MPa | 瓦斯压力梯度/(MPa·m$^{-1}$) |
|---|---|---|---|---|
| 南桐一井 | 4 | 218 | 1.52 | 0.0095 |
| | 4 | 503 | 4.22 | |
| 北票台吉一井 | 4 | 713 | 6.86 | 0.0114 |
| | 4 | 560 | 5.12 | |

表2-1（续）

| 矿井名称 | 煤层 | 垂深/m | 瓦斯压力/MPa | 瓦斯压力梯度/(MPa·m$^{-1}$) |
|---|---|---|---|---|
| 涟邵蛇形山 | 4 | 214 | 2.14 | 0.0120 |
| | 4 | 252 | 2.60 | |
| 淮北芦岭 | 8 | 245 | 0.20 | 0.0116 |
| | 8 | 482 | 2.96 | |

对于一个生产矿井，应该注意积累和充分利用已有的实测数据，总结出适合本矿的基本规律，为深水平的瓦斯压力预测和开采服务。

### 三、瓦斯放散初速度（$\Delta p$）

煤的瓦斯放散初速度（$\Delta p$）是个假定指标，它的值与煤的微观结构、孔隙表面性质和大小等有关。它不仅反映了煤的放散瓦斯能力，还反映出瓦斯渗透和流动的规律，在突出区域预测中起着重要的作用。

该指标在国家行业标准（AQ 1080—2009）中的定义是：3.5 g 规定颗粒的煤样在 0.1 MPa 压力下吸附瓦斯后向固定真空空间释放时，用压差 $\Delta p$(mmHg) 表示的 10~60 s 时间内释放的瓦斯量指标。

煤的这种放散瓦斯的能力大小与突出的发生有直接关系。我国一直采用瓦斯放散初速度指标 $\Delta p$ 来对煤的这种能力进行评价，并结合煤的坚固性系数，形成新的综合指标 $K = \Delta p/f$。其中 $f$ 是煤的坚固性系数。

当煤的放散初速度大于 10 时，煤层有突出危险。

### 四、煤的破坏类型

煤的破坏类型是指煤在构造应力作用下，煤层发生碎裂和揉皱的程度，即按照煤被破碎的程度划分的类型。我国采煤界为预测和预防煤与瓦斯突出，将煤被破碎的程度分成5种类型。第Ⅰ类型：煤未遭受破坏，原生沉积结构、构造清晰；第Ⅱ类型：煤遭受轻微破坏，呈碎块状，但条带结构和层理仍然可以识别；第Ⅲ类型：煤遭受破坏，呈碎块状，原生结构、构造和裂隙系统已不保存；第Ⅳ类型：煤遭受强破坏，呈粒状；第Ⅴ类型：煤被破碎成粉状。

第Ⅲ、Ⅳ、Ⅴ类型的煤具有煤与瓦斯突出的危险性。

### 五、煤的坚固性系数

煤的坚固性系数是指煤块抵抗破坏能力的综合指标。

岩石分级是根据岩石的坚固性系数（$f$），可把岩石（煤为岩石的一类）分成10级（表2-2），等级越高的岩石越容易破碎。为了方便使用又在第Ⅲ、Ⅳ、Ⅴ、Ⅵ、Ⅶ级的中间加了半级。考虑到生产中不会大量遇到抗压强度大于 200 MPa 的岩石，故把凡是抗压强度大于 200 MPa 的岩石都归入Ⅰ级。

由于岩石的坚固性区别于岩石的强度，强度值必定与某种变形方式（单轴压缩、拉伸、

表2-2 岩石的坚固性分级表

| 岩石级别 | 坚固程度 | 代 表 性 岩 石 |
|---|---|---|
| Ⅰ | 最坚固 | 最坚固、致密、有韧性的石英岩、玄武岩和其他各种特别坚固的岩石（$f=20$） |
| Ⅱ | 很坚固 | 很坚固的花岗岩、石英斑岩、硅质片岩，较坚固的石英岩，最坚固的砂岩和石灰岩（$f=15$） |
| Ⅲ | 坚固 | 致密的花岗岩，很坚固的砂岩和石灰岩，石英矿脉，坚固的砾岩，很坚固的铁矿石（$f=10$） |
| Ⅲa | 坚固 | 坚固的砂岩、石灰岩、大理岩、白云岩、黄铁矿，不坚固的花岗岩（$f=8$） |
| Ⅳ | 比较坚固 | 一般的砂岩、铁矿石（$f=6$） |
| Ⅳa | 比较坚固 | 砂质页岩，页岩质砂岩（$f=5$） |
| Ⅴ | 中等坚固 | 坚固的泥质页岩，不坚固的砂岩和石灰岩，软砾石（$f=4$） |
| Ⅴa | 中等坚固 | 各种不坚固的页岩，致密的泥灰岩（$f=3$） |
| Ⅵ | 比较软 | 软弱页岩，很软的石灰岩、白垩，盐岩，石膏，无烟煤，破碎的砂岩和石质土壤（$f=2$） |
| Ⅵa | 比较软 | 碎石质土壤，破碎的页岩，黏结成块的砾石、碎石，坚固的煤，硬化的黏土（$f=1.5$） |
| Ⅶ | 软 | 软致密黏土，较软的烟煤，坚固的冲击土层，黏土质土壤（$f=1$） |
| Ⅶa | 软 | 软砂质黏土、砾石，黄土（$f=0.8$） |
| Ⅷ | 土状 | 腐殖土，泥煤，软砂质土壤，湿砂（$f=0.6$） |
| Ⅸ | 松散状 | 砂，山砾堆积，细砾石，松土，开采下来的煤（$f=0.5$） |
| Ⅹ | 流沙状 | 流沙，沼泽土壤，含水黄土及其他含水土壤（$f=0.3$） |

剪切）相联系，而坚固性反映的是岩石在几种变形方式的组合作用下抵抗破坏的能力。因为在钻掘施工中往往不是采用纯压入或纯回转的方法破碎岩石，因此这种反映在组合作用下岩石破碎难易程度的指标比较贴近生产实际情况。岩石坚固性系数$f$表征的是岩石抵抗破碎的相对值。因为岩石的抗压能力最强，故把岩石单轴抗压强度极限的1/10作为岩石的坚固性系数，$f=R/100$（$R$单位kg/cm$^2$）（公式中$R$——岩石标准试样的单向极限抗压强度值。$f$是个无量纲的值，它表明某种岩石的坚固性比致密的黏土坚固多少倍，因为致密黏土的抗压强度为10 MPa。岩石坚固性系数的计算公式简洁明了，$f$值可用于预计岩石抵抗破碎的能力及其钻掘以后的稳定性）。

岩石极限压碎强度(坚固系数) = 0.1 × 岩石饱和抗压强度 ÷ 软化系数

## 任务二　煤层瓦斯赋存的影响因素分析

瓦斯是地质作用的产物，它的产生、赋存、富集均受地质条件的控制。影响瓦斯赋存的地质条件主要有煤系地层岩性特征、煤的变质程度、地质构造、埋藏深度、地下水、岩浆作用等。对于不同矿区、不同矿井、不同块段，影响瓦斯赋存的地质条件类型和作用程度往往也不同。

### 一、地层岩性特征对瓦斯赋存的影响

瓦斯作为一种地质实体，主要赋存在煤层中。而煤层本身又是煤系地层中的一部分，因此，煤系地层岩性特征是瓦斯形成和保存的基本条件。

由于煤系地层所指范围较大且不具有确定性，所以一般只需考虑煤层围岩，也即包括煤层直接顶、基本顶和直接底等在内的一定厚度范围的层段。

煤层围岩对瓦斯赋存的影响，主要取决于它的透气性。煤层围岩的透气性主要与围岩的孔隙性、渗透性以及围岩的力学性质有关。

（1）岩性特征。泥质类岩石有利于瓦斯的保存，但若其中的砂、粉砂等杂质含量较高时，则会显著降低它的遮挡能力。例如泥岩中粉砂组分的含量为20%时，泥岩内占优势的孔隙的截面宽为 $0.025 \sim 0.05~\mu m$；粉砂组分的含量为50%时，泥岩内占优势的孔隙的截面宽为 $0.08 \sim 0.16~\mu m$。孔隙管道直径的这种变化，必然会反映到岩石的遮挡性上来，即随着孔隙直径的增大，渗透性将增强，岩石的遮挡能力则随之减弱。砂岩一般有利于瓦斯逸散，但若其孔隙度和渗透率均低时，也能有效阻止瓦斯逸散。

（2）岩性组合特征。围岩的岩性组合及其变形特点对瓦斯的保存和逸散有着重要的影响。按照岩石力学的观点，坚硬岩层易于脆性破裂，软弱岩层常呈塑性变形。不同力学性质的岩层若组合在一起常常表现出不同的构造表象。例如：断层裂隙型围岩顶板主要由砂岩组成，紧密褶皱型围岩顶板主要由泥岩、粉砂岩和细砂岩组成。因此，上述差别的存在，无疑将影响到煤层瓦斯的赋存状况。

### 二、煤的变质程度对瓦斯赋存的影响

煤中的瓦斯主要是在煤化作用过程中形成的。在由泥炭、褐煤逐渐转化为烟煤、无烟煤的煤化过程中，煤的挥发分减少，碳含量增多，其中的挥发分在变质过程中部分转变为甲烷，这部分甲烷生成量大，构成了现今煤中所含瓦斯的主体。

由泥炭演变为煤的煤化作用包括先后进行的成岩作用和变质作用。在这一过程中，受以温度和压力为主的物理化学作用的影响，泥炭经过褐煤、烟煤转变为无烟煤。在煤化作用过程中，不断产生瓦斯。煤的煤化程度越高，产生的瓦斯也越多。其主要原因，一是，煤层瓦斯的产出量直接依赖于煤化程度；二是，随着变质程度的加深，煤的气体渗透率下降，瓦斯自煤层内向地表方向运移散逸速度也就更慢；三是，煤的变质程度越高，煤的吸附能力也就越大，即煤层中可以滞留更多的瓦斯气体。根据模拟实验结果推测，每生成一吨褐煤可产生约 $60~m^3$ 瓦斯；每生成 $1~t$ 肥煤可产生约 $300~m^3$ 瓦斯；而每生成 $1~t$ 无烟煤，则可产生 $400~m^3$ 以上的瓦斯。这就说明煤的变质程度越高，生成的瓦斯量也就越大。

在成煤初期，褐煤结构疏松，孔隙率大，气体分子能够渗入煤体内部。虽然褐煤具有很大的吸附能力，但由于此阶段瓦斯生成量较少且不易保存，故褐煤中实际所含的瓦斯量是很小的。在煤的进一步变质过程中，由于地压的作用，煤的孔隙率减小，煤的质地渐趋致密。在烟煤系列中，低变质程度的长焰煤孔隙和表面积都较小，其吸附瓦斯的能力很低。长焰煤最大瓦斯吸附量只有 $20 \sim 30~m^3/t$。进入高变质阶段，在高温、高压作用下，煤体内部因干馏作用而生成许多微孔隙，从而使得煤的比表面积到无烟煤时达到最大。根据实验测定，$1~g$ 无烟煤的微孔表面积可达 $200~m^2$ 之多。因此，无烟煤吸附瓦斯的能力最

强可达 $50\sim60$ m³/t。当无烟煤进一步向石墨转化时，无烟煤中的微孔又将不断收缩、减少，最终转化成石墨时变为零，不再具有吸附瓦斯的能力。

我国的煤炭资源丰富，煤质多种多样，煤变质分带明显。煤变质总的规律，从地质年代上看：古生代以高、中变质煤为主体，尚未发现褐煤；中生代以中、低变质烟煤为主体，有褐煤存在；新生代的新近纪、古近纪同时存在低变质烟煤和褐煤。这反映了成煤时期越早，经历的地质历史越长，煤的变质程度就越高的趋势。

统计资料表明，全国高瓦斯矿井中，70%的矿井开采中等变质程度以上的煤层。

### 三、地质构造对瓦斯赋存的影响

国内外瓦斯地质研究成果表明，地质构造与瓦斯的赋存关系密切，甚至可以说起到了控制作用。

地质构造的不同，一方面造成了瓦斯分布的不均衡，另一方面则形成了或有利于瓦斯赋存或有利于瓦斯排放的地质条件。

1. 褶皱构造与瓦斯赋存的关系

褶曲类型和褶皱复杂程度对瓦斯赋存均有影响。封闭的背斜有利于瓦斯的储存，是良好的储气构造（或称圈闭构造）。

简单向斜盆地构造的矿区，其瓦斯排放往往是比较困难的。因为在这种情况下，瓦斯沿垂直地层方向适移十分困难，大部分瓦斯仅能够沿煤田两翼流向地表。但在盆地边缘部分，含煤地层暴露面积大，瓦斯则便于排放。遭受侵蚀的褶曲矿区，就在更大程度上易于瓦斯的逸散。因为在这些地区，矿区的大部分范围，含煤岩系中的瓦斯都能流向地表。复式褶皱或紧闭褶皱，盖层封闭良好时，有利于造成瓦斯分布的不均衡和相对地富集。

2. 断裂构造与瓦斯赋存的关系

断裂构造破坏了煤层的连续性和完整性，使煤层瓦斯的排放条件发生了变化。有的断层有利于瓦斯的排放，有的对瓦斯的排放起阻挡作用，成为瓦斯逸散的屏障。前者称为开放性断层，后者称为封闭性断层。断层的开放与封闭性取决于下列条件：

（1）断层的类型及其力学性质。一般张性正断层属于开放型构造，而压性或压扭性断层的封闭条件往往较好。

（2）断层与地面或冲积层的连通情况。规模大而且与地表相通或与松散冲积层相连的断层一般为开放型。

（3）断层将煤层断开后，煤层与断层另一盘接触的岩层的性质。若煤层与断层另一盘接触的岩层的透气性好则有利于瓦斯排放。

（4）断层带的特征。断层带的充填情况、紧闭程度、裂隙发育等情况不同，则断层的开放性、封闭性也随之有所差异。

（5）断层的空间方位。一般走向断层阻隔了瓦斯沿煤层倾斜方向的逸散，而倾向和斜交断层则把煤层切割成互不联系的块体。

3. 构造组合对瓦斯赋存的影响

构造组合指的是控制瓦斯分布的构造形迹的组合形式，可大致归纳为以下3种类型：

（1）压性断层矿井边界封闭型。这一类型系指压性断层作为矿井的对边边界，断层面一般为相背倾斜，使整个矿井处于封闭的条件下，因此瓦斯含量高。如内蒙古大青山煤田南北两侧均为逆断层,断层面倾向相背,煤田位于逆断层的下盘,在构造组合上处于较好的封闭条件。该煤田各矿煤层瓦斯含量普遍高于区内开采同时代含煤岩系的乌海煤田和桌子山煤田。

(2) 构造盖层封闭型。瓦斯的赋存决定于瓦斯的保存条件。盖层条件原指沉积盖层,从构造角度,也可指构造成因的盖层。如某一较大的逆掩断层,将大面积透气性差的岩层推覆到煤层或煤层附近以上,改变了原来的盖层条件,同样对瓦斯起到了封闭作用。如吉林通化矿区铁厂二井,北北东向的张性断层虽然有利于瓦斯排放,但煤层上覆地层被F28逆断层的上盘所覆盖,由于断层面及上盘地层的封闭作用,使得下盘煤层瓦斯得不到释放而大量聚积,瓦斯含量增高。

(3) 正断层断块封闭型。该类型是由两组不同方向的压扭性正断层在平面上组成三角形或多边形块体,井口边界为正断层所圈闭。它的特点是除接近正断层露头的浅部或因煤层与断层另一盘接触岩性为透气性岩石时瓦斯较小外,其余皆因断层的挤压封闭而利于瓦斯的储集。

4. 煤岩层倾角与瓦斯赋存的关系

煤岩层倾角本质上反映了构造应力的大小。一般情况下,煤岩层所受到的应力作用越强烈,其自身破碎程度也就越高。若其他条件相同,由于倾角陡比倾角缓更有利于瓦斯的排放,所以缓倾斜煤层要比急倾斜煤层瓦斯含量大。

我国瓦斯分布的总体规律是:南方瓦斯大,北方瓦斯小。瓦斯涌出量大、突出较严重的矿井,多数分布在南方,特别是四川、重庆、湖南、贵州、江西等省。在华北广大煤田中,一般矿井瓦斯涌出量较小,突出矿井相对较少。

我国南、北方在瓦斯分布上的差异,是与南、北方区域地质构造密切相关的。华南地区因受印支、燕山等构造运动的强烈影响,褶皱和断裂多呈压性或压扭性。构造复杂,地应力相对比较集中。因而瓦斯大,突出多。华北地区,多张性或张扭性断裂,形成断块构造或阶梯状构造,以正断层为主。常为开放型构造,因而瓦斯较小,突出较少。

5. 其他地质条件对瓦斯赋存的影响

除了岩性特征、煤的变质程度、地质构造三大主要因素外,还有一些地质条件对瓦斯的赋存有影响。但只是在部分矿区或矿井内对瓦斯赋存的影响较为明显。由于其分布具有区域性,因而对瓦斯赋存的影响也就具有一定的局限性。

(1) 埋藏深度。一般出露地表的煤层,其瓦斯容易逸出,而且由于空气也向煤层内渗透,故煤层中常含有$CO_2$、$N_2$等气体,瓦斯含量少;随着煤层埋藏深度的增加,瓦斯含量增大。根据实测资料分析,在瓦斯风化带以下,瓦斯含量、涌出量以及瓦斯压力,都与煤层埋藏深度的增加有一定的比例关系。

一般情况下,煤层中的瓦斯压力随着埋藏深度的增加而增大。随着瓦斯压力的增加,在煤与岩石中游离瓦斯量所占的比例增大的同时,煤中的吸附瓦斯逐渐趋于饱和。所以,从理论上分析,在一定深度范围内,煤中的甲烷含量随埋藏深度的增大而增加。但是如果埋藏深度继续增大,则煤中甲烷含量增加的速度将要减慢。

(2) 地下水。地下水与瓦斯共存于含煤岩系中,它们的共性是均为流体,运移和赋存都与煤层和岩层的孔隙、裂隙通道有关。由于地下水的运移,一方面驱动着孔隙和裂隙中瓦斯运移,另一方面又带动了溶解于水中的瓦斯一起流动。因此,地下水的活动有利于瓦斯的逸散。同时，水吸附在孔隙和裂隙的表面，还减弱了煤对瓦斯的吸附能力。地下水和瓦斯占有的空间是互补的，这种相逆关系，表现为水大地带瓦斯小，反之亦然。因此，水、气运移和分布特征，可以作为认识矿井瓦斯地质和水文地质条件的共同规律而加以运用。

### 四、岩浆作用

岩浆侵入含煤岩系、煤层，使煤、岩层产生胀裂及压缩。岩浆的高温烘烤可使煤的变质程度升高。另外，岩浆岩体有时使煤层局部被覆盖或封闭。但有时也因岩脉蚀变带裂隙增加，造成风化作用加强，逐渐形成裂隙通道。所以说，岩浆侵入煤层对瓦斯赋存既有形成、保存瓦斯的作用，在某些条件下又有使瓦斯逸散的可能。值得注意的是，岩浆呈岩床沿煤层侵入时，对瓦斯赋存和瓦斯突出都将产生剧烈影响，主要表现为：

（1）使煤受热力变质，碳化程度增高，进一步生成瓦斯。
（2）若岩床位于煤层顶板部位，对排放瓦斯通道起着封闭作用，易于保存瓦斯。
（3）使煤层受力，搓揉粉碎，造成煤体结构的破坏。
（4）岩浆侵入使局部煤系地层处于不均衡的应力紧张状态，积蓄了弹性潜能。

## 任务三　煤层瓦斯含量测定

煤层瓦斯含量是煤层瓦斯的主要参数。直接、准确测定煤层瓦斯含量，用于矿井采掘部署、开拓延伸设计、煤层瓦斯赋存规律研究、瓦斯涌出量预测、瓦斯抽采效果评价、煤层气资源评价、突出危险性区域预测及区域验证等方面。

煤层瓦斯含量测定方法有直接测定方法和间接测定方法。而瓦斯含量直接测定方法按煤样获得方法的不同分为地勘解吸法和井下解吸法。地勘解析法是地质勘探时期测定煤层瓦斯含量方法，测定误差比较大，使用范围较小。煤层瓦斯含量的间接测定方法主要是利用瓦斯压力和瓦斯含量的关系公式进行计算，前提是要实际测出煤层瓦斯压力。

瓦斯含量直接测定的井下解吸法按照煤样在实验室解吸的方法不同可以分为脱气法和常压自然解析法。这两种方法的解吸要求参见国家标准《煤层瓦斯含量井下直接测定方法》（GB/T 23250—2009）。本书仅介绍重庆煤炭研究院近年来研发的 DGC 型瓦斯含量直接测定方法。该方法属于常压自然解吸法，其依据依然是国家标准《煤层瓦斯含量井下直接测定方法》（GB/T 23250—2009）。

### 一、DGC 型瓦斯含量直接测定方法简介

DGC 型瓦斯含量直接测定装置（以下简称含量装置）是一套实验室结合井下使用的装置。主要用于直接、快速地测定和计算出煤层瓦斯含量（$Q_m$）。装置分为井下取芯与井下解吸系统、地面瓦斯解吸系统、称重系统、煤样粉碎系统、水分测定系统、气体成分测定系统和数据处理系统几个部分。DGC 的含义：D，直接测定；G，瓦斯；C，含量。

### 二、DGC 含量测定方法的技术原理

DGC 含量测定方法的技术原理如图 2-1 所示。通过向煤层施工取芯钻孔，用井下取

芯系统将煤芯从煤层深部取出，及时放入煤样筒中密封。然后用井下解吸系统测量煤样筒中煤芯的瓦斯解吸速度及解吸量 $Q_{21}$，并以此来计算瓦斯损失量 $Q_1$。把煤样筒带到实验室然后在地面解吸仪上测量从煤样筒中释放出的瓦斯量 $Q_{22}$，与井下测量的瓦斯解吸量 $Q_{21}$ 一起计算煤芯瓦斯解吸量 $Q_2(Q_2 = Q_{21} + Q_{22})$。将煤样筒中的部分煤样经称量系统称重后装入密封的粉碎系统加以粉碎，测量在粉碎过程及粉碎后一段时间所解吸出的瓦斯量（常压下），并以此计算粉碎瓦斯解吸量 $Q_3$。借助水分测定系统、气体成分测定系统和数据计算系统求取可解吸瓦斯含量：瓦斯损失量、煤芯瓦斯解吸量和粉碎瓦斯解吸量之和就是可解吸瓦斯含量，即 $Q_m = Q_1 + Q_2 + Q_3$。可解吸瓦斯含量 $Q_m$ 加上常压吸附瓦斯量 $Q_c$ 即为煤层瓦斯含量 $Q(Q = Q_m + Q_c)$。

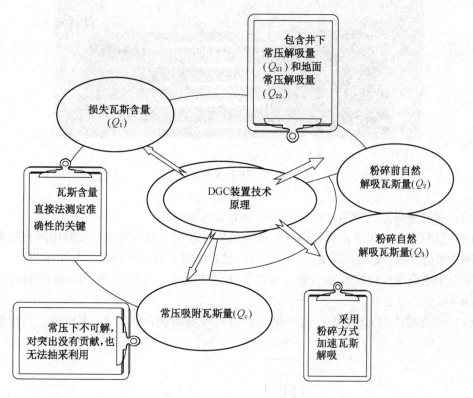

图 2-1 DGC 含量测定方法的技术原理

常压吸附瓦斯量 $Q_c$ 常压下不可解吸，对突出没有贡献，也无法抽采利用。常压吸附瓦斯量采用 $a$、$b$ 吸附常数，工业分析等指标应用朗缪尔方程进行计算。

### 三、井下取样和解吸方法

采用 DGC 型瓦斯含量直接测定装置测定瓦斯含量，测压孔见煤后，停钻取样，开始测量瓦斯含量井下解析。具体测定过程如下：

（1）打钻遇煤前采样人员到达采样现场，准备好取芯钻头、取芯管，HF-5 型解析仪、煤样罐、秒表、扳手、夹子、大气压力表、铁桶或塑料桶一个（盛水）等。DGC 井下装置如图 2-2 所示。

图 2-2 DGC 井下装置

（2）钻孔遇煤后，采用直径为 73 mm 岩芯管采取煤芯。

（3）钻煤完后，煤芯提到孔口时，尽快地从煤芯管中取出煤芯，采取中间完整部分，装入罐中密封。控制这段时间在 2 min 之内。煤芯中混合有夹矸及杂物时给予剔除。注意煤样不得用水清洗，保存原状装罐，也不要去压实。煤样距罐口留 10 mm 的间隙最好，煤样约 400 g。

（4）将煤样罐与 HFJ-5 型解吸仪连接进行现场解吸，如图 2-3 所示。其步骤为：

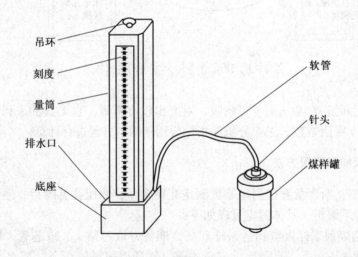

图 2-3 HFJ-5 型解吸仪与煤样罐连接图

将仪器倒立，拧开灌水口塞子，用手指堵住出水口和进气口，将仪器内部量筒内装满水至螺纹以上，排出筒内气泡后拧紧塞子，将仪器正立，松开手指，然后将仪器放置于巷道底板平整处或悬挂起来，将针头插入煤样罐，再将胶管与进气口相连，即开始解析测量。此时气体进入量管内后，水通过排水口排出。在煤样罐与解吸连接时打开秒表记录时间，每分钟记录一次数据，直到30 min结束。

（5）当解吸过程中井下解吸仪需要换水时，不停止秒表，用夹子夹住胶管拔下，将备用的清水灌入，方法同第4步，然后插上胶管松开夹子继续测定。当换水完毕后开启阀门，到整数时间时读数，这样把关闭阀门期间累加解吸量平均到关闭阀门时间段上。

（6）现场解吸完成后，拔出针头，将取样罐拧紧，泡在水中检查是否有漏气现象，若有渗漏，再拧紧，然后再检查气密性，直至不漏气为止。瓦斯含量测定取样和井下现场解析到此结束。

（7）在上述采样和解吸过程中要记录采样时间、采样地点、采样深度，记清钻孔遇煤时间，钻进时间，起钻时间，钻具提到孔口时间，煤样装罐时间，开始解吸测定时间，以及解吸测定时的气温，水温和取样点气压。

（8）将煤样罐送往煤矿化验室进行实验室瓦斯含量解吸，得出煤层瓦斯含量值。

### 四、地面常压解吸

地面解吸系统建立在地面实验室内，包括地面瓦斯解吸仪、煤样筒和工具等。地下常压解吸系统如图2-4所示。

图2-4 地下常压解吸系统

地下常压解吸过程如下：
（1）取样人员将井下所采煤样应及时送交实验室进行地面解吸。
（2）先将煤样筒出气嘴连接到地面瓦斯解析测量管上，开启地面解吸装置的背光灯管，将玻璃管操作手柄打到吸水排气档，按动真空泵启动按钮进行排水吸水，当任意一根玻璃管液面达到零刻度位置时（作为读数标准），调节解吸管操作手柄到隔绝真空泵连通状态，使解吸管处于密封状态，打开煤样筒阀门，解吸开始前观测液面下降情况，是否有漏气存在，若存在要及时排除方可进行瓦斯解析。
（3）开始解吸后每隔一段时间读取一次瓦斯含量读数，并注意观察解吸累积量的变化规律。

(4) 水分测定，将水平阀调至零位，并称取 10 g 煤样进行水分测定。

**五、煤样粉碎解吸**

粉碎系统包括振动台、料钵、冲击块和工具。煤样粉碎装置如图 2-5 所示。

(a) 垂直粉碎　　　　　(b) 水平粉碎

图 2-5　煤样粉碎装置

煤样粉碎解吸过程如下：

(1) 当地面解吸完毕后，打开煤样筒盖，用电子秤称取煤样的重量后，从中称取两份煤样，每份重量 100 g 作为粉碎煤样；将称好的一份煤样倒入粉碎的缸体内，盖好所有的密封圈和盖子并检查气密性，保证气路系统、缸体、盖三者之间不漏气。

(2) 将粉碎机定时到 2 min 进行粉碎，并记录解吸数据，当实测瓦斯体积大的测量管最大体积的 85% 时，应重新排气吸水后继续粉碎读数，直至两份煤样全部粉碎结束。

(3) 若两份煤样粉碎后读数差别较大的，应再取第三份煤样进行测定。

(4) 粉碎结束后，将缸体内煤样倒出，用棉花擦拭干净。

(5) 将所取煤样分别装入煤样袋，并填写好标签（包括取样时间、地点、深度和煤样总重量），然后保存。

**六、煤层瓦斯含量计算**

煤层瓦斯含量包括瓦斯损失量、井下瓦斯解吸量、地面常压瓦斯解吸量、常压粉碎瓦斯解吸量和常压吸附瓦斯量等几个部分。以下主要介绍井下瓦斯解吸量、地面常压瓦斯解吸量和常压粉碎解吸量。

1. 井下瓦斯解吸量

井下钻孔取芯后选取粒径较大、保质性好的煤块快速装入煤样筒，读取初值后快速与井下解吸仪连接开始解吸，然后每分钟记录一次读数，直至 30 min 后解吸结束，关闭煤样筒阀门，读取井下瓦斯解吸量为 $Q_{21}$，根据瓦斯解吸速度、损失时间 $t$ 结合解吸模型可进行损失瓦斯含量 $Q_1$ 的计算。记录取芯时间、取芯位置、取芯人员、钻孔信息、煤样粒度大小描述（五类），见表 2-3。

表2-3 瓦斯含量测定井下解吸测定结果

| 取样地点 | | | | | | 煤样编号 | |
|---|---|---|---|---|---|---|---|
| 取样点温度/℃ | | | | 取样点气压/kPa | | | |
| 煤样重量/g | | | | 煤样破坏类型 | | | |
| 停钻时间 | | 开始取芯时间 | | 结束取芯时间 | | 井下解吸开始时间 | |
| 井 下 解 吸 | | | | | | | |
| 解吸时间/min | 解吸量/mL | 解吸时间/min | 解吸量/mL | 解吸时间/min | 解吸量/mL | 解吸时间/min | 解吸量/mL |
| 1 | | 9 | | 17 | | 25 | |
| 2 | | 10 | | 18 | | 26 | |
| 3 | | 11 | | 19 | | 27 | |
| 4 | | 12 | | 20 | | 28 | |
| 5 | | 13 | | 21 | | 29 | |
| 6 | | 14 | | 22 | | 30 | |
| 7 | | 15 | | 23 | | | |
| 8 | | 16 | | 24 | | | |
| 井下测试人员 | | | | 井下测试时间 | | | |

2. 地面常压瓦斯解吸量

地面常压瓦斯解析在实验室内进行,读取初值,将解吸玻璃管与煤样筒连接,开启阀门开始解吸,当解吸到解吸量小于 5 mL/min 时解吸结束,得出地面常压解吸量为 $Q_{22}$,$Q_{21}$ 与 $Q_{22}$ 之和为粉碎前自然瓦斯解吸量 $Q_2$。

3. 常压粉碎解吸量

将地面解吸仪解吸玻璃管(1000 mL 组)充工作液并检测气密性,将二次煤样及时倒入粉碎机料钵压紧后与地面解吸仪连接,读取初值开启粉碎,粉碎至 2 min 左右或解吸量较少时结束粉碎,读取终值为粉碎瓦斯解吸含量 $Q_3$,常压吸附瓦斯量 $Q_c$ 可在瓦斯压力为 0.1 MPa 时采用朗格缪尔方程计算得到。

最后可得煤层瓦斯含量为井下瓦斯解吸量、地面常压瓦斯解吸量、粉碎瓦斯解吸量、常压吸附瓦斯量和损失瓦斯量之和,即:$Q = Q_1 + Q_2 + Q_3 + Q_c$。见表 2-4。

表2-4 煤层瓦斯含量测定结果

| 序号 | 取样地点 | 取样时间 | $Q_1$ | $Q_2$ | $Q_3$ | $Q_c$ | $Q$ |
|---|---|---|---|---|---|---|---|
| | | | | | | | |
| | | | | | | | |
| | | | | | | | |
| | | | | | | | |

## 任务四 煤层瓦斯压力测定

煤层瓦斯压力参数是煤与瓦斯突出防治、煤矿瓦斯涌出量预测、抽采瓦斯设计和间接计算瓦斯含量等工作中必不可少的参数,其在瓦斯煤层参数中具有非常重要的地位。

### 一、煤层瓦斯压力测定原理

煤层瓦斯压力测定原理就是通过地面钻探孔或井下钻孔揭露煤层,安设瓦斯压力测定装置及仪表。封孔后,利用煤层瓦斯的自然渗透作用,使钻孔测压室的瓦斯压力与未受钻孔扰动煤层的瓦斯压力达到相对平衡,并通过测定测压室的瓦斯压力来表征被测煤层的瓦斯压力。

根据煤层瓦斯压力测定时的钻孔设置地点不同,可以分为井下钻孔法和地面钻孔法两种。

井下钻孔法按照钻孔封孔位置不同又可分为岩石-煤层测压法和本煤层测压法。岩石-煤层测压法就是由岩巷向煤层打测压钻孔,在岩石段中封孔测定煤层中的瓦斯压力。该煤层测压法就是在煤巷或穿层石门直接沿煤层打测压钻孔,在煤层中封孔测定煤层中的瓦斯压力。

地面钻孔法就是在煤田勘探时期,由放入勘探孔底的压力敏感元件发出的压力信号,传输到地面而测得煤层瓦斯压力的一种方法。

煤层瓦斯压力直接测定的关键技术是封孔技术。如果钻孔封闭严密不漏气,仪表显示的压力即是测点及其附近的实际瓦斯压力。根据封孔原理可以分为主动式和被动式两种封孔方法。

主动式封孔方法就是在封闭段两端的固体物质间注入密封液,并在高于预计瓦斯压力的密封液压力作用下,使密封液渗入孔壁与固体物的缝隙和孔壁周围的裂隙中以阻止煤层瓦斯泄漏。被动式封孔法就是用固体物充填测压管与钻孔壁之间的空隙,以阻止煤层瓦斯泄漏。

煤层瓦斯压力测定封孔方式和测压方法应严格执行《煤矿井下煤层瓦斯压力的直接测定方法》(AQ/T 1047—2007)的有关规定。

### 二、煤层瓦斯压力测定方法

目前,煤层瓦斯压力测定的封孔方法主要有两种,一是胶圈(胶囊)-封闭黏液封孔方法;二是注浆封孔方法。这两种封孔方法的机理都是固体阻止液体、液体阻止气体,从而形成完全不漏气的封孔结构。过去使用的黄泥、石膏封孔方法已经淘汰。

1. 胶圈(胶囊)-封闭黏液封孔测压法

胶圈(胶囊)-封闭黏液封孔方法是在胶圈封孔器法的基础上发展起来的。

胶圈封孔器法是一种简便的封孔方法,它适用于岩柱完整致密的条件。胶圈封孔器封孔结构如图2-6所示。

封孔器由内外套管、挡圈和胶圈组成。内套管即为测压管。封直径为50 mm的钻孔时,胶圈外径为49 mm,内径为21 mm,长度为78 mm。测压管前端焊有环形固定挡圈,

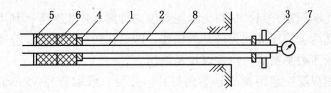

1—测压管；2—外套管；3—压紧螺帽；4—活动挡圈；5—固定挡圈；6—胶圈；7—压力表；8—钻孔

图2-6 胶圈封孔器封孔结构示意图

当拧紧压紧螺帽时，外套管向前移动压缩胶圈，使胶圈径向膨胀，达到封孔的目的。

胶圈封孔器法的主要优点是简便易行，封孔器可重复使用；缺点是封孔深度小，封孔效果不好，要求封孔段岩石必须致密、完整。这种封孔方法已经被淘汰。

胶圈（胶囊）-封闭黏液封孔方法与胶圈封孔器的主要区别是在两组封孔胶圈之间，充入带压力的黏液。胶圈（胶囊）-封闭黏液封孔方法结构示意图如图2-7所示。

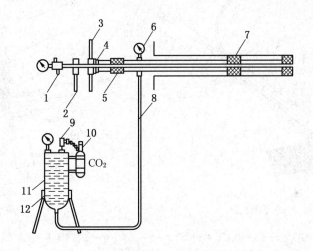

1—补充气体入口；2—固定把；3—加压手把；4—推力轴承；5—胶圈；6—黏液压力表；
7—胶圈；8—高压胶管；9—阀门；10—二氧化碳瓶；11—黏液；12—黏液罐

图2-7 胶圈-压力黏液封孔方法结构示意图

该封孔器由胶圈封孔系统和黏液加压系统组成。为了缩短测压时间，本封孔器带有预充气口，预充气压力略小于预计的煤层瓦斯压力。使用该封孔器时，钻孔直径62 mm，封孔深度11~20 m，封孔黏液段长度3.6~5.4 m。适用于坚固性系数$f \geqslant 0.5$的煤层。

这种封孔器的主要优点是：封孔段长度大，压力黏液可渗入封孔段岩（煤）体裂隙，密封效果好。

实践表明，封孔测压技术的效果除了与工艺条件有关外，更主要取决于测压地点岩体（或煤体）的破裂状态。当岩体本身的完整性遭到破坏时，煤层中的瓦斯会经过破坏的岩柱产生流动，这时所测得的瓦斯压力实际上是瓦斯流经岩柱的流动阻力，因此，为了测到煤层的原始瓦斯压力，就应当选择在致密的岩石地点测压，并适当增大封孔段长度。

2. 注浆封孔测压法

采用注浆封孔测压法，封孔材料为水泥浆加速凝剂、膨胀剂等，利用压风将密封罐内的水泥浆注入钻孔内，测压方式为被动测压法，即钻孔封孔完成后，等待被测煤层瓦斯的自然渗透达到瓦斯压力平衡后，测定煤层瓦斯压力。

首先在距被测煤层一定距离的岩巷内打孔，孔径一般取直径75 mm以上，钻孔最好垂直煤层布置，成孔后在孔内安设测压管，然后对钻孔进行封孔（＞10 m）；封孔后，安设压力表开始测压。前两个小时每30 min记一次压力指示值，测压的前三天，需要每天记录一次压力表的指示值；以后每隔两天记录一次压力表的指示值。当压力表的压力指示值连续四天没有变化时，其压力即为煤层原始瓦斯压力，压力测定结束，即可进行煤层透气性系数测定。封孔方式采用水泥砂浆封孔，测压钻孔注浆封孔示意图如图2-8所示。

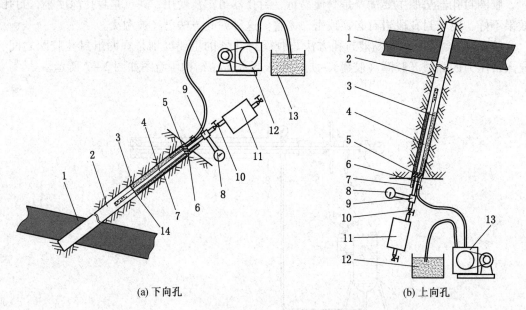

(a) 下向孔　　　　　　　　　　(b) 上向孔

1—煤层；2—钻孔；3—水泥砂浆；4—测压管；5—挡盘；6—注浆管；7—返浆管；8—压力表；9—三通；10—球阀；11—放水器；12—注浆泵；13—水泥砂浆池；14—挡板

图2-8　测压钻孔注浆封孔示意图

封孔长度取决于封孔段岩性及其裂隙发育程度。岩石硬而无裂隙时可适当缩短，但不能小于5 m；岩石松软或有裂隙时应增加。成孔以后，将测压管和注浆管连同圆楔形木塞一起置于测压钻孔之中，并将木塞在孔口紧固。水泥砂浆封孔一般采用压缩空气作为动力把充填物送入测压孔中，水泥与沙子的配比为1∶2.5。为避免水泥砂浆凝固后出现收缩现象，也可在普通水泥中按重量加入少量的水泥膨胀剂。封孔长度应在10 m以上；经24 h凝固，安设截止阀和压力表开始测压。

钻孔施工采用ZY750型液压钻机。钻孔要穿过煤层，并进入煤层顶板或底板，穿入顶（底）板深度0.5 m，具体操作时以钻孔不再排煤粉，开始排岩粉为准。

### 三、瓦斯压力测定要求与数据处理

1. 瓦斯压力测定要求

（1）选用的测压表量程为预计煤层瓦斯压力的 1.5 倍。准确度优于 1.5 级。

（2）采用主动封孔测压法时，应每天观测压力表一次。当煤层瓦斯压力小于 4 MPa 时，观测时间需 5~10 d，当煤层瓦斯压力大于 4 MPa 时，则需 10~20 d。

（3）采用被动封孔测压法时，应至少 3 d 观测一次。在观测中发现瓦斯压力值变化较大时，则应适当缩短观测时间间隔。视煤层的瓦斯压力及透气性大小的不同，需 30 d 以上。

（4）测压钻孔的瓦斯压力变化在连续 3 d 内小于 0.015 MPa/d 时，测压工作即可结束。

2. 数据处理

在结束测压工作拆卸压力表头时，应测量从钻孔中放出的水量。若钻孔与含水层导通，则此测压钻孔作废，并按有关规定进行封堵钻孔；若测压钻孔没有与含水层导通，应根据钻孔中的积水情况对测定压力结果进行修正。一般应根据从钻孔中放出的水量、钻孔参数、封孔参数等进行修正。但同一测压地点应以最高瓦斯压力值作为测定结果。

## 任务五　瓦斯放散初速度（$\Delta p$）测定

瓦斯放散初速度（$\Delta p$）所反映的是煤在常压下吸附瓦斯的能力和放散瓦斯的速度，是反映煤层突出区域危险性的一种单项指标。它是一个假定指标。在《煤的瓦斯放散初速度指标（$\Delta p$）测定方法》（AQ 1080—2009）中，瓦斯放散初速度的定义为：3.5 g 规定颗粒的煤样在 0.1 MPa 压力下吸附瓦斯后向固定真空空间释放时，用压差 $\Delta p$（mmHg）表示的 10~60 s 时间内释放的瓦斯量指标。所以，瓦斯放散初速度指标（$\Delta p$）测定有 3 个过程，一是煤样的采集；二是煤样对瓦斯的吸附；三是吸附瓦斯后煤样向固定空间的放散。

### 一、煤样的采集

在新暴露煤壁、地面钻井、井下钻孔取煤样。煤样应附有标签，注明采样地点、层位、采样时间等。若煤层有多个分层，应逐层分别采样。每个煤样重 250 g。

按照 GB 474、GB 477 规定制作。筛分出粒度为 0.2~0.25 mm 的煤样。每个煤样取 2 个试样，每个试样重 3.5 g。

### 二、煤样对瓦斯的吸附

在给定的瓦斯放散初速度指标测定仪下对煤样进行脱气和吸气，并在脱气前进气密性检查。测定仪有两种，一是变容变压式测定仪；二是等容变压式测定仪，分别如图 2-9 和图 2-10 所示。

1. 测定仪器气密性检查

测定仪器气密性检查过程及要求如下：

（1）对于变容变压式测定仪，在不装试样时，对放散空间脱气使汞柱计液面相平，停泵并放置 5 min 后，汞柱计液面相差应小于 1 mm。

（2）对于等容变压式测定仪，在不装试样时，对放散空间脱气使其压力达到 10 mmHg

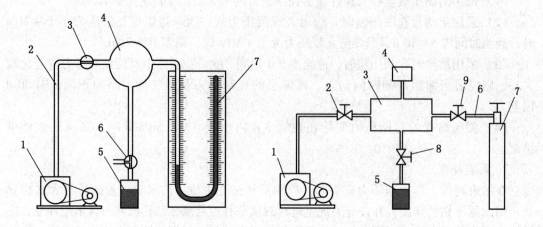

图2-9 变容变压式原理放散初速度指标
测定仪示意图
1—真空泵；2—玻璃管；3—二通阀；
4—固定空间；5—试样瓶；6—三通阀；
7—真空汞柱计

图2-10 等容变压式原理放散初速度指标
测定仪示意图
1—真空泵；2、8、9—阀门；3—固定空间；
4—压力传感器；5—试样瓶；6—管路；
7—甲烷气源

以下，停泵并放置 5 min 后，放散空间压力增加应小于 1 mmHg。仪器应带气密性自检功能。

（3）气密性检查至少一个月进行一次。

2. 煤样脱气与充气

煤样脱气与充气的过程及要求如下：

（1）把同一煤样的两个试样用漏斗分别装入 $\Delta p$ 测定仪的试样瓶中。

（2）启动真空泵对两个试样脱气 1.5 h。

（3）脱气 1.5 h 后关闭真空泵，将甲烷瓶与试样瓶连接，充气（充气压力为 0.1 MPa）使两个试样吸附瓦斯 1.5 h。

（4）将试样瓶与甲烷瓶、大气之间用阀门相互隔离。

### 三、煤样放散和测定

1. 变容变压式仪器测定

变容变压式仪器测定时的过程及要求如下：

（1）如图 2-9 所示，开动真空泵，打开阀 3 对固定空间（含仪器管道）进行脱气，使 U 型管汞真空计两端液面相平（注意：这是对固定空间进行脱气，而上面是对煤样进行脱气）。

（2）停止真空泵，关闭阀 3。旋转阀 6，使试样瓶与固定空间相连接并使二者均与大气隔离，同时启动秒表计时，10 s 时断开试样瓶与固定空间，读出汞柱计两端汞柱差 $p_1$（mmHg），45 s 时再连通试样瓶与固定空间，60 s 时断开试样瓶与固定空间，再一次读出汞柱计两端差 $p_2$（mmHg）。

(3) 利用公式（$\Delta p = p_2 - p_1$）进行计算。

2. 等容变压式仪器测定

等容变压式仪器测定时的过程及要求如下：

(1) 如图 2 - 10 所示，关闭阀 8、9，打开阀 2，开动真空泵对固定空间（含仪器管道）进行脱气（注意：这也是对固定空间进行脱气）。

(2) 停止真空泵，关闭阀 2，打开阀 8，使试样瓶与固定空间相连接并同时启动放散速度测定仪的计时器与压力传感器，10 s 时关闭阀 8，记录固定空间压力 $H_1$（mmHg），45 s 时再打开阀 8，60 s 时关闭阀 8，再一次读出固定空间压力 $H_2$（mmHg）。

(3) 按测定的 $H_1$、$H_2$，由下式换算成以 mmHg 为单位的 $\Delta p$ 值，计算式为

$$\Delta p = \frac{\sqrt{V_0^2 + 2\pi r^2 \cdot VH_2 \times 10^{-3}} - \sqrt{V_0^2 + 2\pi r^2 \cdot VH_1 \times 10^{-3}}}{2\pi r^2 \times 10^{-3}} \qquad (2-3)$$

式中　　$V_0$——规定的变容变压装置放散空间体积（汞柱计液面压差为 0 时），mL；

$r$——规定的变容变压装置的汞柱计内截面半径，mm；

$V$——等容变压装置的放散空间体积，mL；

$H_1$、$H_2$——等容变压装置第 10 s、第 60 s 时的固定空间压力，mmHg。

### 四、测定结果处理

测量误差应小于 1 mmHg。$\Delta p$ 单位为 mmHg，保留到个位。设两试样 $\Delta p$ 值分别为 $a_1$、$a_2$，则当 $a_1 = a_2$ 时，$\Delta p$ 取 $a_1$；当 $|a_1 - a_2| = 1$ 时，$\Delta p$ 取二者最大值；当 $|a_1 - a_2| > 1$ 时，为不合格，应装新样重新测试。

测定数据按测定仪器的不同要放到不同的测定报告单上，变容变压法瓦斯放散初速度指标（$\Delta p$）测定报告单见表 2 - 5，等容变压法瓦斯放散初速度指标 $\Delta p$ 测定报告单见表 2 - 6。在提交报告时附放散量曲线如图 2 - 11 所示。

表 2 - 5　瓦斯放散初速度指标（$\Delta p$）测定报告单（变容变压法）

| 送样单位 | | | 试样编号 | |
|---|---|---|---|---|
| 采样地点 | | | | |
| 煤层 | | | 送样日期 | |
| 煤种 | | | 试验日期 | |
| $\Delta p$/mmHg | 试样 1 | | | |
| | 试样 2 | | | |
| | 最终值 | | | |
| 测试人 | | | 审核人 | |
| 审批人 | | | 备注 | |
| 测定单位 | | | | |

表2-6 瓦斯放散初速度指标（$\Delta p$）测定报告单（等容变压法）

| 送样单位 | | | 试样编号 | |
|---|---|---|---|---|
| 采样地点 | | | | |
| 煤层 | | | 送样日期 | |
| 煤种 | | | 试验日期 | |
| $\Delta p$/mmHg | 试样1 | | | |
| | 试样2 | | | |
| | 最终值 | | | |
| 瓦斯放散量曲线 | | | | |
| 测试人 | | | 审核人 | |
| 审批人 | | | 备注 | |
| 测定单位 | | | | |

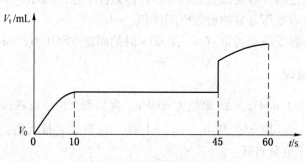

图2-11 煤样瓦斯放散量曲线

## 任务六 煤的破坏类型测定

煤的破坏类型测定按煤的破坏类型的分类表进行，见表2-7。测定结果填入表2-8。

表2-7 煤的破坏类型分类

| 破坏类型 | 光泽 | 构造与结构特征 | 节理性质 | 节理面性质 | 断口性质 | 强度 |
|---|---|---|---|---|---|---|
| Ⅰ类（非破坏煤） | 亮与半亮 | 层状构造、块状构造，条带清晰明显 | 一组或二、三组节理，节理系统发达，有次序 | 有充填物（方解石等）次生面少，节理、劈理面平整 | 参差阶状，贝状，波浪状 | 坚硬，用手难掰开 |
| Ⅱ类（破坏煤） | 亮与半亮 | 1. 尚未失去层状，较有次序；<br>2. 条带明显，有时扭曲，有错动；<br>3. 不规则块状，多棱角；<br>4. 有挤压特征 | 次生节理面多且不规则，与原生节理构成网状节理 | 节理面有擦痕、划痕，节理平整，易掰开 | 参差多角 | 用手极易剥成小块，中等硬度 |

表2-7（续）

| 破坏类型 | 光泽 | 构造与结构特征 | 节理性质 | 节理面性质 | 断口性质 | 强度 |
|---|---|---|---|---|---|---|
| Ⅲ类（强烈破坏煤） | 半亮与半暗 | 1. 弯曲呈透镜构造；2. 小片状构造；3. 细小碎块，层理较紊乱，无次序 | 节理不清，系统不发达，次生节理密度大 | 有大量擦痕 | 参差及粒状 | 用手捻之成粉末，松软，硬度低 |
| Ⅳ类（粉碎煤） | 暗淡 | 粒状或由小颗粒胶结成天然煤 | 成粉块状，节理失去意义 | | 粒状 | 用手捻之成粉末，偶尔较硬 |
| Ⅴ类（全粉煤） | 暗淡 | 1. 土状结构，似土质煤；2. 如断层泥状 | | | 土状 | 易捻成粉末，疏松 |

表2-8 煤的破坏类型测定结果表

| 观测测点 | 煤的破坏类型 |
|---|---|
| | |
| | |
| | |
| | |

# 任务七　煤的坚固性系数测定

煤的坚固性系数测定应依照《煤和岩石物理力学性质测定方法　第12部分：煤的坚固性系数测定方法》(GB/T 23561.12—2010) 执行。

## 一、测定原理

煤的坚固性用坚固性系数的大小来表示。测定煤的坚固性用坚固性系数的大小来表示。测定方法常用的是落锤破碎测定法。

这个测定方法是建立在脆性材料破碎遵循面积力能说的基础上。其原理是"破碎所消耗的功 ($A$) 与破碎物料所增加的表面积 ($\Delta S$) 的 $n$ 次方成正比"即

$$A \propto (\Delta S)^n \tag{2-4}$$

最近试验表明，$n$ 一般为1。

以单位重量物料所增加的表面积而论，则表面积与粒子的直径 $D$ 成反比

$$S = \propto \frac{D^2}{D^3} = \frac{1}{D} \tag{2-5}$$

设 $D_q$ 与 $D_h$ 分别表示物料破碎前后的平均尺寸，则面积就可以用下式表示

$$A = K\left(\frac{1}{D_h} - \frac{1}{D_q}\right) \tag{2-6}$$

式中 $K$——比例常数，与物料的强度（坚固性）有关。

式（2-6）可以写为

$$K = \frac{\Delta D_q}{i-1} \tag{2-7}$$

式中，$i = D_q/D_h$，$i$ 称为破碎比，$i > 1$。

由式（2-6）可知，当破碎功 $A$ 与破碎前的物料平均直径为一定值时，与物料坚固性有关的常数 $K$ 与破碎比有关，即破碎比 $i$ 越大，$K$ 值越小，反之亦然。这样，物料的坚固性可以用破碎比来表达。

## 二、测定方法

1. 仪器设备

捣碎筒，计量筒，分样筛（孔径 20 mm、30 mm 和 0.5 mm 各 1 个），天平（最大称量 1000 g，感量 0.5 g），小锤、漏斗、容器。

2. 煤样制取

煤样制取的主要内容及要求如下：

（1）沿新暴露的煤层厚度的上、中、下部各采取块度为 10 cm 左右的煤样两块。当在地面打钻取样时应沿煤层厚度的上、中、下部各采取块度为 10 cm 的煤样两块。煤样采出后应及时用塑料袋或塑料纸及胶带包裹密封，使其保持自然含水状态。

（2）煤样要附有标签，注明采样地点、层位、时间等。

（3）在煤样携带、运送过程中不应摔碰，不应产生人为摩擦。

（4）把煤样用小锤碎制成 20~30 mm 的小块，用孔径 20 mm 或 30 mm 的筛子筛选出介于 20~30 mm 的煤块。

（5）称取制备好的试样 50 g 为一份，每 5 份为一组，共称取 3 组。

3. 测定步骤

煤的坚固性系数测定步骤如下：

（1）将捣碎筒放置在水泥地板或 2 cm 厚的铁板上，放入试样一份，将 2.4 kg 重锤提高到 600 mm 高度，使其自由落下冲击试样，每份冲击 3 次，把 5 份捣碎后的试样装在同一容器中。

（2）把每组（5 份）捣碎后的试样一起倒入孔径 0.5 mm 分样筛中筛分，筛至不再漏下煤粉为止。

（3）把筛下的粉末用漏斗装入计量筒内，轻轻敲打使之密实，然后轻轻插入具有刻度的活塞尺与筒内粉末面接触。在计量筒口相平处读取数 $l$（即粉末在计量筒内实际测量高度，读至 mm）。

（4）当 $l \geqslant 30$ mm 时，冲击次数 $n$，即可定为 3 次，按以上步骤继续进行其他各组的测定。

（5）当 $l < 30$ mm 时，第一组试样作废，每份试样冲击次数 $n$ 改为 5 次，按以上步骤进行冲击、筛分和测量，仍以每 5 份作一组，测定煤粉高度 $l$。

4. 数据计算

煤的坚固性系数按下式计算

$$f = 20n/l \tag{2-8}$$

式中　$f$——坚固性系数；

　　　$n$——每份试样冲击次数，次；

　　　$l$——每组试样筛下煤粉的计量高度，mm。

测定平行样 3 组（每组 5 份），取其算数平均值，计算结果取 2 位有效数字。测定结果填入表 2-9。

表 2-9　煤的坚固性系数测定记录表

| 煤样编号 | 煤种类别 | 试样编号 | 冲击次数 $n$ | 计量桶度数 $l$/mm | 坚固性系数 $f$ | $f$ 的平均值 | 备注 |
|---|---|---|---|---|---|---|---|
|  |  |  |  |  |  |  |  |
|  |  |  |  |  |  |  |  |
|  |  |  |  |  |  |  |  |
|  |  |  |  |  |  |  |  |

# 习　题　二

一、单选题

1. 充填材料封孔方法主要有水泥砂浆封孔和（　　）封孔。

A. 黄泥　　　　　　B. 棉布　　　　　　C. 水泥编织袋　　　　D. 聚氨酯

2. 同一矿区中，煤层瓦斯压力随深度的增加而（　　）。

A. 减少　　　　　　B. 增大　　　　　　C. 无规律

3. 煤的变质程度与瓦斯赋存的关系是，（　　）。

A. 变质程度越高，产生的瓦斯就越多

B. 变质程度越高，产生的瓦斯就越少

C. 变质程度与瓦斯含量没有关系

4. 煤矿的地下水越多，煤层瓦斯含量（　　）。

A. 越多　　　　　　B. 越少　　　　　　C. 没有关系

二、多选题

1. 瓦斯基础参数包括（　　）。

A. 煤层瓦斯压力　　B. 煤层瓦斯含量　　C. 煤层透气性　　　　D. 煤的坚固性系数等

E. 煤层硬度

2. 有利于瓦斯赋存的断裂构造有（　　）。

A. 张性正断层　　　B. 压性断层　　　　C. 压扭性断层　　　　D. 开放性断层

3. 可解吸瓦斯含量包括（　　）。

A. 瓦斯损失量        B. 煤芯瓦斯解吸量
C. 粉碎瓦斯解吸量       D. 常压吸附量

4. 瓦斯赋存的影响因素有（　　　）。
A. 煤层围岩岩性　B. 煤的变质程度　C. 地质构造　　　D. 地下水

### 三、判断题

1. 岩浆作用对瓦斯赋存没有影响。（　　　）
2. 煤岩层倾角对瓦斯赋存有一点的影响，一般说来，煤层倾角越多，瓦斯含量越小。（　　　）
3. DGC 型瓦斯含量直接测定方法属于常压自然解析方法。（　　　）
4. 煤层瓦斯压力直接测定的关键技术是封孔技术。（　　　）

### 四、简答题

1. 什么是煤层原始瓦斯含量？什么是煤层的残余瓦斯含量？
2. 什么是煤层原始瓦斯压力？什么是煤层的残存瓦斯压力？
3. 什么是煤的瓦斯容量？
4. 什么是煤的坚固性系数？什么是煤的瓦斯放散初速度？
5. 简述影响煤层瓦斯赋存的地质因素有哪些。
6. 简述 DGC 煤层瓦斯含量测定方法的技术原理和测定步骤。
7. 简述煤层瓦斯压力的测定原理和常用的煤层瓦斯压力的测定方法。
8. 简述煤的坚固性系数的测定步骤。
9. 简述煤的瓦斯放散初速度的测定步骤。

# 情景三　矿井瓦斯爆炸及其预防

**学习目标**
- 理解瓦斯爆炸的危害。
- 掌握瓦斯爆炸的条件。
- 学会处理瓦斯积聚的方法。
- 理解和掌握预防瓦斯爆炸的措施。
- 掌握瓦斯传感器的设置。
- 熟悉矿井瓦斯检查地点及相应的检查方法。
- 掌握瓦斯浓度检测的技能。
- 掌握二氧化碳检测的技能。

## 任务一　瓦斯爆炸基本理论

瓦斯爆炸是煤矿生产中最严重的灾害之一，爆炸事故产生的高温高压气体使爆炸源附近的气体以极高的速度向外冲击，同时产生大量有害气体，降低空气中氧气含量。其后果不仅能造成大量人员伤亡，而且会严重摧毁井下设施；有时还会引起瓦斯连续多次爆炸、煤尘爆炸和井下火灾，使灾害扩大。瓦斯爆炸事故给人民生命财产带来极大损失、产生社会负效应。因此，我们必须很好地掌握瓦斯爆炸的发生、发展规律及其预防，杜绝此类事故的发生，确保安全生产。

### 一、矿井瓦斯爆炸及其危害

1. 瓦斯爆炸的分类

物从一种状态迅速变成另一种状态，并在瞬间放出大量能量的同时产生巨大声响的现象称为爆炸。爆炸可以分为物理性爆炸、化学性爆炸等。物理性爆炸指在一定空间内高气压急骤释放所致的爆炸过程中，只发生物理变化而无化学变化或其他变化的爆炸。如锅炉、高压气瓶爆炸等，是由于锅炉中的过热高压水蒸气和高压气瓶中的充气压力超过了炉体和瓶体所能承受的压力而引起爆炸。物理性爆炸前后物质的性质及化学成分均不改变。化学爆炸是由于物质发生迅速的化学反应、产生高温、高压而引起的爆炸，化学爆炸前后物质的性质和成分均发生了变化，矿井瓦斯爆炸属于化学性爆炸。根据爆炸传播速度可将爆炸分为爆燃和爆轰两种状态：

（1）爆燃。爆燃时的火焰传播速度在音速以内，一般为每秒几米至每秒几百米。发生在煤矿井下的瓦斯爆炸属于较强烈的爆燃，具体的爆炸强度与瓦斯积聚的量、点燃源的强度及爆炸发展过程中的巷道状况等都有关系。

（2）爆轰。爆轰时的火焰传播速度超过音速，可达每秒数千米；冲击波压力达数个至数十个大气压。根据爆轰波的理论，爆轰波由一个以超音速传播的冲击波和冲击波后被压缩、加热气体构成的燃烧波组成。冲击波过后，紧随其后的燃烧波发生剧烈的化学反应，随着反应的进行，温度升高、密度和压力降低。

煤矿井下的瓦斯爆炸可以认为处于爆炸限内的瓦斯空气混合气体首先在点燃源处被引燃，形成厚度极微小的火焰层面。该火焰峰面向未燃的混合气体中传播，传播的速度称为燃烧速度。瓦斯燃烧产生的热使燃烧峰面前方的气体受到压缩，衍生一个超前于燃烧峰面的压缩波，压缩波作用于未燃气体使其温度升高，从而使火焰的传播速度进一步增大，这样就产生压力更高的压缩波，从而获得更高的火焰传播速度。层层产生的压缩波相互叠加，形成具有强烈破坏作用的冲击波，这就是爆炸。沿巷道传播的冲击波和跟随其后的燃烧波受到巷道壁面的阻力和散热作用的影响，冲击波的强度和火焰温度都会衰减，而供给能量的瓦斯一般不可能大范围积聚。因此，当波面传播出瓦斯积聚区域后，爆炸强度就逐渐减弱，直至恢复正常。若存在大范围的瓦斯积聚和良好的爆炸波传播条件，则燃烧峰面的不断加速将使得前驱冲击波的压力越来越高，最终形成依靠本身高压产生的压缩温度就能点燃瓦斯的冲击波，这种状况就是爆轰。煤矿井下的爆炸一般不能发展为爆轰，这主要是井下环境条件的影响所致。

根据瓦斯爆炸的特点和波及范围，瓦斯爆炸事故一般可分为3类：局部瓦斯爆炸、大型瓦斯爆炸和瓦斯连续爆炸。

2. 瓦斯爆炸的危害

矿内瓦斯爆炸时会产生3个致命的危害因素：高温、冲击波和有害气体。

（1）高温。某些研究人员在瓦斯浓度为9.5%条件下测定过爆炸时的瞬时温度下测定过爆炸时瞬时温度，在自由空间内可达1850 ℃，在封闭空间内最高可达2650 ℃。井下巷道呈半封闭状态，其爆温将在1850 ℃与2650 ℃之间。爆炸产生的高温危害主要指爆炸冲击波的火焰锋面所造成的危害。火焰锋面是瓦斯爆炸时沿巷道运动的化学反应带和高温气体总称。其速度大、温度高。从正常的燃烧速度（1~2.5 m/s）到爆轰式传播速度（2500 m/s）。火焰锋面温度可高达2150~2650 ℃。火焰峰面经过之处，人被烧死或大面积烧伤。可燃物被点燃而发生火灾。

（2）冲击波。爆炸压力由于爆炸时气体温度骤然升高，必然引起气体压力的突然增大。

冲击波锋面压力可达到2 MPa（20大气压）。前向冲击波叠加和反射时可达10 MPa（100大气压）。其传播速度总是大于声速，所到之处造成人员伤亡、设备和通风设施损坏、巷道垮塌。如果巷道顶板附近或冒落孔内积存着瓦斯，或者巷道中有沉积的煤尘，在冲击波的作用下，它们就能够均匀分散开来，形成新的爆炸混合物，产生再次爆炸。爆炸时由于爆源附近气体高速向外冲击，在爆源附近形成气体稀薄的低压区，于是产生反向冲击波，使已遭破坏的区域再一次受到破坏。如果反向冲击波的空气中含有足够的$CH_4$和$O_2$，而火源又未消失，就可以发生第二次爆炸。此外，对于瓦斯涌出量较大的矿井，如果在火源熄灭前，瓦斯又达到爆炸浓度，也能发生再次爆炸。如辽源太信一井1751准备区掘进巷道复工排放瓦斯时，因明火引燃瓦斯，导致大巷内瓦斯爆炸，在救护队处理事故过程中和采区封闭后，6天内连续发生爆炸32次。

（3）有害气体。瓦斯爆炸后生成大量有害气体，某些煤矿分析爆炸后的气体成分为$O_2$ 6%~10%，$N_2$ 82%~88%，$CO_2$ 4%~8%，CO 2%~4%。如果有煤尘参与爆炸，CO

的生成量更大,往往成为人员大量伤亡的主要原因。

上述三个有害因素的危害程度首先与它们的波及范围大小有关:火焰锋面(爆燃与爆炸)的传播范围较小,一般为数十米到数百米,只在极少的情况下达到几千米;冲击波(爆轰)的传播范围就大得多,一般为几千米,有时甚至波及地面;爆炸气体波及的范围与通风系统、通风风量以及爆炸对通风系统破坏情况等有关,爆炸产物在冲击波消失和火焰锋面停止后继续随风流进行,因此瓦斯爆炸的最大危险性在于爆炸产生的有害气体对人的伤害。

## 二、瓦斯爆炸的条件

瓦斯爆炸必须具备3个条件:一定浓度的甲烷、一定温度的引火源和足够的氧。

1. 瓦斯浓度

理论分析和试验研究表明:在正常的大气环境中,瓦斯只在一定的浓度范围内爆炸,这个浓度范围称瓦斯的爆炸界限。其最低浓度界限叫爆炸下限,其最高浓度界限叫爆炸上限。在新鲜空气中瓦斯爆炸界限一般为5%~16%,5%为下限,16%为上限。

瓦斯浓度低于爆炸下限时,遇高温火源并不爆炸,只能在火焰外围形成稳定的燃烧层。浓度高于爆炸上限时,在该混合气体内不会爆炸,也不燃烧,如有新鲜空气供给时,可以在混合气体与空气的接触面上进行燃烧。

在正常空气中瓦斯浓度为9.5%时,化学反应最完全,产生的温度与压力也最大。瓦斯浓度7%~8%时最容易爆炸。

但在实际矿井生产中,由于混入了其他可燃气体或人为加入了过量的惰性气体,则上述瓦斯爆炸的界限就要发生变化,这种变化通常是不能忽略的。必须强调指出,瓦斯爆炸界限不是固定不变的,它受到许多因素的影响,主要有:

1)其他可燃气体

混合气体中有两种以上可燃气体同时存在时,其爆炸界限决定于各可燃气体的爆炸界限和它们的浓度。多种可燃气体同时存在的混合气体的爆炸界限,可由下式计算

$$N = 100/(C_1/N_1 + C_2/N_2 + \cdots + C_n/N_n) \quad (3-1)$$

式中　　　　　$N$——多种可燃气体同时存在时的混合气体爆炸上限或下限,%;

$C_1$、$C_2$、$C_3$、$\cdots$、$C_n$——分别为各可燃气体占可燃气体总的体积百分比,%。

如果多种可燃气体浓度之和处于式(3-1)计算的爆炸上、下之间,那么这一混合的可燃气体就具有爆炸性。表3-1为煤矿内常见可燃气体的爆炸上限和下限。

式(3-1)适用于烃类与CO等混合气体。该式应用的条件是预先知道混合气体中可燃组分及其浓度,因此,只有具备连续取样,并用计算机处理数据时,才具有实际意义。

2)煤尘

煤尘具有爆炸危险,300~400℃时就能从煤尘内挥发出多种可燃气体,形成混合的爆炸气体,使瓦斯的爆炸危险性增加。

3)空气压力

爆炸前的初始压力对瓦斯爆炸上限有很大影响。可爆性气体压力增高,使其分子间距更为接近,碰撞概率增高。因此使燃烧反应易进行,爆炸极限范围扩大见表3-2。

表3-1 煤矿内常见可燃气体的爆炸上限和下限

| 气体名称 | 化学符号 | 爆炸下限/% | 爆炸上限/% |
|---|---|---|---|
| 甲烷 | $CH_4$ | 5.00 | 16.00 |
| 乙烷 | $C_2H_6$ | 3.22 | 12.45 |
| 丙烷 | $C_3H_8$ | 2.40 | 9.50 |
| 氢气 | $H_2$ | 4.00 | 74.2 |
| 一氧化碳 | $CO$ | 12.50 | 75.00 |
| 硫化氢 | $H_2S$ | 4.32 | 45.00 |
| 乙烯 | $C_2H_4$ | 2.75 | 28.6 |
| 戊烷 | $C_5H_{12}$ | 1.40 | 7.80 |

表3-2 甲烷-空气混合气体的爆炸界限与环境压力的关系

| 环境压力/MPa | 甲烷-空气混合气体爆炸极限/% | |
|---|---|---|
| | 下限 | 上限 |
| 0.1 | 5.6 | 14.3 |
| 1.0 | 5.9 | 17.2 |
| 5.1 | 5.4 | 29.4 |
| 12.7 | 5.7 | 45.7 |

4) 惰性气体

惰性气体的混入，使氧气浓度降低，并阻碍活化中心的形成，可以降低瓦斯爆炸的危险性。例如，加入 $N_2$ 或 $CO_2$ 可使瓦斯的爆炸下限提高，上限降低。加入23%的 $CO_2$ 或36%的 $N_2$，可以使任何浓度的瓦斯失去爆炸性。

煤矿井下生产过程中，涌出的瓦斯被流过工作面的风流稀释、带走。当工作面风量不足或停止供风时，以瓦斯涌出地点为中心，瓦斯浓度将迅速升高，形成局部瓦斯积聚。例如断面积为 $8\ m^2$ 的煤巷掘进工作面，绝对瓦斯涌出量为 $1\ m^3/min$，正常通风时期供风量为 $200\ m^3/min$，回风流瓦斯浓度为0.5%。假设工作面新揭露断面及距该断面 10 m 范围内的煤壁涌出的瓦斯量占掘进工作面总瓦斯涌出量的50%，如果工作面停止供风，只需要 8 min 距该断面 10 m 范围内平均瓦斯浓度就能达到爆炸下限5%。若工作面空间瓦斯分布的不均匀，在局部区域达到瓦斯爆炸限的时间将更短。由此可见，在井下停风时，很容易形成瓦斯爆炸的第一个基本条件。因此，《煤矿安全规程》规定，采掘工作面及其他巷道内，体积大于 $0.5\ m^3$ 的空间内积聚的瓦斯浓度达到2.0%时，附近 20 m 内必须停止工作，撤出人员，切断电源，进行处理。

2. 引火温度

瓦斯的最低点燃温度和最小点燃能量决定于空气中的瓦斯浓度，初压和火源的能量及其放出强度和作用时间。瓦斯—空气混合气体的最低点燃温度，绝热压缩时565℃，其他情况时650℃。最低点燃能量为0.28 mJ。煤矿井下的明火、煤炭自燃、电弧(平均4000℃)、电火花、赤热的金属表面以及撞击和摩擦火花，都能点燃瓦斯。此外，采空区内砂岩悬顶垮落时产生的碰撞火花，也能引起瓦斯的燃烧或爆炸。原苏联的研究认为，岩石脆性破裂时，它的裂隙内可以产生高压电场（达 108 V/cm），电场内电荷流动，也能导致瓦斯燃烧。

瓦斯与高温热源接触后，不是立即燃烧或爆炸，而是要经过一个很短的间隔时间。这种现象叫引火延迟性，间隔的这段时间称感应期。感应期的长短与瓦斯的浓度、火源温度和火源性质有关。而且瓦斯燃烧的感应期总是小于爆炸的感应期，表3－3为瓦斯爆炸的感应期。由此可见，火源温度升高，感应期迅速下降，瓦斯浓度增加，感应期略有增加。

瓦斯爆炸的感应期，对煤矿安全生产意义很大。在井下高温热源是不可避免的，但关键是控制其存在时间在感应期内。例如，使用安全炸药爆炸时，其初温能达到 2000 ℃ 左右。但高温存在时间短（$10^{-6} \sim 10^{-7}$ s），小于瓦斯的爆炸感应期，所以不会引起瓦斯爆炸。如果炸药质量不合格，炮泥充填不紧或爆破操作不当。就会延长高温存在时间，一旦时间超过感应期，就能发生瓦斯燃烧或爆炸事故。

表3-3 瓦斯爆炸的感应期

| 瓦斯浓度/% | 火源温度/℃ | | | | | | |
|---|---|---|---|---|---|---|---|
| | 775 | 825 | 875 | 925 | 975 | 1075 | 1175 |
| | 感应期/s | | | | | | |
| 6 | 1.08 | 0.58 | 0.35 | 0.20 | 0.12 | 0.039 | |
| 7 | 1.15 | 0.6 | 0.36 | 0.21 | 0.13 | 0.041 | 0.01 |
| 8 | 1.25 | 0.62 | 0.37 | 0.22 | 0.14 | 0.042 | 0.012 |
| 9 | 1.3 | 0.65 | 0.39 | 0.23 | 0.04 | 0.044 | 0.015 |
| 10 | 1.4 | 0.68 | 0.41 | 0.24 | 0.15 | 0.049 | 0.018 |
| 12 | 1.64 | 0.74 | 0.44 | 0.25 | 0.16 | 0.055 | 0.02 |

3. 氧的浓度

正常大气压和常温时，瓦斯爆炸浓度与氧浓度关系，爆炸三角形图如图3－1所示。氧浓度降低时，爆炸下限变化不大（BE 线），爆炸上限则明显降低（CE 线）。氧浓度低于 12% 时，混合气体就失去爆炸性。

爆炸三角形对火区封闭或启封时，以及惰性气体灭火时判断有无瓦斯爆炸危险，有一定的参考意义，国内外已利用其原理研制出煤矿气体可爆性测定仪。

瓦斯空气混合气体中氧气的浓度必须大于 12%，否则爆炸反应不能持续。煤矿井下的封闭区域、采空区内及其他裂隙等处由于氧气消耗或没有供氧条件，可能会出现氧气浓度低于 12% 的情况。其他巷道、工作场所

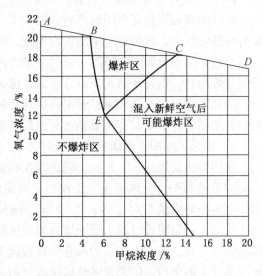

图 3-1 爆炸三角形图

等一般不存在氧气浓度低于 12% 的条件。

进入井下的新鲜空气中氧气浓度为 21% 左右。由于瓦斯、二氧化碳等其他气体的混入和井下煤炭、设备、有机物的氧化、人员呼吸消耗，风流中的氧含量会逐渐下降，但到达工作地点的风流中的氧含量一般都在 20% 以上。因此，煤矿井下混合气体中瓦斯浓度增高到 10% 形成瓦斯积聚时，混合气体中氧浓度才下降到 18%；只有当瓦斯浓度升高到 40% 以上时，其氧浓度才能下降到 12%。由此可见，在矿井瓦斯积聚的地点，往往都具备氧浓度大于 12% 的这个爆炸条件。在恢复工作面通风、排放瓦斯的过程中，高浓度的瓦斯与新鲜风流混合后得到稀释，氧浓度迅速恢复并超过 12%。此时，如果不能很好地控制排放量，则这种混合气流的瓦斯浓度很容易达到爆炸范围。因此，排放瓦斯必须制定专门的防治瓦斯爆炸措施。

## 任务二　瓦斯爆炸的预防措施

瓦斯爆炸必须同时具备 3 个条件，一是，瓦斯浓度在爆炸范围内；二是，高于最低点燃能量的热源存在的时间大于瓦斯的引火感应期；三是，瓦斯—空气混合气体中的氧气浓度大于 12%。后一条件在生产井巷中是始终具备的，所以预防瓦斯爆炸的措施，就是防止瓦斯的积聚和杜绝或限制高温热源的出现。

### 一、防止瓦斯积聚

所谓瓦斯积聚是指瓦斯浓度超过 2%，其体积超过 0.5 $m^3$ 的现象。

1. 通风是防止瓦斯积聚的基本方法

瓦斯矿的通风必须做到，用机械通风，风流要连续稳定，分区通风，通风系统比较简单，便于调节风量，还要有足够的风量和风速，避免循环风，减少漏风，局部通风风筒末端要靠近工作面，爆破时间内也不能中断通风等。

2. 及时处理局部积存的瓦斯

生产中容易积存瓦斯的地点有：回采工作面上隅角、独头掘进工作面的巷道隅角、顶板垮落的空洞内、低风速巷道的顶板附近、停风的盲巷中、回采工作面采空区边界处以及采掘机械切割部分周围，等等。及时处理生产井巷中局部积存的瓦斯，是矿井日常瓦斯管理的重要内容，也是预防瓦斯爆炸事故，保证安全生产的关键工作。通常采用的主要方法有：向瓦斯积聚地点加大风量和提高风速，将瓦斯冲淡排出；将盲巷和顶板空洞内积存的瓦斯封闭隔绝；必要时应采取抽放瓦斯的措施。

1) 回采工作面上隅角瓦斯积聚的处理

我国煤矿处理回采工作面上隅角瓦斯积聚的方法很多，大致可以分为以下几种：

(1) 迫使一部分风流流经工作面上隅角，将该处积存的瓦斯冲淡排出。此法多用于工作面瓦斯涌出量不大（小于 2~3 $m^3$/min），上隅角瓦斯浓度超限不多时。具体做法是在工作面上隅角附近设置木板隔墙或帆布风幛，如图 3-2a 所示，或将回风巷道后的联络眼的密闭打开，并在工作面回风巷中设置调节风门或挂风帘，如图 3-2b 所示，迫使一部分风流经上隅角后，由采空区经联络眼排出。

(2) 改变采空区内的漏风方向。如果采空区涌出的瓦斯比较大，不仅工作面上隅角

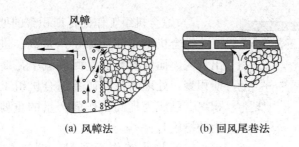

(a) 风幛法　　　　(b) 回风尾巷法

图3-2　迫使风流流经回采工作面上隅角

经常超限,而且工作面采空区边界附近和回风流中也经常超限时,在可能条件下,将上部小阶段的已采区密闭墙打开,如图3-3所示,改变采空区的漏风方向,将采空区的瓦斯直接排入回风道内。此法适用于无自燃危险煤层,但要注意防止回风流中瓦斯超限。此外,还可采用调节风压法,控制或改变采空区上隅角的漏风量或漏风方向,以减少该处的瓦斯积聚。

(3) 高瓦斯工作面采用并联掺新的通风系统,如图3-4所示。不但可以降低回工作面的风速,而且掺新的风流到达工作面时膨胀,并与工作面流出的风流相遇而紊流混合,就能防止瓦斯积聚。此外,一部分风流可能流入采空区,阻止其中瓦斯进入工作面与巷道的连接处。

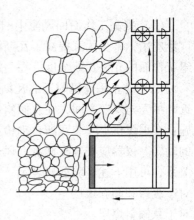

图3-3　改变采空区漏风方向

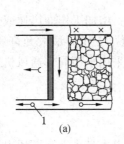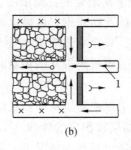

(a)　　　　　　　(b)

1—运煤方向

图3-4　采空并联掺新通风系统

(4) 上隅角排放瓦斯。最简单的方法是每隔一段时间在上隅角设置木板隔墙(或风障)敷设风筒,利用风压差将上隅角积聚的瓦斯排放到回风口50~100 m处。如风筒两端压差太小,排放瓦斯不多时,可在风筒内设置高压水或压气的引射器,如图3-5所示,提高排放效果。

(5) 在工作面绝对瓦斯涌出量超过 $5\sim 6\ m^3/min$ 的情况下,单独采用上述方法,可能难以收到预期效果,必须进行邻近层或开采煤层的瓦斯抽放,以降低整个工作面的瓦斯涌出量。

2）综合机组工作面瓦斯积聚的处理

综合机组工作面由于产量高、进度快，不但瓦斯涌出量大，而且容易发生回风流中瓦斯超限和机组附近瓦斯积聚。处理高瓦斯矿井综合机组工作面的瓦斯涌出和积聚，已成为提高工作面产量的重要任务之一。目前采用的措施有：

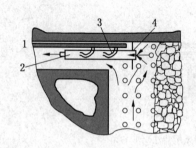

1—水管或风管；2—风筒；
3—喷嘴；4—隔墙或风障

图 3-5　上隅角排放瓦斯

（1）加大工作面风量。例如有些工作面风量高达 $1500 \sim 2000 \ m^3/min$。为此，除扩大风巷断面与控顶宽度外，还应该改变工作面的通风系统，增加进风道或提高工作面最大允许风速。

（2）提高工作面回风流中的瓦斯极限浓度。随着煤矿瓦斯自动检测报警断电装置的广泛应用，不少国家提高了瓦斯极限浓度。1980 年颁布的《煤矿安全规程》已将综合机组工作面的允许瓦斯浓度，在一定条件下由 1.0% 提高到 1.5%。

（3）防止采煤机附近的瓦斯积聚。采煤机附近容易发生瓦斯积聚的地点，是截盘附近和机壳与煤壁之间，在急倾斜煤层上行风工作面，还有机器上方的机道内。可采取的措施：在采煤机上安装瓦斯自动检测仪，连续检查其附近的瓦斯浓度，一旦超限就停止机器的动转。仪器应安装在截盘回风经过的机壳端部。测定值与上述瓦斯积聚处的瓦斯浓度的关系，可用下述经验公式表示

对于缓斜和倾斜煤层　　　　　　　　$C_m = 0.433C$　　　　　　　　　　　（3-2）

对于急倾斜煤层　　　　　　　　　　$C_m = 0.522C$　　　　　　　　　　　（3-3）

式中　$C_m$——采煤机端部的瓦斯浓度，%；

　　　$C$——容易积聚瓦斯处的瓦斯浓度，%。

防止采煤机附近的瓦斯积聚。可采取的措施：增加工作面风速或采煤机附近风速。国外有些研究人员认为，只要采取有效的防尘措施，工作面最大允许风速可提高到 6 m/s。工作面风速不能防止采煤机附近瓦斯积聚时，应采用小型局部通风机或风、水引射器加大机器附近的风速。

采用下行风防止采煤机附近瓦斯积聚更容易。

3）顶板附近瓦斯层状积聚的处理

在巷道周壁不断涌出瓦斯的情况下，或者巷道本身虽无瓦斯涌出，但是风流中含有瓦斯时，如果风速很低，不能造成瓦斯与空气的紊流混合。瓦斯就能在其自身浮力的作用下上升，积聚于巷道顶板附近，形成稳定的瓦斯层，层厚由几厘米到几十厘米，层长由几米到几十米。层内的瓦斯浓度由下向上逐渐增大。例如，镇江古洞煤矿 -400 m 水平运输岩巷独头掘进工作面，穿过断层时，瓦斯由断层涌出。在掘进工作面后方 50 m 的双轨砌碹大巷顶板附近，形成一厚约 15 cm，长约 30 m 的瓦斯层，层内瓦斯浓度大于 10%。巷道内的平均风速为 0.1 m/s，风流中的瓦斯浓度为 0.4% ~0.5%。据统计，英国和西德瓦斯燃烧和爆炸事故的三分之二发生在顶板瓦斯层状积聚的地点。

各类巷道（包括回采工作面）都可以出现瓦斯层状积聚。厚煤层倾斜巷道和大断面顶板光滑的巷道内，如果瓦斯涌出量较大，风速较低（小于 0.5 m/s），就更容易形成层

状积聚。

预防和处理瓦斯层状积聚的方法如下:

(1) 加大巷道的平均风速,使瓦斯与空气充分地紊流混合。一般认为,防止瓦斯层状积聚的平均风速不得低于 0.5~1 m/s。

(2) 加大顶板附近的风速。如在顶梁下面加导风板,将风流引向顶板附近,如图 3-6 所示;或沿顶板铺设风筒,每隔一段距离接一短管;或铺设接有短管的压气管,如图 3-7 所示,将积聚的瓦斯吹散;在集中瓦斯源附近装设引射器,如图 3-8 所示。

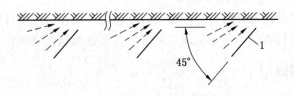

图 3-6 导风板

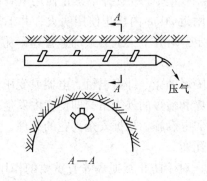 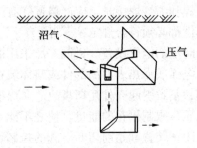

图 3-7 接有短管的压气管　　　　　图 3-8 引射器

(3) 将瓦斯源封闭隔绝。如果集中瓦斯源的涌出量不大时可用木板和黏土将其填实隔绝,或注入砂浆等凝固材料,堵塞较大的裂隙。

(4) 抽放瓦斯。

(5) 加强顶板附近瓦斯浓度的检查。检查时仪器进气口橡皮管必须送到顶板附近,挤压橡皮球后要慢慢松开,以免吸气过快,不能测得真实的瓦斯浓度。

4) 顶板垮落孔洞内积存瓦斯的处理

常用的方法有:用砂土将冒落空间填实;用导风板或风筒接岔(俗称风袖)引入风流吹散瓦斯。

5) 恢复有大量瓦斯积存的盲巷或打开密闭时的处理措施

对此要特别慎重,必须制定专门的安全措施。首先应由救护队佩戴氧气呼吸器进入,测量瓦斯浓度,估算瓦斯积存量。再根据该区域的通风能力,决定排放速度,一定要确保正常通风风流中的瓦斯浓度不超限。如果瓦斯积存量较大,应逐渐恢复通风,以免大量瓦斯突然排出造成事故。排放瓦斯的工作最好在非生产班进行。在回风涉及的地区内,机电设备应停止运转或切断电流。开动局部通风机前要检查风扇和开关附近风流中的瓦斯浓度，局部通风机开动后要检查有无循环风和回风中的瓦斯浓度。

6）独头巷道内发生瓦斯燃烧事故的处理

独头巷道内发生瓦斯燃烧事故时，一般情况下，不应停止通风，以免瓦斯浓度增加，导致瓦斯爆炸。

3. 抽放瓦斯

这是瓦斯涌出量大的矿井或采区防止瓦斯积聚的有效措施。

4. 经常检查瓦斯浓度和通风状况

这是及时发现和处理瓦斯积聚的前提，瓦斯燃烧和爆炸事故统计资料表明，大多数这类事故都是由于瓦斯检查员不负责，玩忽职守，没有认真执行有关瓦斯检查制度造成的。

### 二、防止瓦斯引燃

防止瓦斯引燃的原则，是对一切非生产必需的热源，要坚决禁绝。生产中可能发生的热源，必须严加管理和控制，防止它的发生或限定其引燃瓦斯的能力。

《煤矿安全规程》规定，严禁携带烟草和点火工具下井；井下禁止使用电炉，禁止打开矿灯；井口房、抽放瓦斯泵房以及通风机房附近 20 m 内禁止使用明火；井下需要进行电焊、气焊和喷灯焊接时，应严格遵守有关规定；对井下火区必须加强管理；瓦斯检定器的各个部件都必须符合规定，等等。

采用防爆的电气设备。目前广泛采用的是隔爆外壳。即将电机、电器或变压器等能发生火花、电弧或赤热表面的部件或整体装在隔爆和耐爆的外壳里，即使壳内发生瓦斯的燃烧或爆炸，不致引起壳外瓦斯事故。对煤矿的弱电设施，根据安全火花的原理，采用低电流、低电压，限制火花的能量，使之不能点燃瓦斯。

供电闭锁装置和超前切断电源的控制设施，对于防止瓦斯爆炸有重要的作用。因此，局部通风机和掘进工作面内的电气设备，必须有延时的风电闭锁装置。高瓦斯矿井和煤（岩）与瓦斯突出矿井的煤层掘进工作面，串联通风进入串联工作面的风流中，综采工作面的回风道内，倾角大于 12°并装有机电设备的采煤工作面下行风流的回风流中，以及回风流中的机电硐室内，都必须安装瓦斯自动检测报警断电装置。

在有瓦斯或煤尘爆炸危险的煤层中，采掘工作面只准使用煤矿安全炸药和瞬发雷管。如使用毫秒延期电雷管，最后一段的延期时间不得超过 130 ms。在岩层中开凿井巷时，如果工作面中发现瓦斯，应停止使用非安全炸药和延期雷管。打眼、爆破和封泥都必须符合有关规程的规定。必须严格禁止放糊炮、明火爆破和一次装药分次爆破。新近进行的炮掘工作面采用喷雾爆破技术防止瓦斯煤尘爆炸的试验已经取得了成功。其实质是在爆破前数分钟和爆破时，通过喷嘴使水雾化，在掘进工作面最前方形成一个水雾带，造成局部缺氧，降低煤尘浓度，隔绝火源，抑制瓦斯连锁反应，从而达到防止瓦斯、煤尘爆炸的目的。

防止机械摩擦火花，如截齿与坚硬夹石（如黄铁矿）摩擦，金属支架与顶板岩石（如砂岩）摩擦，金属部件本身的摩擦或冲击等。国内外都在对这类问题进行广泛的研究。公认的措施有：禁止使用摩钝的截齿；截槽内喷雾洒水；禁止使用铝或铝合金制作的部件和仪器设备；在金属表面涂以各种涂料，如苯乙烯的醇酸或丙烯酸甲醛脂等，以防止摩擦火花的发生。

高分子聚合材料制品，如风筒、运输机输送带和抽放瓦斯管道等，由于其导电性能差，容易因摩擦而积聚静电，当其静电放电时就有可能引燃瓦斯、煤尘或发生火灾。因此，煤矿井下应该采用抗静电难燃的聚合材料制品，其内外两层的表面电阻都必须不大于 $3 \times 10^8 \Omega$，并应在使用中能保持此值。

### 三、防止瓦斯爆炸灾害事故扩大的措施

万一发生爆炸，应使灾害波及范围局限在尽可能小的区域内。以减少损失，为此应该采取以下措施：

（1）编制周密的预防和处理瓦斯爆炸事故计划，并对有关人员贯彻这个计划。

（2）实行分区通风。各水平、各采区都必须布置单独的回风道，采掘工作面都应采用独立通风。这样一条通风系统的破坏将不致影响其他区域。

（3）通风系统力求简单。应保证当发生瓦斯爆炸时入风流与回风流不会发生短路。

（4）装有主要通风机的出风井口，应安装防爆门或防爆井盖，防止爆炸波冲毁通风机，影响救灾与恢复通风。

（5）防止煤尘事故扩大的隔爆措施，同样也适用于防止瓦斯爆炸。

我国已经研制出的自动隔爆装置，其原理是传感器识别爆炸火焰，并向控制器给出测速（火焰速度）信号，控制器通过实时运算。在恰当的时候启动喷洒器快速喷洒消焰剂，将爆炸火焰扑灭，阻止爆炸传播。

## 任务三　矿井瓦斯自动监测

矿井是个复杂的地下空间体系，其间有毒有害气体浓度的监测要每天 $7 \times 24$ 小时不间断地进行，才能及时发现问题并及时处理。要做到这一点，就必须建立健全矿井瓦斯的自动监测系统。

### 一、甲烷传感器的设置

1. 采煤工作面甲烷传感器的设置

采煤工作面甲烷传感器的设置内容如下：

（1）长壁采煤工作面甲烷传感器必须按（图3－9）设置。U型通风方式在上隅角设置甲烷传感器 $T_0$，工作面设置甲烷传感器 $T_1$，工作面回风巷设置甲烷传感器 $T_2$；若煤与瓦斯突出矿井的甲烷传感器 $T_1$ 不能控制采煤工作面进风巷内全部非本质安全型电气设备，则在进风巷设置甲烷传感器 $T_3$；采煤工作面采用串联通风时，被串工作面的进风巷设置甲烷传感器 $T_4$。Z型、Y型、H型和W型通风方式的采煤工作面甲烷传感器的设置参照上述规定执行。

$T_0$、$T_1$ 的报警浓度≥1.0%，断电浓度≥1.5%，复电浓度＜1.0%。断电范围，对非突矿井，工作面及其回风巷内全部非本质安全型电气设备；对突出矿井，工作面及其进、回风巷内全部非本质安全型电气设备。

$T_2$ 的报警浓度≥1.0%，断电浓度≥1.0%，复电浓度＜1.0%。断电范围为工作面及其回风巷内全部非本质安全型电气设备。

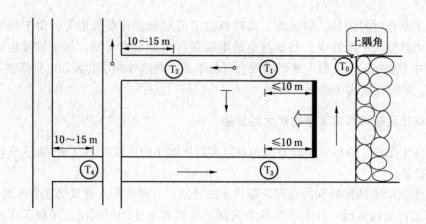

图 3-9 U 型通风方式采煤工作面甲烷传感器的设置

突出矿井工作面设置 $T_3$，其报警浓度≥0.5%，断电浓度≥0.5%，复电浓度＜0.5%。断电范围为工作面及其进、回风巷内全部非本质安全型电气设备。

被串工作面（非突矿井和突出矿井中距突出煤层垂距大于 10 m 的区域才允许有被串工作面）的进风巷设置甲烷传感器 $T_4$ 的报警浓度≥0.5%，断电浓度≥0.5%，复电浓度＜0.5%。断电范围为被串采煤工作面及其进、回风巷内全部非本质安全型电气设备。

高瓦斯和突出矿井采煤工作面回风巷长度大于 1000 m 时回风巷中部要设置甲烷传感器，设置参数和断电范围和 $T_2$ 相同。

突出矿井的采煤工作面进、回风巷（$T_2$、$T_3$）必须设置全量程或者高低浓度甲烷传感器。

采煤机要设置甲烷断电仪或者便携式甲烷检测报警仪，报警浓度≥1.0%，断电浓度≥1.5%，复电浓度＜1.0%。断电范围采煤机电源。

（2）采用两条巷道回风的采煤工作面甲烷传感器必须按（图 3-10）设置：甲烷传

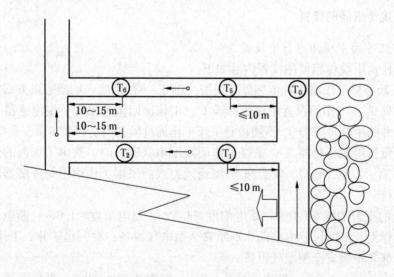

图 3-10 采用两条巷道回风的采煤工作面甲烷传感器的设置

感器 $T_0$、$T_1$ 和 $T_2$ 的设置同（图 3-9）；在第二条回风巷设置甲烷传感器 $T_5$、$T_6$。$T_5$ 和 $T_6$ 的参数设置要求分别和 $T_1$、$T_2$ 相同。采用三条巷道回风的采煤工作面，第三条回风巷甲烷传感器的设置与第二条回风巷甲烷传感器 $T_5$、$T_6$ 的设置相同。

（3）有专用排瓦斯巷的采煤工作面甲烷传感器必须按（图 3-11）设置。甲烷传感器 $T_0$、$T_1$、$T_2$ 的设置同（图 3-9）；在专用排瓦斯巷设置甲烷传感器 $T_7$，在工作面混合回风风流处设置甲烷传感器 $T_8$，如图 3-11 所示。

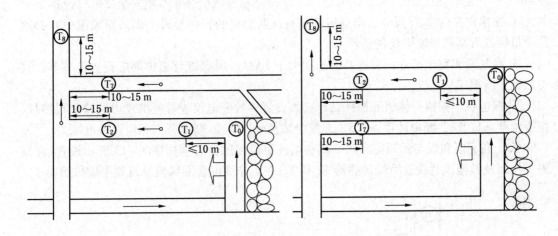

图 3-11 有专用排瓦斯巷的采煤工作面甲烷传感器的设置

（4）非长壁式采煤工作面甲烷传感器的设置参照上述规定执行，即在上隅角、工作面及其回风巷各设置 1 个甲烷传感器。

2. 掘进工作面瓦斯传感器的设置

掘进工作面瓦斯传感器的设置内容如下：

（1）瓦斯矿井的煤巷、半煤岩巷和有瓦斯涌出岩巷的掘进工作面甲烷传感器必须按图 3-12 所示设置：在工作面混合风流处设置甲烷传感器 $T_1$，在工作面回风流中设置甲烷传感器 $T_2$；采用串联通风的掘进工作面，必须在被串工作面局部通风机前设置掘进工作面进风流甲烷传感器 $T_3$。

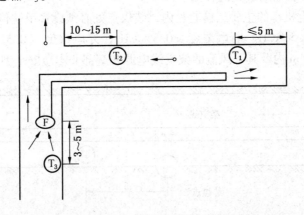

图 3-12 掘进工作面甲烷传感器的设置

① $T_1$（煤巷、半煤岩巷和有瓦斯涌出岩巷的掘进工作面）报警浓度≥1.0%，断电浓度≥1.5%，复电浓度<1.0%。断电范围掘进巷道内全部非本质安全型电气设备。

② $T_2$（煤巷、半煤岩巷和有瓦斯涌出岩巷的掘进工作面回风流中）报警浓度≥1.0%，断电浓度≥1.0%，复电浓度<1.0%。断电范围掘进巷道内全部非本质安全型电气设备。

③ $T_3$（采用串联通风的被串掘进工作面局部通风机前）报警浓度≥0.5%，断电浓度≥0.5%，复电浓度<0.5%。断电范围被串掘进巷道内全部非本质安全型电气设备。

④ 突出矿井的 $T_2$（煤巷、半煤岩巷和有瓦斯涌出的岩巷掘进工作面回风流中）必须是全量程或者高低浓度甲烷传感器。

⑤ 高瓦斯和突出矿井的掘进巷道长度大于1000 m时掘进巷道中部应设置传感器，其参数设置参照 $T_2$。

⑥ 掘进机、掘锚一体机和锚杆钻车必须设置甲烷断电仪或者便携式甲烷检测报警仪，报警浓度≥1.0%，断电浓度≥1.5%，复电浓度<1.0%。断电范围相应设备电源。

（2）高瓦斯和煤与瓦斯突出矿井双巷掘进甲烷传感器必须按图3-13所示设置，在掘进工作面及其回风巷设置甲烷传感器 $T_1$ 和 $T_2$；在工作面混合回风流处设置甲烷传感器 $T_3$。

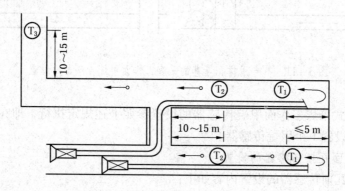

图3-13 双巷掘进工作面甲烷传感器的设置

3. 其他地点甲烷传感器的设置

其他地点甲烷传感器的设置内容如下：

（1）使用架线电机车的主要运输巷道内，装煤点处必须设置甲烷传感器，如图3-14所示（报警浓度≥0.5% CH、断电浓度≥0.5% $CH_4$、复电浓度<0.5% $CH_4$、断电范围：装煤点处上风流100 m内及其下风流的架空线电源和全部非本质安全型电气设备）。

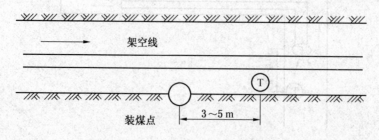

图3-14 装煤点甲烷传感器的设置

（2）采区回风巷、一翼回风巷、总回风巷测风站应设置甲烷传感器（采区回风甲烷传感器报警浓度≥1.0% $CH_4$、一翼回风及总回风甲烷传感器报警浓度≥0.75% $CH_4$）。

（3）井下煤仓、地面选煤厂煤仓上方应设置甲烷传感器（报警浓度≥1.5% $CH_4$、断电浓度≥1.5% $CH_4$、复电浓度＜1.5% $CH_4$）。

（4）井下临时瓦斯抽放泵站下风侧栅栏外必须设置甲烷传感器（报警浓度≥1.0% $CH_4$、断电浓度≥1.0% $CH_4$、复电浓度＜1.0% $CH_4$）。

（5）地面瓦斯抽放泵站内必须在室内设置甲烷传感器（报警浓度≥0.5% $CH_4$）。

## 二、传感器维护

1. 传感器的典型故障处理

（1）当仪器显示 LLL 时，一氧化碳检测元件可能损坏，请测量判断后予以更换。

（2）当仪器显示 HHH 时，表示传感器进入超限保护状态。

（3）若传感器接受不到遥控信号，首先检查遥控器电池是否有电，确认有电后在更换传感器线路板数码管旁的红外接收头（SFH）。若数码管功能位数字乱跳而无法控制，也可更换 SFH。

（4）若传感器显示时分/月日与标准时间有误差或显示乱码（一般是时钟芯片内部寄存器未正确初始化）时，需重新设置时间即可恢复正常。

（5）当供电电压显示值、温度显示值与实际值偏差较大时，主要原因是其灵敏度偏差之故，只需重新标校后即可。标校方法：打开传感器后盖，先按下 CPU 板上的 K1 键再同时按遥控板上功能键（最前面一位数码管显示"1"后即可松开 K1 键），使仪器的最前面一位数码管显示为"9"，通过上升键或下降键调节电压测量灵敏度使其显示与实际值相符即可；按动功能键使最前面一位数码管显示为"C"，通过上升键或下降键调节温度测量灵敏度使其显示与实际值相符即可。

2. 甲烷传感器的调校

甲烷传感器的调校有两种：零点调校和精度调校。

（1）零点调校：在各种不同的情况下传感器的电气特性会有一些变化，这种变化会导致传感器零点漂移，影响监测数据。调校时，按要求正确连接好传感器，接通电源，使传感器进入正常的工作状态。在地面调校时，要使传感器预热 10 min；在井下调校时，需要使用空气样。观察传感器显示窗内的 LED 数字显示是否为零，若有偏差，要将配套遥控器对准传感器显示窗，轻轻按动遥控器上的"选择"键，使显示窗内的小数码管显示"1"，然后再通过按遥控器上的"▲"和"▼"键，使传感器的显示窗显示为零，即可使传感器完成热催化零点的调零工作。

（2）精度调校：当传感器在瓦斯环境工作一段时间后，催化元件会因化学反应而出现变化影响测量精度。在完成传感器的零点调校后，要进行传感器的精度调校，具体做法是：旋开传感器热催化元件顶部的防尘罩，将通气罩插入并罩住传感器元件粉末冶金气室的外部；然后通入浓度约为"2.0%" $CH_4$ 的标准气样，通气量控制在 200 mL/min。此时，传感器显示窗显示的数字应与通入甲烷气体浓度值相同。若有偏差，要将配套遥控器对准传感器显示窗，轻轻按动遥控器上的"选择"键，使显示窗内的小数码管显示"2"，然后再通过按遥控器上的"▲"和"▼"键，使传感器的显示窗显示与实际通入的甲烷气体浓度值相同为止。

3. 甲烷传感器测试

甲烷传感器测试可分为基本误差测定、声光报警测试、响应时间测定 3 种。

（1）基本误差测定：基本误差测定是在完成甲烷传感器的调校后进行，按校准时的流量依次向气室通入 0.5%、1.0%、3.0% 浓度的 $CH_4$ 气样各约 90 s，每种气体分别通入 3 次，分别计算其平均值，用平均值与标准值计算每点的基本误差。基本误差的范围：

① 在 0~1.00% 范围内允许的基本误差范围为 ±0.1%；

② 在 1.00%~3.00% 范围内允许的基本误差范围为真值的 ±10%；

③ 在 3.00%~4.00% 范围内允许的基本误差范围为 ±0.3%。

（2）声光报警测试：传感器发出声光报警时，将声级计置于蜂鸣器 1 m 处对正声源，测量声级强度，其报警声响的声压级应不小于 80 dB，光信号应能在 20 m 远处清晰可见。

（3）响应时间测定：响应时间可用秒表测定，通入 3.0% $CH_4$ 标准气，显示值从零升至最大显示值 90% 时的起止时间，传感器响应时间应不大于 20 s。

# 任务四　矿井瓦斯检查

## 一、巷道风流瓦斯检查

1. 巷道风流

巷道风流，是指距巷道的顶板、底版和两帮有一定距离的巷道空间内的风流。在设有各类支架的巷道中，是距支架和巷道底板各 50 mm 的巷道空间；在不设支架或用锚喷、砌碹支护的巷道中，是距巷道的顶板、底板和两帮各为 200 mm 的巷道空间。如图 3-15 所示。

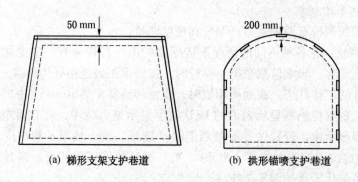

图 3-15　巷道风流范围图

2. 检查方法

测定巷道风流中瓦斯和二氧化碳浓度时应该在巷道空间风流中进行。

（1）当测定地点风流速度较大时，无论测瓦斯还是二氧化碳，瓦斯检测仪进气管口应位于巷道中心点风速最快的部位进行。连续测 3 次取其平均值。

（2）当测定地点风速比较慢时，检测仪进气管口应根据不同气体的比重来确定位置。

测定甲烷或氢气、氨气等气体时，应该在巷道风流的上部（风流断面全高的上部约1/5处）进行抽气，连续测定3次，取其平均值。测定二氧化碳浓度，应在风流断面全高的下部1/5处进行抽气。首先测出该处甲烷浓度，然后去掉二氧化碳吸收管；测出该处甲烷和二氧化碳混合气体浓度，后者减去前者，再乘上校正系数即是二氧化碳的浓度，这样连续测定3次，取其平均值。

3. 注意事项

巷道风流瓦斯的检查方法注意事项如下：

（1）矿井总回风或一翼回风中瓦斯或二氧化碳的浓度测定，应在矿井总回风或一翼回风的测风站内进行。

（2）采区回风中瓦斯或二氧化碳的测定，应在该采区所有的回风流汇合稳定风流中进行，其测定部位和操作方法与在巷道中进行的测定相同。

（3）测定位置应尽量避开由于材料堆积冒顶等原因造成的阻断巷道断面变化而引起的风速变化大的区域。

（4）注意自身安全，防止冒顶、片帮、运输等其他事故的发生。

## 二、采煤工作面瓦斯检查

1. 采煤工作面风流与采煤工作面回风流

采煤工作面风流是指距煤壁、顶（岩石、煤或假顶）、底、两帮（煤、岩石或充填材料）各为200 mm（小于1 m厚的薄煤层采煤工作面距顶、底各为100 mm）和以采空区的切顶线为界的采煤工作面空间内的风流。采煤充填法管理顶板时，采空区一侧应以挡矸、砂帘为界。采煤工作面回风隅角以及一段未放顶的巷道空间至煤壁线的范围内空间风流，都按采煤工作面风流处理。

采煤工作面回风流是指采煤工作面回风侧从煤壁线开始到采区总回风范围内，锚喷、锚网锁等支护距煤壁、顶板、底板各200 mm的空间范围内的风流。支架支护是距棚梁、棚腿50 mm的巷道空间范围内的风流。

2. 采煤工作面瓦斯的检查方法

采煤工作面瓦斯的检查方法具体内容如下：

（1）测点的选取。采煤工作面瓦斯测点的选取。以能准确反映该区域的瓦斯情况为准则。采煤工作面瓦斯检查位置图如图3-16所示。

采煤工作面回风流中的瓦斯浓度的测点位置应选在距采煤工作面煤壁线10 m以外的采煤工作面的回风流中风流充分汇合稳定处。

测点的数量应根据本采面的通风状况和矿井的瓦斯等级不同适当选取。通风良好的低瓦斯矿井适当减少测点数，仅选7、10、11、13四处测点即可。

（2）测定步骤：①应由进风侧或回风侧开始，逐步检查，检查瓦斯浓度和检查局部瓦斯积聚同时进行，同时还应记住测取温度；②测定甲烷浓度时，应在巷道风流的上部进行，测定二氧化碳浓度时，应在巷道风流下部进行；③测点选择正确，没遗漏，每个测点连续测定3次，且取其最大值作为测定结果和处理标准；④准确清晰地将测定结果分别记入瓦斯检查班报手册和检查地点记录板上，并通知现场工作人员。

3. 注意事项

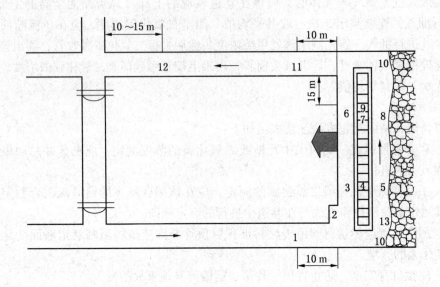

1—距采煤工作面10 m处的进风流中测点；2—采煤工作面前切口测点；3、4、5—采煤工作面前半部的煤壁侧、输送机槽和采空区侧测点；6、7、8—采煤工作面后半部的煤壁侧、输送机和采空区侧测点；9—输送机道空间中央距回风巷口15 m处风流中测点（只测空气湿度）；10—采煤工作面上下隅角测点；11—距采煤工作面10 m处的回风流中测点；12—采煤工作面回风流进入采区回风巷前10~15 m处的风流中测点；13—采煤工作面及其进、回风巷的冒顶处测点

图3-16　采煤工作面瓦斯检查位置图

（1）初次放顶前的采空区也应选点测定。以便对采空区的瓦斯做到心中有数。

（2）重点检查回采工作面的上下隅角。因为此区域是采面风流拐角处，风流不易带走瓦斯。同时此区域又是采空区瓦斯涌出的通道易造成瓦斯积聚。

（3）准确地掌握《煤矿安全规程》对井下不同地点的瓦斯浓度的要求及措施。发现瓦斯或二氧化碳超限积聚等隐患时，积极采取有效措施进行处理，并向有关领导和矿调度室汇报。

（4）在检查的同时还应注意通风及其他设施是否存在问题，发现问题及时汇报。

（5）另外，还应注意自身安全，防止冒顶、片帮、运输等因素可能造成的危害。测点选定时应选在顶板或支护完好的地点。

### 三、掘进工作面瓦斯检查

1. 掘进工作面风流及回风流

掘进工作面风流，是指掘进工作面到风筒出风口这一段巷道空间中按巷道风流划定法划定的空间中的风流。

掘进工作面回风流，是指自掘进工作面的风筒出口以外的回风巷道中按巷道风流划定法划定的空间中的风流。如图3-17、图3-18、图3-19所示。

2. 瓦斯的检查方法

掘进工作面风流中瓦斯和二氧化碳浓度的检查测定地点位置应选取在工作面上部，左右角距顶、帮、工作面各 200 mm 处的甲烷浓度；工作面第一架棚左、右柱窝距帮底各 200 mm 处的二氧化碳浓度，其测定方法同巷道风流中的测定相同，并各取其最大值作为检查结果和处理依据。

掘进工作面回风巷风流中瓦斯和二氧化碳浓度的地点，要根据掘进巷道布置情况和通风方式确定。

（1）单巷掘进采用压入式通风时，掘进工作面风流和其回风流的划分如图 3-17 所示。并按巷道风流的划定方法划定空间范围。回风流测点的位置应在回风流中，一般距风筒出口 10 m 外风流汇合稳定处。测取的最大值作为测定结果和处理依据。

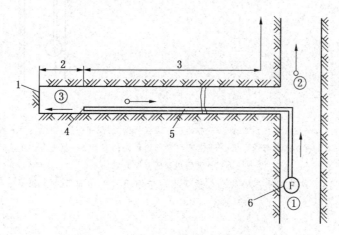

1—掘进工作面；2—掘进工作面风流；3—掘进工作面回风道风流；4—风筒出风口；5—风筒；
6—压入式局部通风机；①—掘进工作面进风流测点；②—掘进工作面回风流中的测点；
③—掘进工作面高冒区或易局部积聚区测点

图 3-17 单巷掘进压入式局部通风掘进工作面风流和回风流及测点位置

（2）单巷掘进采用混合式通风时，掘进工作面回风巷风流的划定如图 3-18 所示。并按巷道风流的划分方法划定空间范围。其测定位置如图 3-18 所示在回风流中①②③处进行，并取其最大值作为测定结果和处理依据。

（3）双巷掘进采用压入式通风时，掘进工作面回风巷风流的划定如图 3-19 所示，并按巷道风流的划定方法划定空间范围。其测定位置如图 3-19 所示应在其回风巷道风流中风流汇合稳定处进行，并取其最大值作为测定结果和处理依据。

3. 注意事项

（1）检查工作应由外向内依次进行。当瓦斯浓度超过 3% 或其他有害气体浓度超过规定时，立即停止前进或退到进风流中，并通知有关人员和部门进行处理。

（2）首先应检查局部通风机安设位置是否符合规定，是否发生循环风及是否挂牌有专人管理。

（3）在检查风流瓦斯的同时，还必须注意检查有无局部瓦斯积聚。

（4）检查风筒末端至工作面距离、供风量、风筒吊挂和安设质量是否合乎规定，风筒有无破口等。

（5）检查甲烷传感器或断电仪安设是否符合规定，是否正常运行。

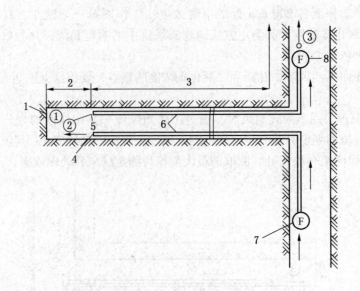

1—掘进工作面；2—掘进工作面风流；3—掘进工作面回风巷风流；4—风筒出口；5—风筒吸风口；6—风筒；7—压入式局部通风机；8—抽出式局部通风机；①、②—掘进工作面风流测点；③—掘进工作面回风流测点及高冒区测点

图 3-18 单巷掘进混合式局部通风掘进工作面风流和回风流及其测点位置

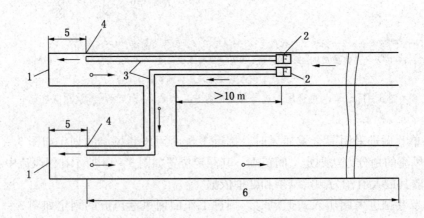

1—掘进工作面；2—压入式局部通风机；3—风筒；4—风筒出口；5—掘进工作面风流；6—掘进工作面回风巷风流

图 3-19 双巷掘进压入式局部通风掘进工作面风流和回风巷风流及其测点

（6）上山掘进重点检查甲烷，下山掘进重点检查二氧化碳。
（7）注意自身安全，以防爆破、运输及炮烟熏人等事故的发生。

4. 盲巷瓦斯的检查方法

1）盲巷

凡不通风（包括临时停风的掘进区）长度大于 5 m 的独头巷道，统称为盲巷。

2）检查方法

由于巷道内不通风，如果瓦斯涌出量大或停风时间长，便会积聚大量的高浓度瓦斯，因此进入盲巷内检查瓦斯和其他有害气体时要特别小心谨慎。先检查盲巷入口处的瓦斯和二氧化碳，其浓度均小于3%方可由外向内逐渐检查。不可直接进入盲巷检查。

在水平盲巷检测时，应在巷道的上部检测瓦斯，在巷道的下部检测二氧化碳。在上山盲巷检测时，应重点检测甲烷浓度，要由下而上直至顶板进行检查，当瓦斯浓度达到3%时应立即停止前进。在下山盲巷检测时，应重点检测二氧化碳浓度，要由上而下直至底板进行检测，当二氧化碳浓度达到3%时，必须立即停止前进。

3) 注意事项

(1) 检查工作应由专职瓦斯检查工负责进行。检测前要首先检查自己的矿灯、自救器、瓦斯检定器等有关仪器；确认完好、可靠后方可开始工作，在进行检测过程中，要精神集中谨慎小心，不可造成撞击"火花"等隐患。

(2) 盲巷入口处或盲巷内一段距离处的甲烷或二氧化碳浓度达到3%；或其他有害气体超过《煤矿安全规程》规定时，必须立即停止前进，并通知有关部门采取封闭等措施进行处理。

(3) 检查临时停风时间较短、瓦斯涌出量不大的盲巷内瓦斯和其他有害气体浓度时，可以由瓦斯检查工或其他专业检查人员1人进入检查；检查停风时间较长或瓦斯涌出量大的盲巷内瓦斯和其他有害气体浓度时，最少有2人一起入内检查。2人应拉开一定距离；一前一后边检查边前进。

(4) 在检查甲烷、二氧化碳浓度的同时；还必须检测氧气和其他有害气体的浓度，超过规定或有异味等现象时，应停止前进，以防止发生中毒或窒息事故。

(5) 测定倾角较大的上山盲巷时，应重点检查甲烷浓度；检查倾角较大的下山盲巷时，应重点检查二氧化碳浓度。

(6) 测定时应站在顶板两帮支护较好地点，并小心谨慎以防因碰撞而造成冒落伤人。

5. 爆破过程中的瓦斯检查方法

《煤矿安全规程》明确规定，瓦斯矿井中爆破作业，爆破员、瓦检员、班组长都必须在现场执行"一炮三检"和"三人连锁"爆破制度，具体规定如下：

1) "一炮三检"爆破制度

井下爆破必须实行"一炮三检"爆破制度。即在每次装药前、爆破前和爆破后，都必须由瓦检员检查爆破地点及其前后20 m范围内的瓦斯浓度情况，瓦斯浓度达到或超过1%时，不得装药、爆破。每次检查完要及时填写瓦斯报表。

2) "三人连锁爆破"制度

井下每次爆破作业，都必须严格执行"三人连锁"爆破制度，由爆破员、瓦检员和班组长三人连锁。"三人连锁"爆破制度规定如下：

(1) 爆破员持"警戒牌"，班组长持"爆破命令牌"，瓦检员持"爆破牌"。

(2) 爆破前，爆破员做好爆破准备工作的前提下（检查瓦斯、连好母线、最后一个撤离后），将警戒牌交给班组长，由班组长派人设警戒，并检查顶板与支架情况，负责把人员撤到安全地点，停掉盲巷内一切电源，一切工作就绪后，班组长将"爆破命令牌"交给瓦检员，瓦检员负责检查个地点瓦斯浓度，瓦斯无异常时，将"爆破牌"交给爆破员，表示允许爆破，爆破员拿到爆破牌后，由班组长监督检查上述工作是否到位，一切到位后，爆破员吹三声口哨后进行爆破。此时，爆破员持有"爆破牌"、班组长持有"警戒牌"，瓦检员持有"爆破命令牌"。

（3）爆破15 min后班组长、爆破员、瓦检员同时进入工作面检查通风。瓦斯、顶板、有无瞎炮等异常情况，一切符合规定时，逆序换回各自的牌，方可恢复生产。

（4）每次爆破前后都必须由班组长复查并在爆破班报上签字，方准爆破和发出解除信号恢复生产。

（5）交换牌后必须各司其职，各负其责，一旦发生爆破事故后，严格按各自所持牌的职责分析处理。

（6）设警戒必须有警戒绳拦截。

（7）三个交换牌必须有"爆破令""爆破"字样，必须是木制或铁制，并逐一编号，每人一牌，不得互借。

（8）生产班组长、瓦检员、爆破员当班不得兼职。

井下所有炮掘作业工作面，每次爆破必须严格执行木制度，不得出现三违现象，否则必须追究相关责任。

6. 其他地点瓦斯的检查方法

1）采掘工作面爆破地点附近20 m范围风流中瓦斯浓度的检查测定

采煤工作面爆破地点附近20 m范围内的风流，即爆破地点沿工作面煤壁方向两端各20 m范围内的采煤工作面风流，此范围内风流的瓦斯浓度都应测定。壁式采煤工作面采空区内顶板未冒落时，还应测定切顶线以外（采空区一侧）不少于1.2 m范围内的瓦斯浓度。在采空区侧打钻爆破放顶时，也要测定采空区内的瓦斯浓度。测定范围应根据采高、顶板垮落程度、采空区通风条件和瓦斯积聚情况等因素确定，并经矿总工程师批准。

掘进工作面爆破地点20 m以内的风流即爆破的掘进工作面向外20 m范围内的巷道风流。其瓦斯浓度测定部位和方法与巷道风流相同，但要注意检查测定本范围内盲巷、冒顶的局部瓦斯积聚情况。

在上述范围内进行瓦斯浓度测定时，都必须取最大值作为测定结果和处理依据。

2）采掘工作面电动机及其开关附近20 m范围风流中瓦斯浓度的检查测定

在采煤工作面中，电动机及其开关附近20 m以内风流即电动机及其开关所在地点沿工作面风流方向的上风流端和下风流端各20 m范围内的采煤工作面风流。

在掘进工作面中，电动机及其开关附近20 m以内风流即电动机及其开关地点的上风流端和下风流端各20 m范围内的巷道风流。

在测定采掘工作面电动机及其开关附近风流瓦斯浓度时，对上风流端和下风流端各20 m范围内风流中的瓦斯浓度都要测定，并取其最大值作为测定结果和处理依据。

3）高冒区及突出孔洞内的瓦斯检查

高冒区由于通风不良，容易积聚瓦斯，突出孔洞未通风时里面积聚有高浓度瓦斯，检查时都要特别小心，防止瓦斯窒息事故发生。

检查瓦斯时，人员不得进入高冒区域和突出孔洞内，只能用瓦斯检查棍或长胶筒伸到里面去检查。应由外向里逐渐检查，根据检查的结果（瓦斯浓度、积聚瓦斯量）采取相应的措施进行处理。当里面瓦斯浓度达到了3%或其他有害气体浓度超过规定时，或者瓦斯检查棍等无法伸到最高处检查时，则应进行封闭处理，不得留下任何隐患。

4）煤仓、水仓等特殊地点的瓦斯检查

煤仓、水仓等特殊地点的瓦斯检查具体要求如下：

（1）煤仓、水仓等特殊地点的瓦斯检查点的选定原则应以能相对准确地反映该区域的瓦斯情况为准则。

（2）清理水仓前的检查应重点检查二氧化碳浓度和氧气浓度，以防发生窒息事故。

（3）煤仓施工过程中应同时检查甲烷和二氧化碳的浓度。

（4）注意自身安全，防止其他事故发生。

## 任务五　矿井瓦斯检测仪器

### 一、光学甲烷检测仪

1. 光学甲烷检测仪的用途

光学甲烷检测仪是煤矿井下使用最普遍的便携式仪器之一，使用光学甲烷检测仪既可以测定甲烷（瓦斯）浓度，又可以测定二氧化碳浓度。按其测量瓦斯浓度的范围分为 0～10%（精度0.01%）和 0～100%（精度0.1%）2 种。它具有携带方便，操作简单，安全可靠，精度高，测量范围大，使用寿命长，坚固耐用等优点。

2. 光学甲烷检测仪的构造

光学甲烷检测仪有多种型号，我国生产的主要有 AQG 型和 QWJ 型，其外形和内部构造基本相同。现以 AQG-1 型为例说明其构造。AQG-1 型光学甲烷检测仪从外形看像个矩形盒子，主要由气路、光路和电路 3 大系统组成，如图 3-20 所示。

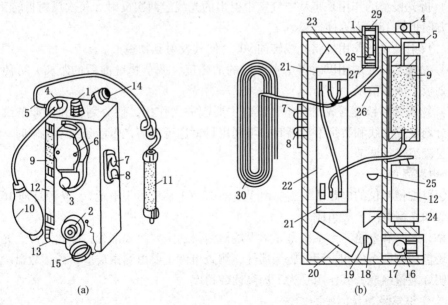

1—目镜；2—主调螺旋；3—微调螺旋；4—吸气管；5—进气管；6—微读数观测窗；7—微读数电门；8—光源电门；9—水分吸收管；10—吸气橡皮球；11—二氧化碳吸收管；12—干电池；13—光源盖；14—目镜盖；15—主调螺旋盖；16—光源灯泡；17—光栅；18—聚光镜；19—光屏；20—平行平面镜；21—平面玻璃；22—气室；23—折光棱镜；24—反光棱镜；25—物镜；26—测微玻璃；27—分划板；28—场镜；29—目镜保护盖；30—盘形管

图 3-20　AQG-1 型光学甲烷检测仪

1) 气路系统

光学甲烷检测仪的气路系统主要由吸气管4、进气管5、水分吸收管9、二氧化碳吸收管11、吸气橡皮球10、气室（包括甲烷室和空气室）22和盘形管30等组成。其主要部件的作用为：

（1）气室中的甲烷室用于存贮所采气样，空气室则用于存贮新鲜空气。

（2）水分吸收管内装有硅胶，并与仪器的进气管相连通，其作用是对通过吸收管的气体进行干燥，使水蒸气不能进入甲烷室，能预防仪器故障并使测值准确。

（3）盘形管（也称毛细管）一端与空气室相通，另一端与仪器所处的环境大气相通，其作用是使测定时空气室内气体压力与甲烷室相同（气压不同会造成误差），同时又能防止环境中有害气体通过盘形管进入空气室，使室内保持有新鲜空气。

2) 光路系统

光学甲烷检测仪的光路系统如图3－21所示，主要由光源灯泡1、光栅2、聚光镜3、平行平面镜4、折光棱镜5、反射棱镜6、物镜7、测微玻璃8、分划板9、场镜10、目镜11和目镜保护玻璃12组成。光路系统主要零件的作用为：

（1）光源灯泡是仪器光路系统的光源，其额定电压为1.35 V，具有白色反光面的灯泡效果较好。

（2）聚光镜的作用是汇集光源发出的光，使其照射范围变窄，亮度增强。

（3）平行平面镜是产生干涉条纹的重要部件，在图中的a点，它通过反射和折射，将一束光线变为两束平行光线；而在b点，它又再次通过折射和反射，使两束平行光线转向，并使其传播空间发生重叠，从而形成干涉条件，产生干涉条纹。

（4）折光棱镜的作用是将从空气室中射出的光线经两次反射（每次反射折转90°）使其传播方向折转180°而返回气室。

（5）反射棱镜的作用是将光线转向90°，使其投射到物镜上。

（6）物镜上的光屏用以改善干涉条纹的清晰度，调节物镜前后的距离，可使干涉条纹在分划板上成像清晰。

（7）物镜和目镜等组成目镜组，该组主要起放大作用，使分划板和干涉条纹便于观察。当分划板刻度线和数字不清晰时，可利用目镜进行调节；干涉条纹不清晰时，有时也可利用目镜组进行调节。

3) 电路系统

光学甲烷检测仪的电路系统主要由干电池12（1节1号干电池）、光源灯泡16、微读数电门7和光源电门8等组成。

气路、光路和电路三大系统是光学甲烷检测仪的主要组成部分，除此之外，光学甲烷检测仪还包括测微组件和主调螺旋等部件。测微组件主要由测微玻璃、微读数盘、微调螺旋、照明灯泡等组成，其作用是为了提高读数精度。

3. 光学甲烷检测仪的使用方法

光学甲烷检测仪的使用方法的说明如图3－21所示。

1) 测定准备

装填吸收剂：在水分吸收管中装入氯化钙（或硅胶），$CO_2$吸收管中装入钠石灰，吸收剂的颗粒应为2～5 mm，过大吸收效果不好，过小易于阻塞，甚至能将粉末吸入气室

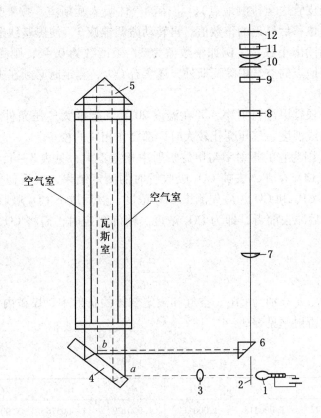

1—光源灯泡；2—光栅；3—聚光镜；4—平行平面镜；5—折光棱镜；6—反光棱镜；
7—物镜；8—测微玻璃；9—分滑板；10—物镜；11—目镜；12—目镜保护玻璃

图 3-21 光学甲烷检测仪的光路系统

内。对于已经失效的吸收剂则应及时更换，以免影响测定结果。

（1）检查气路系统。首先检查吸气球 10 是否漏气，方法是用手捏紧胶皮管，停止吸气球的进气，然后放松吸气球，气球不胀起来表明不漏气；其次检查仪器是否漏气，即将吸气球胶皮管与吸气口 4 连接，堵住进气口 5，捏扁吸气球，松手后球不胀起为好；最后检查气路是否畅通，即放开进气口，捏放吸气球，气球应瘪起自如。

（2）检查光路系统。装入电池 12，按下光源电门 8 由目镜观察，并旋转目镜筒，调整分划板到标尺刻度清晰时，再看干涉条纹是否清晰。如不清晰，可转动光源灯泡或进行光路系统的调整。

2）测定方法

测定方法的具体步骤与方法：

（1）调零。首先在和待测地点气温相近的进风道中，捏放吸气球数次清洗瓦斯室。温度相近，就可以防止因温差过大，引起测定时出现零点漂移的现象。然后，用调微螺丝 3，将微读数盘的零位刻度和指标线重合，再调主调螺旋 2，使干涉条纹中选定的黑基线与分划板上的零位重合。盖好螺旋盖 15，防止基线因碰撞而移动。

（2）测定。在测定地点捏放吸气球 5~10 次（如测点过高，可在进气孔上接一胶皮管，用木棒等将胶皮管送至待测地点），将待测气体吸入瓦斯室。按下光源电门8，由目镜1中读出黑基线位移后靠近的整数值。再转动微调螺旋3，使黑基线退到和基线刻度重合，从微读数盘上读出小数位。例如整数值为2，微读数为0.46，则测定的瓦斯浓度为2.46%。如果测定地点的空气中除瓦斯外，还含有$CO_2$，测定时必须在进气口接$CO_2$吸收管，将$CO_2$吸收掉。

瓦斯检定器是根据甲烷折射率，并在温度20℃和标准大气压条件下标定刻度值的。用它测量其他气体或温度、气压变化较大时，都要作相应的校正。

测定$CO_2$时，因为它的折射率与甲烷折射率相差不大，见表3-4，一般测定时可不校正。测点如只有$CO_2$存在，去掉$CO_2$吸收管时的测定结果，就近似作为$CO_2$的浓度。假如测点同时存在$CH_4$和$CO_2$，应先测出$CH_4$浓度，然后取下$CO_2$吸收管，测出$CH_4$和$CO_2$的总浓度，然后减去前者，即为$CO_2$浓度。精确测定时，需将$CO_2$读值乘以校正系数$k$的计算式为

$$k = \frac{n_m - n_a}{n - n_a} \tag{3-4}$$

式中的$n_m$、$n_a$、$n$分别为$CH_4$、空气和测定气体的折射率。煤矿内常见气体在20℃和标准大气压时的折射率见表3-4。

表3-4 气体折射率

| 气体名称 | 空气 | $CO_2$ | $CH_4$ | $H_2$ | $H_2S$ | $SO_2$ | $O_2$ |
|---|---|---|---|---|---|---|---|
| 折射率 | 1.000272 | 1.000418 | 1.000411 | 1.000129 | 1.000576 | 1.000671 | 1.000253 |

对于温度和大气压的校正系数$k'$，可由下式求出

$$k' = 345.8 \frac{T}{p} \tag{3-5}$$

式中$T$、$p$分别为测定地点的绝对温度（K）和大气压（Pa）。例如，测定地点的温度为300 K，大气压为866.45 Pa，仪器读数为2.0%，由上式求得的校正系数为1.2，则真实的浓度为2.4%。

## 二、便携式甲烷检测仪器

1. 便携式甲烷检测仪器简介

便携式甲烷检测报警仪可连续测定瓦斯浓度，瓦斯浓度超过设定报警点，仪器能发出声、光报警信号。它体积小重量轻、检测精度高、读数直观，连续检测、自动报警等优点。

按检测原理分为：热催化（热效）式、热导式、半导体气敏元件式3大类。

测量范围一般在：0~4.0% $CH_4$或0~5.0% $CH_4$；

误差为：0~1.0% $CH_4$时，±0.1% $CH_4$；

1.0%~2.0% $CH_4$时，±0.2% $CH_4$；

2.0%~4.0%时，±0.3% $CH_4$。

（1）热催化（热效）式甲烷检测报警仪的构造：由传感器、电源、放大电路、警报

电路、显示电路等部分构成。

（2）热导式甲烷检测报警仪与热催化式甲烷检测报警仪的构造基本相同，由传感器、电源、放大电路、显示及报警电路组成。

两种仪器传感器的构造和原理不同：热导式传感器依据矿井空气的导热系数随瓦斯量的变化而变化的特性，通过测量这个变化来达到测量瓦斯含量。

2. 便携式甲烷检测报警仪的使用方法

使用时，用手将仪器的传感器部位举至或悬挂后再测量出，经十几秒钟的自然扩散，即可读出瓦斯浓度的数值。也可由工作人员随身携带，在瓦斯超限发出声、光报警时再重点监视瓦斯环境，或采取相应措施。

3. 便携式甲烷检测报警仪注意事项

（1）每次使用前必须充电，使用时先在清洁空气中打开电源，预热 15 min，观察指示是否为零，如有偏差，则调整调零电位器使其归零。

（2）保护好仪器，在携带和使用过程中严禁猛烈摔打、碰撞，严禁被水浇淋或浸泡。

（3）使用中电压不足，应立即停止使用，否则将影响仪器的正常工作，缩短电池使用寿命。

（4）热催化（热效）瓦斯检定器不宜在含有 $H_2S$ 的地区以及瓦斯浓度超过仪器允许值的场所使用，以免仪器产生误差或损坏。

（5）对仪器的零点，测试精度及报警点应定期（一周或一旬）校验，使仪器测量准确、可靠。

# 习 题 三

一、**单选题**

1. 《煤矿安全规程》规定，采掘工作面空气温度不得超过（　　）。

A. 26 ℃　　　　B. 30 ℃　　　　C. 34 ℃　　　　D. 40 ℃

2. 凡长度超过（　　）而又不通风或通风不良的独头巷道，统称为盲巷。

A. 6 m　　　　B. 10 m　　　　C. 15 m　　　　D. 5 m

3. 掘进工作面恢复通风前，必须检查瓦斯。压入式局部通风机及其开关地点附近（　　）以内风流中的瓦斯浓度都不超过 0.5% 时，方可人工开动局部通风机。

A. 10 m　　　　B. 5 m　　　　C. 8 m　　　　D. 15 m

4. 采用压入式供风的掘进工作面，全风压供给该处的风量必须（　　）局部通风机的吸入风量。

A. 大于　　　　B. 小于　　　　C. 等于　　　　D. 无关

5. 在有煤尘爆炸危险的煤层中，掘进工作面爆破前后附近 20 m 的巷道内必须（　　）。

A. 切断电气设备电源　　　　B. 清扫煤尘

C. 洒水降尘　　　　D. 停止作业

二、**多选题**

1. 在煤矿井下瓦斯容易局部积聚的地方有（　　）。

69

A. 下山掘进的煤巷掘进面迎头　　　B. 上山掘进的煤巷掘进面迎头
C. 顶板垮落区　　　　　　　　　　D. 工作面的上隅角

2. 防止瓦斯积聚和超限的措施包括（　　）。
A. 加强通风　　　　　　　　　　　B. 加强检查和监测瓦斯浓度
C. 及时处理积聚瓦斯　　　　　　　D. 抽放瓦斯

3. 矿内瓦斯爆炸时会产生的危害因素是（　　）。
A. 高温　　　　B. 冲击波　　　　C. 有毒气体　　　　D. 辐射

4. 为了预防煤尘爆炸事故的发生，煤矿井下生产过程中必须采取一定的减尘、降尘措施。目前，常采用的技术措施有（　　）、通风防尘、喷雾洒水、刷洗岩帮等。
A. 煤层注水　　　B. 湿式打眼　　　C. 使用水炮泥　　　D. 旋风除尘

### 三、判断题

1. 采煤工作面瓦斯积聚，通常首先发生在回风巷。（　　）
2. 采煤工作面的进风和回风不得经过采空区或冒顶区。（　　）
3. 在上山巷道应注意检查上山工作面的瓦斯，在下山巷道应注意检查下山工作面的 $CO$。（　　）
4. 氮气无毒，不能助燃，空气中氮气含量过高时，会使人缺氧窒息。（　　）

### 四、简答题

1. 瓦斯爆炸的条件有哪些？
2. 造成瓦斯积聚的主要原因及其防治措施有哪些？
3. 瓦斯爆炸的危害因素有哪些？各有哪些特点和危害？
4. 什么是瓦斯爆炸界限？影响爆炸界限的因素受有哪些？
5. 何谓瓦斯积聚？预防措施有哪些？
6. 井下引燃瓦斯的热源种类有哪些？防止瓦斯引燃的原则和措施有哪些？
7. 防止瓦斯爆炸灾害事故扩大的措施有哪些？
8. 什么是"一炮三检"制度？什么是"三人连锁爆破"制度？
9. 排放瓦斯的安全措施应包括哪些？
10. 防止瓦斯超限的方法有哪些？
11. 采煤工作面瓦斯传感器的报警点和断电点分别是多少？

# 情景四　煤与瓦斯突出及其预测

**学习目标**
- 会识别煤与瓦斯突出的类型及预兆。
- 发现突出预兆时会采用相应的应急措施。
- 了解煤与瓦斯突出的危害。
- 了解煤与瓦斯突出机理。
- 理解影响没有瓦斯突出的影响因素。
- 理解煤与瓦斯突出的各类预测方法。
- 掌握工作面突出危险性参数测定。

## 任务一　煤与瓦斯突出的基本知识

煤与瓦斯突出是煤层开采过程中严重的自然灾害之一，是煤矿井下发生的一种复杂的有煤、岩和瓦斯参与的动力现象。我国是世界上煤与瓦斯突出最严重的国家，每年要发生100多起煤与瓦斯突出事故，造成上百人死亡。

### 一、煤与瓦斯突出

煤与瓦斯突出是指在地应力和瓦斯的共同作用下，破碎的煤、岩和瓦斯（或二氧化碳）由煤体或岩体内突然向采掘空间抛出的异常的动力现象。它是煤与瓦斯突出、煤的突然倾出、煤的突然压出、岩石与瓦斯（或二氧化碳）突出的总称。

### 二、突出矿井

突出煤层是指在矿井井田范围内发生过突出或者经鉴定、认定有突出危险的煤层。

煤矿发生生产安全事故，经事故调查认定为突出事故的，发生事故的煤层即为突出煤层。

矿井有下列情况之一的必须立即进行突出煤层鉴定，鉴定未完成前按照突出煤层管理：

（1）有瓦斯动力现象的。
（2）瓦斯压力达到或者超过 0.74 MPa 的。
（3）相邻矿井开采的同一煤层发生突出事故或者被鉴定、认定为突出煤层的。

突出矿井是指在矿井开拓、生产范围内有突出煤层的矿井。

### 三、煤与瓦斯突出危害性

我国是世界上煤与瓦斯突出现象最为严重、危害性最大的国家之一。煤与瓦斯突出有6个方面的危害：

（1）突出的煤（岩）碎块掩埋人员和设备。突出发生时，喷出的煤（岩）碎块被抛出数十米甚至数千米，数量由数千吨到数万吨，有的可能堵塞满巷道断面，造成人员掩埋致死，生产设备、设施被埋，给矿井造成人员伤亡、财产损失，迫使矿井生产中断。

（2）突出时产生的巨大动力效应，可能摧毁巷道支架导致冒顶事故的发生，摧毁矿车、生产设备，造成矿井生产局面混乱。

（3）突出产生的高浓度瓦斯和二氧化碳气体由数百立方米到数百万立方米，能使井巷充满，造成井下人员因氧气浓度下降而发生窒息死亡。

（4）突出产生的高浓度瓦斯经风流稀释后达到爆炸界限时，遇到火源就会发生瓦斯爆炸事故，影响更为严重。

（5）突出强度较大时，煤与瓦斯突出所产生的含煤粉或岩粉的高速瓦斯流能够造成风流逆转现象，危险性更大。

（6）突出发生后，破坏矿井通风设施，造成矿井通风系统紊乱，使灾害进一步扩大。

**四、煤与瓦斯突出分类**

1. 煤与瓦斯突出按动力现象力学特征分类

煤与瓦斯突出按动力现象力学特征分为：煤（岩）与瓦斯（二氧化碳）突出、煤的突然压出、煤的突然倾出、岩石与瓦斯突出。

（1）煤（岩）与瓦斯（二氧化碳）突出。煤（岩）与瓦斯（二氧化碳）突出简称突出。诱发突出的主要因素是地应力和瓦斯压力的联合作用，通常以地应力作用为主、瓦斯压力作用为辅。

其突出的基本特征有：突出的煤向外抛出的距离较远，具有分选现象；抛出煤的堆积角小于自然安息角；抛出煤的破碎程度较高，含有大量碎煤和一定数量的手捻无粒感的煤粉；有明显的动力效应，如破坏支架，推倒矿车，损坏或移动安装在巷道内的设施等；有大量的瓦斯涌出，瓦斯涌出量远远超过突出煤的瓦斯含量，有时会使风流逆转；突出孔洞呈口小腔大的梨形、舌形、倒瓶形、分岔形或其他形状。

（2）煤的突然压出。煤的突然压出并涌出大量瓦斯简称压出。诱发与实现煤的压出主要因素是受采动影响所产生的地应力，瓦斯压力与煤的重力是次要的因素。

压出的基本特征：压出有煤的整体位移和煤有一定距离的抛出两种形式，但位移和抛出的距离都较小；压出后，在煤层与顶板之间的裂隙中常留有细煤粉，整体位移的煤体上有大量裂隙；压出的煤呈块状，无分选现象。巷道瓦斯涌出量增大，抛出煤的吨煤瓦斯涌出量大于 $30\ m^3/t$；压出可能无孔洞或呈口大腔小的楔形、半圆形孔洞。

（3）煤的突然倾出。煤突然倾出并涌出大量瓦斯简称倾出，诱发倾出的主要因素是地应力，即结构松软、饱含瓦斯、内聚力小的煤，在较高的地应力作用下突然破坏，失去平衡，为其位能的释放创造了条件。实现突然倾出的主要力是失稳煤体的自身重力，瓦斯在一定程度上也参与了倾出过程，在急倾斜煤层中较为多见。

倾出具有的特征：倾出的煤按自然安息角堆积、无分选现象，倾出的孔洞多为口大腔小，孔洞轴线沿煤层倾斜或铅垂（厚煤层）方向发展；无明显动力效应；常发生在煤质松软的急倾斜煤层中；巷道瓦斯涌出量明显增加，抛出煤的吨煤瓦斯涌出量大于 $30\ m^3/t$。

（4）岩石与瓦斯突出。岩石与瓦斯突出是在地应力和外界动力作用下，岩层瞬间被破坏向巷道空间抛出，同时涌出大量瓦斯的现象。基本特征是：在炸药直接作用范围外，发生破碎岩石被抛出现象；抛出的岩石中，含有大量的砂粒和粉尘；产生明显动力效应；巷道二氧化碳（瓦斯）涌出量明显增大；在岩体中形成孔洞；有突出危险的岩层松软，呈片状、碎屑状，其岩芯呈凹凸片状，并具有较大的孔隙率和二氧化碳（瓦斯）含量。

2. 煤与瓦斯突出按照突出强度分类

煤与瓦斯突出强度是指每次煤与瓦斯突出抛出的煤（岩）数量和瓦斯量。由于煤与瓦斯突出发生过程中瓦斯量难以准确计量，一般以突出的煤（岩）量作为分类依据。按照突出强度可将煤与瓦斯突出分为小型突出、中型突出、次大型突出、大型突出、特大型突出五类。

(1) 小型突出：突出煤（岩）量小于 50 t。
(2) 中型突出：突出煤（岩）量在 50（含 50）~100 t。
(3) 次大型突出：突出煤（岩）量在 100（含 100）~500 t。
(4) 大型突出：突出煤（岩）量在 500（含 500）~1000 t。
(5) 特大型突出：突出煤（岩）量大于或等于 1000 t。

### 五、煤与瓦斯突出前的预兆

突出煤层开采多年实践表明，大多数突出前都会有有声或无声预兆。一些可以被人明显感觉到，而另一些跟作业人员对突出事例的知识掌握程度有关。经验丰富的人可以很好地利用所掌握的预兆知识，避免不必要的人身伤亡事故。因此熟悉并掌握好突出预兆，对于减少突出危害，保证人身安全以及避免突出灾害的发生都有着十分重要的现实意义。煤与瓦斯突出预兆主要有以下两个方面：

1. 有声预兆

地压活动剧烈，顶板来压，不断掉渣和支架断裂声，煤层产生震动。手扶煤壁感到震动和冲击，听到煤炮声或闷雷声（如煤体中发生的闷雷声响、爆竹声、机枪声、嗡嗡声等，这些声响在突出矿井统称为"响煤炮"）；一般是先远后近，先小后大、先单响后连响，突出时伴有巨雷般的声响。在我国 5029 次有预兆记录的突出次数中，有 1415 次突出前有响煤炮预兆，是各种突出预兆中发生最为频繁的预兆，值得重视。一般发生响煤炮时，工作面就视为突出危险工作面，应停止继续作业。

2. 无声预兆

工作面遇到地质变化，煤层厚度不一，尤其是煤层中的软分层变厚，在各种煤结构变化中，平均突出强度最大；产状急剧变化，波状隆起以及层理逆转等；煤层层理紊乱，硬度降低，光泽暗淡，煤体干燥或煤体变软，煤尘飞扬，有时煤体碎片从煤壁上弹出；瓦斯涌出量增大或忽大或忽小，工作面气温变冷；打钻时钻孔严重顶钻、夹钻、喷孔、钻孔变形垮孔以及喷瓦斯、喷煤以及出现哨声、蜂鸣声；炮眼装不进炸药等。统计表明，瓦斯浓度忽大忽小预兆，常常发生在大强度的突出前，如平顶山局，在各种预兆中，瓦斯忽大忽小预兆，平均突出强度最大。

### 六、发现突出预兆时的应急措施

1. 采煤工作面

发现有突出的预兆或发生突出时，迅速向进风侧撤离。撤离过程中快速打开自救器并佩戴好，迎着新鲜风流继续外撤。如果距离新鲜风流太远时，应首先撤到避难所，或利用急救袋进行自救，等待救护队救援。

2. 掘进工作面

迅速向外撤离至反向风门之外，并关好反向风门，之后继续外撤，撤离中快速佩戴好自救器。如果自救器发生故障，应立即撤到避难所或利用急救袋进行自救，等待救援。

## 任务二　煤与瓦斯突出机理和影响因素

### 一、煤与瓦斯突出机理

煤与瓦斯突出机理是指煤与瓦斯突出的原因、条件及其发生、发展过程。目前，煤与瓦斯突出机理归纳起来有4大类假说。

1. 瓦斯为主导作用假说

瓦斯为主导作用假说普遍认为煤与瓦斯突出的主要动力来源于高压瓦斯，当采掘工作接近或沟通存储有大量高压瓦斯的区域或地点时，高压瓦斯突然喷出而造成的。主要包括瓦斯包假说、粉煤带假说、煤透气性不均匀假说、突出波假说、裂缝堵塞假说、闭合孔隙瓦斯释放假说、瓦斯膨胀应力假说、火山瓦斯假说、瓦斯解析假说、瓦斯水化物假说、瓦斯—煤固溶体假说。

2. 地压为主导作用假说

地压为主导作用假说认为煤与瓦斯突出是地压作用的结果。地压包括岩石静压力、地质构造应力和采掘过程中形成的集中应力等。

在地压作用下，煤层处于弹性状态，积蓄着很大的弹性潜能，当采掘工作接近或进入这些区域或地点时，弹性潜能突然释放，使煤体破碎、抛出而发生突出。主要包括岩石变形潜能假说、应力集中假说、剪应力假说、振动波动假说、冲击式移近假说、顶板位移不均匀假说、应力叠加假说。

3. 化学本质假说

化学本质假说认为瓦斯突出时煤层中不断进行地球化学过程—煤层氧化—还原过程。该过程由于活性氧及放射性物质的存在而加剧，生成一些活性中间物，导致瓦斯高速形成。中间产物和煤中有机物质的相互作用，使煤分子遭到破坏。

4. 综合假说

综合假说认为煤与瓦斯突出是地压、瓦斯、重力和煤的物理性质综合作用的结果。主要包括能量假说、应力分布不均匀假说、分层分离假说、破坏区假说。有代表性的是苏联霍多特等人于1976年最先提出的。其要点是：

（1）除了地层重力，高压瓦斯外，在煤层中不存在任何其他能源。突出是地应力、瓦斯压力和煤的物理力学性能综合作用的结果。

（2）地压破碎煤体是造成突出的首要原因，而瓦斯则起着抛出煤体和搬运煤体的作用。从突出总能量来说，瓦斯是完成突出的主要能源。

（3）实验资料表明，只有煤强度很低，与围岩摩擦力不大时，地压造成的煤的变形前能和围岩功能,才能把煤体破碎形成突出。煤强度是形成突出的一个极为重要的因素。

## 二、煤与瓦斯突出基本规律

大量煤与瓦斯突出资料的统计分析表明,煤与瓦斯突出具有一定的规律性。了解这些规律,对于制定防治煤与瓦斯突出的措施,有一定的参考价值。

1. 煤与瓦斯突出危险程度随开采深度的增加而增大

生产实践表明,始突深度以下煤与瓦斯突出频率与开采深度呈正相关关系,随着开采深度的增加,煤与瓦斯突出危险程度相应增加。这是由于随着煤炭资源埋藏深度的增加,地应力和瓦斯压力也随着增加。矿井开采到一定深度,目前煤与瓦斯防治的技术水平难以有效保障安全生产,因此《防治煤与瓦斯突出细则》(2019年版)第二十条要求,新建突出矿井第一生产水平开采深度不得超过800 m,生产的突出矿井延深水平开采深度不得超过1200 m。

2. 呈明显的分区分带性

煤与瓦斯突出大都发生在地质构造带内,特别是压扭性构造断裂带、向斜轴部、背斜倾伏端、扭转构造、帚状构造收敛部位、层滑构造带、煤层光滑面、煤层倾角突变地带和煤层厚度突变地带等。

例如,重庆天府矿区3次特大型突出都发生在地质构造地带;重庆南桐矿区地质构造与煤与瓦斯突出分布具有集中控制和局部控制的内在规律。据辽宁北票矿区统计,90%以上的突出发生在地质构造区和岩浆岩侵入区。

重庆南桐矿区构造应力场及突出点分布,如图4-1所示。

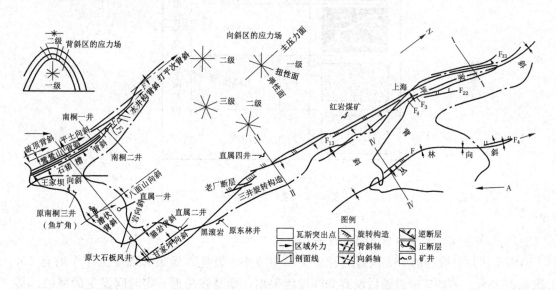

图4-1 重庆南桐矿区构造应力场及突出点分布

3. 煤与瓦斯突出受巷道布置和开采集中应力的影响

在巷道密集布置区、采场周边的支承压力区、邻近层应力集中区域等处进行采掘作业,容易发生煤与瓦斯突出。

**4. 煤与瓦斯突出主要发生在巷道掘进过程中**

平巷掘进发生的煤与瓦斯突出次数最多,上山掘进在重力作用下发生煤与瓦斯突出的概率最高,石门揭煤发生煤与瓦斯突出的强度和危害性最大。煤与瓦斯突出次数和强度,随煤层厚度、特别是软分层厚度的增加而增加。煤层倾角越大,煤与瓦斯突出的危险性越大。

**5. 煤与瓦斯突出煤层具有较高的瓦斯压力和瓦斯含量**

煤与瓦斯突出煤层的瓦斯压力大于 0.74 MPa,瓦斯含量大于 8 $m^3/t$。据统计,我国有些突出矿井的煤层瓦斯含量高达 20 $m^3/t$ 及其以上。

**6. 煤与瓦斯突出煤层强度低,软硬相间**

煤与瓦斯突出煤层的特点是强度低,而且软硬相间,透气性系数小,瓦斯的放散速度高,煤的原生结构遭到破坏,层理紊乱,无明显节理,光泽暗淡,易粉碎。如果煤层顶板坚硬致密,煤与瓦斯突出危险性增大。煤的构造结构如图4-2所示。煤与瓦斯突出煤显微镜照片如图4-3所示。

| 煤的外观 | 类型 | 构造结构 | |
|---|---|---|---|
|   | Ⅰ | 未破坏煤(层状弱裂隙状) | |
|   | Ⅱ | 角砾状 | 潜在的突出危险结构 |
|   | Ⅲ | 透镜状 | |
| 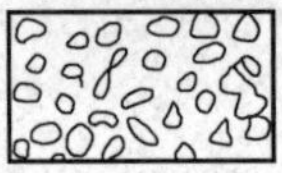  | Ⅳ | 土料状 | |
| 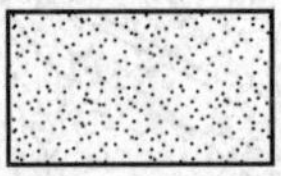  | Ⅴ | 土状 | |

图4-2 煤的构造结构

**7. 大多数煤与瓦斯突出发生在爆破和破煤工序**

在重庆地区统计的132次煤与瓦斯突出事故中,发生在爆破和破煤工序中的有124次,占95%;有些矿井爆破后没有立即发生突出,而是在延迟一定时间发生的突出,其危害性更大。

**8. 煤与瓦斯突出前常有预兆发生**

(1) 有声预兆。煤体发生闷雷声、爆竹声、机枪声、嗡嗡声,打钻喷孔及出现哨叫声、蜂鸣声等异常声响。这些由煤体内部发出的声响统称为响煤炮。

(2) 无声预兆。工作面瓦斯异常、瓦斯浓度忽大忽小等。统计表明,许多大强度煤

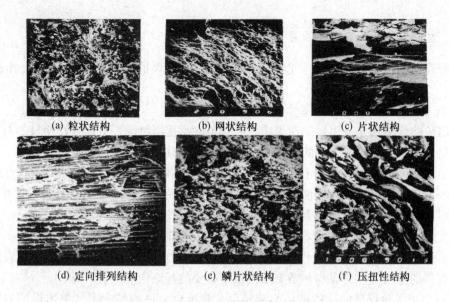

图 4-3 煤与瓦斯突出煤显微镜照片

与瓦斯突出前,常常有瓦斯浓度忽大忽小预兆。

(3) 煤体结构预兆。煤体出现层理紊乱、煤体干燥、煤体松软、色泽变暗而无光泽、煤层产状急剧变化、煤层波状隆起以及层理逆转等。

(4) 矿压显现预兆。支架来压、煤壁开裂、掉渣、片帮、工作面煤壁外鼓、巷道底鼓、钻孔顶夹钻、钻孔严重变形、垮孔及炮眼装不进炸药等。

(5) 其他预兆。一些煤与瓦斯突出发生前,会出现工作面温度降低、煤壁发凉、特殊气味等预兆。

9. 其他因素诱发煤与瓦斯突出

在煤与瓦斯突出危险区域内,回拆巷道支架和工作面支架时容易诱发煤与瓦斯突出,清理煤与瓦斯突出孔洞及回拆支架也会导致再次发生煤与瓦斯突出。

### 三、煤与瓦斯突出发生地点分析

我国煤与瓦斯突出发生地点统计数据见表 4-1。

表 4-1 我国煤与瓦斯突出发生地点统计数据

| 巷道类别 | 突出次数 | 比例/% | 最大强度/t | 平均强度/(t·次$^{-1}$) |
|---|---|---|---|---|
| 石门 | 567 | 5.8 | 12780 | 317.1 |
| 煤平巷 | 4652 | 47.3 | 5000 | 55.6 |
| 煤上山 | 2455 | 24.9 | 1267 | 50.0 |
| 煤下山 | 375 | 3.8 | 369 | 86.3 |
| 采煤工作面 | 1556 | 15.8 | 900 | 35.9 |
| 大直径钻孔及其他 | 240 | 2.4 | 420 | 31.5 |
| 合 计 | 9845 | 100 | — | — |

### 四、影响煤与瓦斯突出的因素

煤与瓦斯突出是在地应力、包含在煤层中瓦斯及煤的结构力学性质综合作用下产生的。

1. 突出煤系和突出煤层的基本特性

突出危险煤层和非突出煤层在煤质、赋存条件及瓦斯特征等方面存在明显的差异,这些差异是煤层突出危险性评价的依据。突出危险煤层具有7个方面的特征:

(1) 突出危险煤层一般具有较高的变质程度。我国多数严重突出矿井变质程度较高,而且在一定范围内突出危险程度和突出强度随着煤层变质程度的增高而增大。但不是所有高变质煤层都会发生煤与瓦斯突出,低变质煤层也有发生突出的可能。

(2) 突出危险煤层一般具有较高的瓦斯压力和瓦斯含量。

(3) 突出危险煤层的透气性一般较低,顶板、底板为封闭型,顶板多为泥岩或砂质泥岩。煤层的低透气性为煤与瓦斯突出提供了必要的瓦斯内能条件。

(4) 突出危险煤层的结构破坏类型较高、强度低。一般情况下,突出煤层的破坏类型为Ⅲ、Ⅳ、Ⅴ类,突出危险煤层的坚固性系数值较小。煤层强度是发生煤与瓦斯突出的阻力因素。

(5) 突出危险煤层的瓦斯放散初速度较大。瓦斯放散初速度是煤的重要的气动力特征之一,能够较好地反映煤层的突出危险性。

(6) 突出危险煤层煤的比表面积较大。比表面积大的煤层可吸附的瓦斯量就大;在相同埋藏深度下,煤层中储存的瓦斯量大,煤层突出潜能就大。

(7) 突出危险煤层具有明显区别于非突出煤层的孔隙结构特征。煤样的总孔隙容积和滞后量越大,突出危险性就越大。

2. 煤层瓦斯含量

根据中国煤炭科工集团沈阳研究院对全国煤与瓦斯突出矿井始突深度测定和计算,突出煤层瓦斯含量在 $8 \text{ m}^3/\text{t}$ 以上。建议将瓦斯含量 $8 \text{ m}^3/\text{t}$ 作为发生煤与瓦斯突出最低临界值,实测数据低于临界值的,认定为无突出危险;达到临界值的,应进一步验证其突出危险性。

3. 瓦斯压力

瓦斯压力是发生煤与瓦斯突出的基本因素之一,一般突出煤层的瓦斯压力都大于 0.74 MPa。突出煤层鉴定的单项指标临界值有4个指标,分别是破坏类型、瓦斯放散初速度、坚固性系数、瓦斯压力。

只有瓦斯压力一项指标超过 0.74 MPa,还不能划分为突出煤层。现场实测瓦斯压力小于 0.74 MPa,可以划分为无突出危险;瓦斯压力大于 0.74 MPa,需要结合其他指标进一步验证其突出危险性。

4. 地应力

煤与瓦斯突出是在地应力、包含在煤中的瓦斯及煤结构力学性质综合作用下产生的动力现象。具有较高的地应力是发生煤与瓦斯突出的第一个必要条件。地应力是存在于地壳中的未受工程扰动的天然应力,包括地层静压力、地质构造应力和矿山压力。

地层静压力是指地下深部原岩承受着上覆岩层自重引起的应力;地质构造应力是地壳

构造运动在岩体中形成的应力；矿山压力是指由于地下采掘作业活动而引起岩层作用于井巷、硐室和采掘工作面周围煤岩体中以及支护物上各种力的总称。

5. 煤体结构

突出煤层的特点是强度低，软硬相间，透气性系数小，瓦斯的放散速度高，煤的原生结构遭到破坏，层理紊乱，无明显节理，光泽暗淡，易粉碎。如果煤层的顶板坚硬致密，那么突出危险性增大。当煤体结构出现层理紊乱、煤体干燥、煤体松软、色泽变暗而无光泽、煤层产状急剧变化、煤层波状隆起以及层理逆转等现象时，就有发生煤与瓦斯突出的可能。

6. 地质构造类型

煤与瓦斯突出大都发生在地质构造带内，特别是压扭性构造断裂带、向斜轴部、背斜倾伏端、扭转构造、帚状构造收敛部位、层滑构造带、煤层光滑面、煤层倾角突变地带和煤层厚度突变地带等处。常见的地质构造类型有：

（1）褶皱，是指层状岩石在地质作用下形成没有断裂的弯曲形态，包括背斜和向斜两种形式。

（2）劈理，是指岩石受力后，具有沿着一定方向劈开成平行或大致平行的密集的薄层或薄板的一种构造。包括流劈理、破劈理、滑劈理3种形式。

（3）断层，是指岩层或岩体在构造运动影响下发生破裂，若破裂面两侧岩体沿破裂面发生了明显的相对位移的构造。按断层面产状与岩层产状的关系分为走向断层、倾向断层和斜向断层；按断层两盘相对运动的关系分为正断层、逆断层、平移断层。

## 任务三　煤与瓦斯突出防治的原则和要求

### 一、二个"四位一体"

根据《防治煤与瓦斯突出细则》要求，有突出矿井的煤矿企业、突出矿井应当结合矿井开采条件，制定、实施区域和局部综合防突措施。

区域综合防突措施包括下列内容：

（1）区域突出危险性预测。

（2）区域防突措施。

（3）区域防突措施效果检验。

（4）区域验证。

局部综合防突措施包括下列内容：

（1）工作面突出危险性预测。

（2）工作面防突措施。

（3）工作面防突措施效果检验。

（4）安全防护措施。

突出矿井应当加强区域和局部（以下简称两个"四位一体"）综合防突措施实施过程的安全管理和质量管控，确保质量可靠、过程可溯。

**二、防突工作的原则和要求**

防突工作必须坚持"区域综合防突措施先行、局部综合防突措施补充"的原则,按照"一矿一策、一面一策"的要求,实现"先抽后建、先抽后掘、先抽后采、预抽达标"。突出煤层必须采取两个"四位一体"综合防突措施,做到多措并举、可保必保、应抽尽抽、效果达标,否则严禁采掘活动。

在采掘生产和综合防突措施实施过程中,发现有喷孔、顶钻等明显突出预兆或者发生突出的区域,必须采取或者继续执行区域防突措施。

1. 区域综合防突措施先行、局部综合防突措施补充

区域防突措施主要有开采保护层、抽采煤层瓦斯,措施的目的是大规模地减少地应力和瓦斯含量、改变煤层的物理性质,从根本上防治突出的发生。"区域综合防突措施先行"有两层含义,一是突出矿井防突工作首先要从区域综合防突措施开始;二是要把区域综合防突措施做细、做透,原《防治煤与瓦斯突出规定》列举地应实施局部综合防突措施的地方,均可采用区域综合防突措施。局部综合防突措施仅是补充措施。

2. "一矿一策、一面一策"

每个煤矿企业地质条件不同,矿井设计和开拓布局差别很大,保护层开采方案和区域抽采方法也会大相径庭;每个矿井的地应力、瓦斯含量和煤岩层的性质差别也很大,工作面防突措施也会有差别。即使是同一个矿井,不同工作面之间条件也不一样。所以,每一个煤矿企业在制定防突方案时,应根据本矿和不同工作面的实际,做到"一矿一策、一面一策"。

3. "先抽后建、先抽后掘、先抽后采、预抽达标"

把抽采瓦斯作为煤矿建设和煤矿生产的第一步和首要任务。抽采瓦斯既是利用清洁能源,也是防突的最佳措施。对待建矿井,在建矿之前,应超前在地面布置钻孔抽采瓦斯;对在建矿井和生产矿井,在煤巷工作面掘进前和采煤工作面回采前,要对煤层中的瓦斯进行预抽采。抽采量要达到国家规定的标准。

4. 多措并举

《防治煤与瓦斯突出细则》要求严格执行两个"四位一体"的综合防突措施。多措并举要求无论是区域预测手段和方法,还是各种类型的区域防突措施,都要尽可能地不要过分依靠单一的指标、方法、措施,要尽可能多用几种,以提高防突措施的可靠性。

5. 可保必保

可保必保就是有开采保护层条件的必须开采保护层。

开采保护层是国内外广泛应用的最简单、最有效和最经济的防突措施。保护层先行开采后,其周围岩层及煤层透气性大幅度增加,瓦斯可得以解吸排放;瓦斯解吸排放后,瓦斯压力降低,煤的机械强度提高,突出煤层的突出危险性就会降低或消除。

6. 应抽尽抽

应抽尽抽就是对可能进入采掘空间、对安全有威胁的瓦斯,都要尽最大可能实施抽采,以降低煤层的瓦斯含量。瓦斯抽采应当做到地面抽采与地下抽采相结合,因地制宜、因矿制宜,把矿井(采区)投产前的预抽采、采动层抽采、边开采边抽采、采空区抽采等措施结合起来,全面实现立体综合瓦斯抽采。

根据原国家安全生产监督管理总局、国家发展和改革委员会等部门组织制定的《煤

矿瓦斯抽采达标暂行规定》（安监总煤装〔2011〕163号）要求，有下列情况之一的矿井必须进行瓦斯抽采，并实现抽采达标：

（1）开采有煤与瓦斯突出危险煤层的。

（2）一个采煤工作面绝对瓦斯涌出量大于5 m³/min或者一个掘进工作面绝对瓦斯涌出量大于3 m³/min的。

（3）矿井绝对瓦斯涌出量大于或等于40 m³/min的。

（4）矿井年产量为1.0~1.5 Mt，其绝对瓦斯涌出量大于30 m³/min的。

（5）矿井年产量为0.6~1.0 Mt，其绝对瓦斯涌出量大于25 m³/min的。

（6）矿井年产量为0.4~0.6 Mt，其绝对瓦斯涌出量大于20 m³/min的。

（7）矿井年产量等于或小于0.4 Mt，其绝对瓦斯涌出量大于15 m³/min的。

7. 效果达标

效果达标就是要通过瓦斯抽采，使吨煤瓦斯含量、煤层的瓦斯压力、矿井和工作面瓦斯抽采率、采掘过程中瓦斯含量，达到《煤矿瓦斯抽采基本指标》（AQ 1026—2006）规定的标准。煤与瓦斯突出矿井要严格按照《煤矿瓦斯抽采达标暂行规定》和《煤矿瓦斯抽采基本指标》的要求，落实矿井瓦斯抽采工作，制定瓦斯先抽后采的措施，煤层瓦斯抽采工程要做到与采掘工程同时设计、超前施工、超前抽采，保持抽采达标煤量和生产准备及开采煤量基本平衡。

所有突出矿井必须实施区域预抽，突出煤层突出危险区域的采掘工作面必须经预抽后，瓦斯含量和瓦斯压力应达到《煤矿瓦斯抽采基本指标》的规定要求，否则严禁采掘作业。

# 任务四　煤与瓦斯突出危险性预测

## 一、煤与瓦斯突出危险性预测概述

广义的煤与瓦斯突出危险性预测就是在一个矿山工程（大到一个煤矿的立项，小到一个掘进工作面的施工）开始前，对其发生煤与瓦斯突出的可能性进行估计。这种提前估计有三种类型，一是突出危险性评估，二是突出危险性鉴定，三是突出危险性预测。

狭义的煤与瓦斯突出危险性预测就是《防治煤与瓦斯突出细则》中两个"四位一体"中的突出危险性预测，包括区域突出危险性预测和工作面突出危险性预测。广义的煤与瓦斯突出危险性预测不但包含狭义的煤与瓦斯突出危险性预测，还应包含突出危险性评估和矿井突出危险性鉴定。

突出危险性评估是指利用勘探资料、邻居矿井、邻居水平或邻居采区的资料（往往没有或仅有少量的井下直接测定参数），对将要开采的煤矿、生产矿的新水平或新采区是否具有突出危险性的估计。包括新建矿井可行性研究阶段的评估和新水平、新采区开拓设计前区域突出危险性评估。评估结果作为新矿井、矿井的新水平和新采区立项、设计的依据。

突出危险性鉴定是指在建矿井或生产矿井，在出现突出迹象（多为生产矿井）或前期评估为突出矿井的情况下（指在建矿井），为进一步的确定是否为突出矿井，根据矿井实际发生的动力现象或实测的瓦斯突出危险性指标，估计矿井是否是突出矿井。如果鉴定为突出矿井，必须实施两个"四位一体"的综合防突措施。

## 二、煤与瓦斯突出危险性预测的依据和目的

1. 预测依据

煤与瓦斯突出的机理假说很多，但比较为人们接受的是瓦斯、地应力与煤的物理力学性质综合假说。突出预测也多半是应用综合假说来进行的。区域预测多以地质因素、现场测量瓦斯压力与实验室中测定煤的物理力学性质作为判断煤层突出危险性和划分突出危险区的主要手段。在工作面预测方面，多以当时的地应力、瓦斯与煤的物理力学性质的分布状态作为判断依据。实践表明，上述设想是可行的，对安全生产起到重要的保证作用。

2. 目的

煤与瓦斯突出危险性预测的目的分为以下几点：

（1）为煤与瓦斯突出矿井设计提供科学依据。

（2）有利于矿井煤与瓦斯突出防治的分级管理和煤与瓦斯突出矿井生产能力的正常发挥。

（3）有利于矿区瓦斯抽采利用的整体规划。

（4）有利于提高防突措施的针对性，在确保安全生产的前提下，降低人、财、物消耗，提高煤与瓦斯突出矿井的经济效益。

## 三、煤与瓦斯突出危险性预测规定

《防治煤与瓦斯突出细则》对矿井不同阶段的突出危险性的预测用词有很大的区别。突出危险性评估、突出危险性鉴定（包括认定）、突出危险性预测都有对煤层突出危险性进行预测的意思，但预测时机、条件和方法各不相同。

（一）突出危险性评估

1. 新建矿井可行性研究阶段的评估

新建矿井在可行性研究阶段，应当对井田范围内采掘工程可能揭露的所有平均厚度在 0.3 m 及以上的煤层，根据地质勘查资料和邻近生产矿井资料等进行建井前突出危险性评估，并对评估为有突出危险煤层划分出突出危险区和无突出危险区。若地质勘查时期测定的煤层瓦斯含量等参数与邻近生产矿井的参数存在较大差异时，应当对矿井首采区进行专项瓦斯补充勘查，查明首采区瓦斯地质情况。建井前评估结论作为矿井立项、初步设计和指导建井期间揭煤作业的依据。

建井前经评估为有突出危险煤层的，应当按突出矿井设计。

按突出矿井设计的矿井建设工程开工前，应当对首采区内评估有突出危险且瓦斯含量大于等于 12 $m^3/t$ 的煤层进行地面井预抽煤层瓦斯，预抽率应当达到 30% 以上。

2. 区域突出危险性评估

突出矿井的新水平和新采区开拓设计前，应当根据地质勘查资料、上水平及邻近区域的实测和生产资料等，参照区域突出危险性预测的方法进行，对新水平或者新采区内平均厚度在 0.3 m 以上的煤层进行区域突出危险性评估，评估结论作为新水平和新采区设计以及揭煤作业的依据。

（二）突出危险性鉴定和认定

1. 鉴定和认定时机或条件

建井前经评估为有突出危险煤层的新建矿井，建井期间应当对开采煤层及其他可能对采掘

活动造成威胁的煤层进行突出危险性鉴定或者认定。鉴定工作应当在巷道揭穿煤层前开始。

非突出煤层出现下列情况之一的，应当立即进行煤层突出危险性鉴定，或者直接认定为突出煤层；鉴定或者直接认定完成前，应当按照突出煤层管理：①有瓦斯动力现象的；②煤层瓦斯压力达到或者超过 0.74 MPa 的；③相邻矿井开采的同一煤层发生突出或者被鉴定、认定为突出煤层的。

若是根据上述条件进行的突出煤层鉴定确定为非突出煤层的，在开拓新水平、新采区或者采深增加超过 50 m，或者进入新的地质单元时，应当重新进行突出煤层危险性鉴定。

2. 鉴定单位、鉴定要求和鉴定（认定）结果处理

突出煤层和突出矿井的鉴定工作应当由具备煤与瓦斯突出鉴定资质的机构承担。

除停产停建矿井和新建矿井外，矿井内根据《防治煤与瓦斯突出细则》规定，按突出煤层管理的，应当在确定按突出煤层管理之日起 6 个月内完成该煤层的突出危险性鉴定；否则，直接认定为突出煤层。鉴定机构应当在接受委托之日起 4 个月内完成鉴定工作，并对鉴定结果负责。

按照突出煤层管理的煤层，必须采取区域或者局部综合防突措施。

煤矿企业应当将突出矿井及突出煤层的鉴定或者认定结果、按照突出煤层管理的情况，及时报省级煤炭行业管理部门、煤矿安全监管部门和煤矿安全监察机构。

3. 煤层突出危险性鉴定方法

突出煤层鉴定应当首先根据实际发生的瓦斯动力现象进行，瓦斯动力现象特征基本符合煤与瓦斯突出特征或者抛出煤的吨煤瓦斯涌出量大于等于 30 m$^3$（或者为本区域煤层瓦斯含量 2 倍以上）的，应当确定为煤与瓦斯突出，该煤层为突出煤层。

当根据瓦斯动力现象特征不能确定为突出，或者没有发生瓦斯动力现象时，应当根据实际测定的原始煤层瓦斯压力（相对压力）$p$、煤的坚固性系数 $f$、煤的破坏类型、煤的瓦斯放散初速度 $\Delta p$ 等突出危险性指标进行鉴定。

当全部指标均符合（表 4-2）所列条件，或者钻孔施工过程中发生喷孔、顶钻等明显突出预兆的，应当鉴定为突出煤层。否则，煤层突出危险性应当由鉴定机构结合直接法测定的原始瓦斯含量等实际情况综合分析确定，但当 $f \leq 0.3$、$p \geq 0.74$ MPa，或者 $0.3 < f \leq 0.5$、$p \geq 1.0$ MPa，或者 $0.5 < f \leq 0.8$、$p \geq 1.50$ MPa，或者 $p \geq 2.0$ MPa 的，一般鉴定为突出煤层。

表 4-2 煤层突出危险性鉴定指标

| 判 定 指 标 | 原始煤层瓦斯压力（相对）$p$/MPa | 煤的坚固性系数 $f$ | 煤的破坏类型 | 煤的瓦斯放散初速度 $\Delta p$ |
|---|---|---|---|---|
| 有突出危险的临界值及范围 | ≥0.74 | ≤0.5 | Ⅲ、Ⅳ、Ⅴ | ≥10 |

确定为非突出煤层时，应当在鉴定报告中明确划定鉴定范围。当采掘工程超出鉴定范围的，应当测定瓦斯压力、瓦斯含量及其他与突出危险性相关的参数，掌握煤层瓦斯赋存变化情况。

4. 煤层突出危险性认定的要求

突出煤层的认定按以下要求进行：

（1）经事故调查确定为突出事故的所在煤层，或者根据《防治煤与瓦斯突出细则》第十三条要求按突出煤层管理超期未完成鉴定的，由省级煤炭行业管理部门直接认定为突出煤层。

（2）煤矿企业自行认定为突出煤层的，应当报省级煤炭行业管理部门、煤矿安全监管部门和煤矿安全监察机构。

（三）突出危险性预测

1. 区域突出危险性预测

1）区域突出危险性预测的时机

区域突出危险性预测是区域综合防突措施的第一道程序。区域突出危险性预测是指突出矿井对突出煤层的某一区域（区域预测范围最大不得超出1个采（盘）区，一般不小于1个区段）的突出危险性预测，在新采区开拓完成后（含采煤工作面设计前）进行。区域预测的依据是煤层瓦斯的井下实测资料，并结合地质勘查资料、上水平及邻近区域的实测和生产资料等。经区域预测后，突出煤层划分为无突出危险区和突出危险区，用于指导采煤工作面设计和采掘生产作业。未进行区域预测的区域视为突出危险区。

2）区域突出危险性预测的方法

区域预测一般根据煤层瓦斯参数结合瓦斯地质分析的方法进行，也可以采用其他经试验证实有效的方法。

根据煤层瓦斯参数结合瓦斯地质分析的区域预测方法应当按照下列要求进行：

（1）煤层瓦斯风化带为无突出危险区。

（2）根据已开采区域确切掌握的煤层赋存特征、地质构造条件、突出分布的规律和对预测区域煤层地质构造的探测、预测结果，采用瓦斯地质分析的方法划分出突出危险区。当突出点或者具有明显突出预兆的位置分布与构造带有直接关系时，则该构造的延伸位置及其两侧一定范围的煤层为突出危险区；否则，在同一地质单元内，突出点和具有明显突出预兆的位置以上20 m（垂深）及以下的范围为突出危险区如图4-4所示。

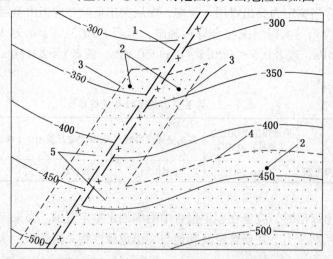

1—断层；2—突出点或者突出预兆位置；3—根据突出点或者突出预兆点推测的断层两侧突出危险区边界线；
4—推测的下部区域突出危险区上边界线；5—突出危险区（阴影部分）

图4-4 根据瓦斯地质分析划分突出危险区示意图

(3) 在第一项划分出的无突出危险区和第二项划分的突出危险区以外的范围，应当根据煤层瓦斯压力 $p$ 和煤层瓦斯含量 $W$ 进行预测。预测所依据的临界值应当根据试验考察确定，在确定前可暂时按照表 4-3 来预测。

表 4-3 根据煤层瓦斯压力和瓦斯含量进行区域预测的临界值

| 瓦斯压力 $p$/MPa | 瓦斯含量 $W/(m^3 \cdot t^{-1})$ | 区 域 类 别 |
|---|---|---|
| $p<0.74$ | $W<8$（构造带 $W<6$） | 无突出危险区 |
| 除上述情况以外的其他情况 | | 突出危险区 |

2. 工作面突出危险性预测

工作面突出危险性预测（简称工作面预测）是局部综合防突措施的第一步。它是预测工作面煤体的突出危险性，包括井巷揭煤工作面、煤巷掘进工作面和采煤工作面的突出危险性预测等。工作面预测应当在工作面推进过程中进行，经工作面预测后划分为突出危险工作面和无突出危险工作面。

1) 工作面突出危险性预测的时机

在区域综合防突措施中区域验证为有突出危险时，该区域以后的采掘作业就应该继续采取区域综合防突措施或局部综合防突措施。一般来说，区域验证中发生喷孔、顶钻等突出明显现象的情况，则继续采取区域综合防突措施。仅突出指标超过规定的，可以进行局部综合防突措施。一般来说，进行局部综合防突措施的第一步就是工作面突出危险性预测。

2) 工作面突出危险性预测方法

工作面突出危险性预测方法具体内容如下：

(1) 井巷揭煤工作面的突出危险性预测应当选用钻屑瓦斯解吸指标法或者其他经试验证实有效的方法进行。

(2) 预测煤巷掘进工作面的突出危险性的方法可采用钻屑指标法、复合指标法、$R$ 值指标法和其他经试验证实有效的方法。

(3) 对采煤工作面的突出危险性预测，可参照煤巷掘进工作面预测方法进行。但应当沿采煤工作面每隔 10~15 m 布置 1 个预测钻孔，深度 5~10 m，除此之外的各项操作等均与煤巷掘进工作面突出危险性预测相同。判定采煤工作面突出危险性的各项指标临界值应当根据试验考察确定，在确定前可参照煤巷掘进工作面突出危险性预测的临界值。

# 任务五　工作面突出危险性参数测定

## 一、钻屑瓦斯解吸指标 $\Delta h_2$ 和 $K_1$ 的测定

钻屑瓦斯解吸指标可采用 MD-2 型煤钻屑瓦斯解吸仪进行测定。

1. 测定仪器原理及构造

该仪器的原理为：在井下不对煤样进行人为脱气和充气的条件下，利用煤钻屑中残存

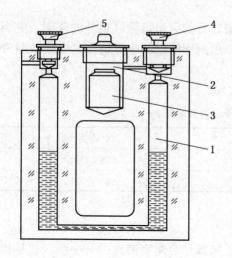

1—水柱计；2—解吸室；3—煤样瓶；
4—三通旋塞；5—两通旋塞

图 4-5 MD-2 型煤钻屑瓦斯解吸仪结构

瓦斯压力（瓦斯含量），向一密闭的空间释放（解吸）瓦斯，用该空间体积和压力（以水柱计压差表示）变化来表征煤样解吸出的瓦斯量。

MD-2 型煤钻屑瓦斯解吸仪主体为一整块有机玻璃加工而成。仪器结构如图 4-5 所示，有水柱、解吸室、煤样瓶和三通旋塞、两通旋塞等组成。

仪器外形尺寸为：270 mm × 120 mm × 34 mm，重量约为 0.8 kg。

仪器配备有孔径为 1 mm 和 3 mm 的分样筛 1 套，秒表 1 块，煤样瓶 10 只。

2. 仪器主要技术性能

仪器主要技术性能主要有：

(1) 煤样粒度：1~3 mm。

(2) 煤样重量：10 g。

(3) 测定指标为瓦斯解吸指标 $\Delta h_2$、$K_1$ 和瓦斯解吸速度衰减系数 $C$。

(4) 水柱计测定最大压差：200 mmH$_2$O。

(5) 仪器系统误差：≤ ±1.46%。

(6) 仪器精密度：±1 mmH$_2$O。

3. 测定方法和步骤

测定方法和步骤，具体内容如下：

(1) 测定前的必要准备：给水柱计注水，并将两侧液面调整至零刻度线。检查仪器的密封性能。一旦密封失效，需更换新的 O 形密封圈。准备好配套装备，如秒表、分样筛等。

(2) 煤钻屑采样。在石门揭煤工作面打钻时，每打 1 m 煤孔应采煤钻屑样 1 个。在钻孔进入到预定采样深度时，启动秒表开始计时，当钻屑排出孔时，用筛子在孔口收集煤钻屑。经筛分后，取粒度为 1~3 mm 煤样装入煤样瓶中，煤样应装至煤样瓶标志线位置。采掘工作面打钻时，每 2 m 钻孔采煤钻屑样 1 个。采样方法和要求与石门揭煤相同。

(3) 测定操作步骤：首先打开两通旋塞，然后将已采煤样的煤样瓶迅速放入解吸室中，拧紧解吸室上盖，打开三通旋塞，使解吸室与水柱和大气均连通，煤样处于暴露状态。当煤样暴露时间为 3 min 时，迅速逆时针方向旋转三通旋塞，使解吸室与大气隔绝，仅与水柱计连通，开始进行解吸测定，并重新开始计时；每隔 1 min 记录下解吸仪水柱计压差，连续测定 10 min。

4. 钻屑解吸指标确定

钻屑解吸指标 $\Delta h_2$。钻屑解吸指标为测定开始后第 2 min 末解吸仪水柱压差计读数。该指标无须计算，直接从解吸仪水柱计上读取。

衰减系数 $C$ 由下式计算

$$C = \frac{\Delta h_2}{2} \div \frac{\Delta h_{10} - \Delta h_2}{10 - 2} = \frac{4\Delta h_2}{\Delta h_{10} - \Delta h_2} \tag{4-1}$$

式中 $\Delta h_2$——测定开始后第 2 min 末解吸仪水柱计压差读数，mmH$_2$O；
$\Delta h_{10}$——测定开始后第 10 min 末解吸仪水柱计压差读数，mmH$_2$O；
$C$——衰减系数，无因次。

解吸指标 $K_1$ 值为煤样自煤体脱落暴露后，第 1 min 内每克煤样的累积瓦斯解吸量。按下式计算：

$$K_1 = (Q+W)/(t+3)^{0.5} \tag{4-2}$$

式中 $Q$——煤样解吸测定开始后，tmin 时解吸仪实测每克煤样的累积瓦斯解吸量，mL/g；
$t$——解吸测定时间，min；
$W$——解吸测定开始前，煤样在暴露时间内损失瓦斯量，mL/g；
3——煤样暴露时间，min。

对 MD-2 型煤钻屑瓦斯解吸仪 $Q$ 值由下式计算：

$$Q = 0.0821\Delta h/10 \tag{4-3}$$

式中 0.0821——解吸仪结构常数，mL/mmH$_2$O；
10——煤样重量，g。

测定后先按式将水柱计读数换算为解吸量 $Q$，然后根据 10 min 解吸测定的 10 组数据，用作图法或最小二乘法求出 $K_1$ 和 $W$。

5. 测定注意事项

该仪器配备有 10 只煤样瓶，煤样瓶上刻线位置所标志的煤样重量为 10 g。为精确计算 $\Delta h$ 值，可在每一个煤样解吸测定后，用胶塞或纸团将煤样瓶口塞紧，带到地面称量煤样重量（煤样处于自然干燥状态），然后按下式对测定值进行修正。

$$\Delta h = 10\Delta h'/G \tag{4-4}$$

式中 $\Delta h'$——井下解吸仪实测水柱计压差读数，mmH$_2$O；
$\Delta h$——修正后解吸仪水柱计压差读数，mmH$_2$O；
$G$——称量煤样重量，g。

煤样暴露时间为煤钻屑自煤体脱落时起到开始进行解吸测定的时间。可由下式计算

$$t_0 = t_2 + t_3 \tag{4-5}$$

式中 $t_0$——煤样暴露时间，min；
$t_2$——煤钻屑自煤体脱落起到排至钻孔孔口所需的时间，min，可预计 $t_2 = 0.1L$，$L$ 为取样时钻孔深度，m；
$t_3$——从孔口取煤钻屑到开始进行解吸测定的时间，min。

## 二、钻屑量 $S$ 的测定

1. 钻屑量值与突出危险性关系

钻屑量综合反映地应力、瓦斯和煤质 3 个因素，但最大的是地应力，在以地应力为主导突出的矿井中较多应用。一般认为钻屑量越大，突出危险性越大。

2. 钻屑量测定方法

钻屑量测定方法，具体内容如下：

（1）测定仪器及其构成：弹簧秤、塑料桶或塑料袋等。

(2) 准备测量装置、皮尺、粉笔等。
(3) 钻孔根据软分层、孔径、孔数、钻孔参数等按照设计而定。
(4) 按规定每米测定1次。

3. 钻屑量测定注意事项

钻孔布置应在软分层且参数合理，钻屑煤粉接全，现象记录准确，控制打钻速度，测量长度控制等。

### 三、钻孔瓦斯涌出初速度 $q$ 和 $R$ 值的测定

采用钻孔瓦斯涌出初速度 $q$ 值法进行煤巷突出危险性预测时，应在距巷道两帮 0.5 m 处，各打 1 个平行于巷道掘进方向、直径 42 mm、深 3.5 m 的钻孔。用充气胶囊封孔器封孔，封孔后测量室长度为 0.5 m。用 TWY 型瓦斯突出危险预报仪或其他型号的瞬时流量计测定钻孔瓦斯涌出初速度，从打钻结束到开始测量的时间不应超过 2 min。

## 任务六 工作面突出危险性预测方法

工作量突出预测方法可分为接触性预测方法和非接触性预测方法。接触性预测（传统预测法）是通过打钻孔测定钻屑瓦斯解析指标（$K_1$、$\Delta h_2$）、钻粉量、钻孔瓦斯涌出初速度及其衰减、钻粉温度等单项指标或综合指标进行突出危险性预测。这是目前被广泛使用且成熟的预测方法和指标。非接触式预测是通过安装在工作面后方的各种传感器和主机对采掘过程中产生的各种信息进行处理，根据处理结果进行实时连续预测。方法主要有瓦斯涌出动态指标法、声发射检测法、电磁辐射法等。非接触性预测目前还不成熟，仅作为辅助预测方法。

### 一、钻屑瓦斯解吸指标法

采用钻屑瓦斯解吸指标法预测井巷揭煤工作面突出危险性时，由工作面向煤层的适当位置至少施工 3 个钻孔，如图 4-6 所示，在钻孔钻进到煤层时每钻进 1 m 采集一次孔口排出的粒径 1~3 mm 的煤钻屑，测定其瓦斯解吸指标 $K_1$ 或者 $\Delta h_2$ 值。测定时，应当考虑不同钻进工艺条件下的排渣速度。

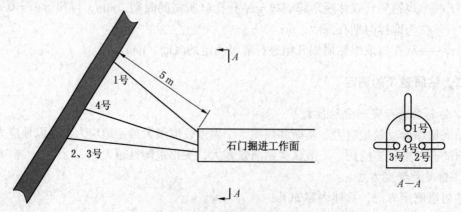

图 4-6 石门揭煤工作面突出危险性预测钻孔布置示意图

各煤层井巷揭煤工作面钻屑瓦斯解吸指标的临界值应当根据试验考察确定，在确定前可暂按表4-4中所列的指标临界值预测突出危险性。

表4-4　钻屑瓦斯解吸指标法预测井巷揭煤工作面突出危险性的参考临界值

| 煤样 | $\Delta h_2$ 指标临界值/Pa | $K_1$ 指标临界值/$[mL \cdot (g \cdot min^{\frac{1}{2}})^{-1}]$ |
|---|---|---|
| 干煤样 | 200 | 0.5 |
| 湿煤样 | 160 | 0.4 |

如果所有实测的指标值均小于临界值，并且未发现其他异常情况，则该工作面为无突出危险工作面；否则，为突出危险工作面。

现场实测的煤层瓦斯解析指标可按表4-5填写。

表4-5　石门揭煤工作面瓦斯解吸指标预测突出危险性现场记录表

| 石门名称 | | 煤层 | | 测定日期 | 年　月　日 |
|---|---|---|---|---|---|
| 钻孔编号 | 钻孔深度/m | 钻屑解吸指标法 | | | 备注 |
| | | $K_1$ 值/$[mL \cdot (g \cdot min^{\frac{1}{2}})^{-1}]$ | $\Delta h_2$/Pa | | |
| | | | | | |
| | | | | | |
| | | | | | |
| | | | | | |
| 突出危险预测结论 | | | | | |
| 总工程师批示 | | | | | |
| 通风科（区）长 | | 地测科长 | | 预测人员 | |

## 二、钻屑指标法

采用该预测方法时，预测钻孔的布置方式为：在近水平、缓倾斜煤层工作面应当向前方煤体至少施工3个预测钻孔，在倾斜或者急倾斜煤层至少施工2个直径42 mm、孔深8~10 m的预测钻孔。钻孔应当尽可能布置在软分层中，其中1个钻孔位于掘进巷道断面中部，并平行于掘进方向，其他钻孔的终孔点应当位于巷道断面两侧轮廓线外2~4 m处。对于厚度超过5 m的煤层应当向巷道上方或者下方的煤体适当增加预测钻孔。如图4-7所示。

采用钻屑指标法预测煤巷掘进工作面突出危险性时，预测钻孔从第2 m深度开始，每钻进1 m测定该1 m段的全部钻屑量$S$，每钻进2 m至少测定1次钻屑瓦斯解吸指标$K_1$或者$\Delta h_2$值。

各煤层采用钻屑指标法预测煤巷掘进工作面突出危险性的指标临界值应当根据试验考察确定，在确定前可暂按表4-6的临界值确定工作面的突出危险性。

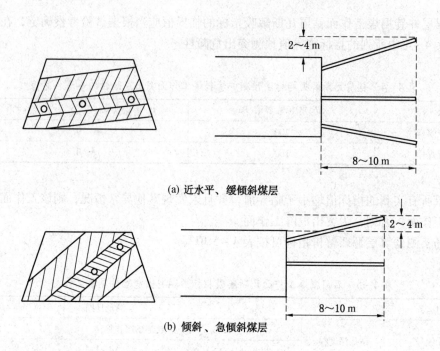

(a) 近水平、缓倾斜煤层

(b) 倾斜、急倾斜煤层

图4-7 煤巷掘进工作面的突出危险性预测钻孔布置示意图

表4-6 钻屑指标法预测煤巷掘进工作面突出危险性的参考临界值

| 钻屑瓦斯解吸指标 $\Delta h_2$/Pa | 钻屑瓦斯解吸指标 $K_1$/ [mL·(g·min$^{\frac{1}{2}}$)$^{-1}$] | 钻屑量 $S$ | |
|---|---|---|---|
| | | (kg·m$^{-1}$) | (L·m$^{-1}$) |
| 200 | 0.5 | 6 | 5.4 |

如果实测得到的 $S$、$K_1$ 或者 $\Delta h_2$ 的所有测定值均小于临界值,并且未发现其他异常情况,则该工作面预测为无突出危险工作面;否则,为突出危险工作面。

### 三、采用复合指标法

采用复合指标法预测钻孔的布置方式同钻屑指标法。

采用复合指标法预测煤巷掘进工作面突出危险性时,预测钻孔从第2 m深度开始,每钻进1 m测定该1 m段的全部钻屑量 $S$,并在暂停钻进后2 min 内测定钻孔瓦斯涌出初速度 $q$。测定钻孔瓦斯涌出初速度时,测量室的长度为1.0 m。

各煤层采用复合指标法预测煤巷掘进工作面突出危险性的指标临界值应当根据试验考察确定,在确定前可暂按表4-7的临界值进行预测。

表4-7 复合指标法预测煤巷掘进工作面突出危险性的参考临界值

| 钻孔瓦斯涌出初速度 $q$/ (L·min$^{-1}$) | 钻屑量 $S$ | |
|---|---|---|
| | (kg·m$^{-1}$) | (L·m$^{-1}$) |
| 5 | 6 | 5.4 |

如果实测得到的指标 $q$、$S$ 的所有测定值均小于临界值，并且未发现其他异常情况，则该工作面预测为无突出危险工作面；否则，为突出危险工作面。

### 四、$R$ 值指标法

$R$ 值指标法预测钻孔的布置方式同钻屑指标法。

采用 $R$ 值指标法预测煤巷掘进工作面突出危险性时，预测钻孔从第 2 m 深度开始，每钻进 1 m 收集并测定该 1 m 段的全部钻屑量 $S$，并在暂停钻进后 2 min 内测定钻孔瓦斯涌出初速度 $q$。测定钻孔瓦斯涌出初速度时，测量室的长度为 1.0 m。

按下式计算各孔的 $R$ 值

$$R = (S_{max} - 1.8)(q_{max} - 4) \tag{4-6}$$

式中　$S_{max}$——每个钻孔沿孔长的最大钻屑量，L/m；

　　　$q_{max}$——每个钻孔的最大钻孔瓦斯涌出初速度，L/min。

判定各煤层煤巷掘进工作面突出危险性的临界值应当根据试验考察确定，在确定前可暂按以下指标进行预测：当所有钻孔的 $R$ 值小于 6 且未发现其他异常情况时，该工作面可预测为无突出危险工作面；否则，判定为突出危险工作面。

### 五、煤与瓦斯突出预测新技术

1. 利用电磁辐射强度预测突出危险

研究表明，在煤岩层受力变形破坏过程中会产生电磁辐射，电磁辐射强度取决于所受力的大小和煤岩层的物理力学性质。煤炭科学研究总院重庆分院利用这一原理研制出了 MTF-92 型煤与瓦斯突出危险探测仪，并在四川芙蓉矿务局进行了实验考察，取得了较好的效果。此方法在平顶山八矿也得到了很好的验证。

2. 利用煤层中涌出的氡体积或氦浓度的变化预测突出

众所周知，地震现象伴随有氡和氦的涌出变化。目前，氡的活动已普遍地作为地震来临的一个预兆。有些科学家还认为，在地震之前不仅有氡的反常涌出现象，而且有氦的反常涌出。原苏联学者考察了顿涅茨煤田中 2 个不突出煤层和 4 个突出煤层的氦含量后指出：自由释放的瓦斯中，氦含量高，瓦斯压力也相应地高。近年来一些国家有人假设煤中涌出的氡体积可以作为预测突出的一个指标。这项研究目前正在继续进行。

3. 用微震技术预测突出危险性

研究表明，煤和围岩受力破坏过程中，会发生破裂和震动，从震源传出震波或声波，当震波或声波的强度和频率增加到一定数值时，可能出现煤的突然破坏，发生突出。煤岩内的震动波可以被安设在煤体内的探测仪器（如地音器或拾震器）所接收，经放大并记录下来。然后通过资料分析，进行突出危险性预测。研究表明，突出是由连续的多起断裂引起的，而且异常的微震发射通常在断裂之前 5~45 min 内产生，故微震法作为突出预报方法，将显示出其广阔的应用前景。

# 习 题 四

一、单选题

1. 煤与瓦斯突出中,煤层越厚,倾角越大,(　　),突出的强度越大。
   A. 煤层越软　　　　　　　　B. 煤层越硬
   C. 瓦斯含量越高　　　　　　D. 采空区越大
2. 当煤的吸附瓦斯能力强,煤层瓦斯压力越高,煤中所含瓦斯量也就(　　)。
   A. 越大　　　　B. 越小　　　　C. 越少
3. 发生突出的地点及附近的煤层都具有层理紊乱、(　　)的特点。
   A. 煤质越硬　　B. 煤质松软　　C. 煤层越厚　　D. 煤层越薄
4. 突出煤层鉴定的单项指标有(　　)、煤的破坏类型、瓦斯放散初速度、煤的坚固性系数。
   A. 煤层瓦斯含量　　　　　　B. 煤层瓦斯压力
   C. 百米钻孔衰减系数　　　　D. 透气性系数
5. 煤层瓦斯(　　)是决定瓦斯突出的重要因素。
   A. 涌出量　　　B. 含量和压力　　C. 浓度
6. 突出煤层随开采深度的(　　)而增加突出的次数和强度。
   A. 加大　　　　B. 减小　　　　C. 无关系
7. 新建矿井在可行性研究阶段,应当对矿井内采掘工程可能揭露的所有平均厚度在(　　)m以上的煤层进行突出危险性评估。
   A. 0.5　　　　B. 1　　　　C. 0.3　　　　D. 0.8
8. 突出矿井对突出煤层进行区域预测后,突出煤层划分为突出危险区域和(　　)。
   A. 突出威胁区　B. 无突出危险区域　C. 突出工作面　D. 重点防护区
9. 采用钻屑瓦斯解吸指标法预测石门揭煤工作面突出危险性时,由工作面向煤层的适当位置至少打(　　)个钻孔。
   A. 3　　　　　B. 1　　　　C. 2　　　　D. 5

二、多选题

1. 矿井有(　　)情况之一的必须立即进行突出煤层鉴定,鉴定未完成前必须按照突出煤层管理。
   A. 有瓦斯动力现象的
   B. 煤层瓦斯压力达到或者超过 0.74 MPa 的
   C. 相邻矿井开采的同一煤层发生突出或者被鉴定、认定为突出煤层的
   D. 煤层瓦斯含量超过 $8 m^3/t$ 的
2. 预测煤层突出危险性指标有(　　)。
   A. 煤的破坏类型　　　　　　B. 瓦斯放散初速度指标
   C. 煤的坚固性系数　　　　　D. 煤层瓦斯压力
   E. 煤的硬度
3. 影响煤与瓦斯突出的自然因素主要有(　　)。

A. 地应力  B. 瓦斯  C. 煤岩物理性质  D. 地质构造
E. 煤的化学性质
4. 煤与瓦斯突出一般分为（　　）几种基本类型。
A. 倾出  B. 压出  C. 突出  D. 抛出
5. 地质构造带对（　　）指标都有很大的影响。
A. 应力分布  B. 瓦斯含量  C. 煤体结构  D. 煤的力学性质
6. 煤与瓦斯突出的声响预兆包括在煤体中发出的（　　）。
A. 闷雷声  B. 炮声  C. 机枪声  D. 爆米花声
7. 煤与瓦斯突出危害是（　　）。
A. 引起瓦斯燃烧和爆炸，造成人员伤亡
B. 造成瓦斯窒息，煤流埋人事故
C. 摧毁巷道设施和设备，破坏通风系统
D. 造成巨大经济损失
8. 突出强度按突出抛出的煤岩量分为（　　）几类。
A. 小型突出  B. 中性突出  C. 大型突出  D. 次大型突出
E. 特大型突出

### 三、判断题

1. 突出危险性不随采掘深度的增加而增加。（　　）
2. 突出危险性随煤层厚度的增加而增加，尤其是软分层厚度。（　　）
3. 突出多数发生在构造带，煤层遭受严重破坏的地带，煤层产状发生显著变化的地带，煤层硬度系数小于0.5的软煤层中。（　　）
4. 煤与瓦斯突出的一般规律是：随开采深度增加，突出次数增多，强度增大。（　　）
5. 煤层越湿润，矿井涌水量越大，突出的危险性越大。（　　）
6. 矿井瓦斯涌出量随着开采深度的增加而减小。（　　）
7. 采取一定的检测手段，预先对煤层、煤层某一区域和采掘工作面进行的煤与瓦斯突出危险程度的测量工作叫煤与瓦斯突出危险性预测。（　　）
8. 煤与瓦斯突出中，瓦斯压力越大，突出危险性越大。（　　）
9. 在突出危险区，采掘工作面进行作业前不需要进行工作面预测。（　　）
10. 有突出危险的采掘工作面，当煤层比较软时可使用风镐落煤。（　　）

### 四、简答题

1. 瓦斯突出综合作用假说的要点有哪些？
2. 瓦斯突出的一般规律有哪些？
3. 瓦斯突出有哪些常见的预兆？
4. 煤与瓦斯突出的主要危害有哪些？
5. 试述突出机理和突出发生的条件。
6. 试述煤与瓦斯突出的一般规律以及煤与瓦斯突出的主要预兆。
7. 煤与瓦斯突出的分类是如何划分的？主要突出原因和特征有哪些？
8. 突出预测的指标有哪些？说明其含义。

9. 煤与瓦斯突出的类型有哪些?
10. 煤与瓦斯突出有哪些预兆?
11. 区域性预测的基本要求有哪些?
12. 煤与瓦斯突出区域性预测单项指标法根据什么来确定煤层的突出性?

# 情景五　区域综合防治措施

**学习目标**
- 了解突出矿井对巷道布置的要求。
- 了解突出矿井对矿井通风的要求。
- 掌握区域综合防突措施的基本程序。
- 理解保护层开采防突原理。
- 理解预抽煤层瓦斯区域防突措施的防突机理。
- 掌握保护层开采对保护层的选择要求。
- 熟悉预抽煤层瓦斯区域防突措施的类型。
- 掌握区域措施效果检验和区域验证的方法。
- 理解煤与瓦斯共采的机理。

## 任务一　煤与瓦斯突出治理一般要求

煤矿企业要治理好煤与瓦斯突出灾害，首先要建立煤与瓦斯突出治理体系，确定相关个人和相关单位的责任，明确在各自的业务范围内应该遵守的技术要求。

### 一、突出矿井的总体要求

1. 突出矿井组织和人员要求

煤矿企业主要负责人、矿长是突出矿井防突工作的第一责任人。突出矿井的矿长、总工程师、防突机构和安全管理机构负责人、防突工应当满足下列要求：

（1）矿长、总工程师应当具备煤矿相关专业大专及以上学历，具有3年以上煤矿相关工作经历。

（2）防突机构和安全管理机构负责人应当具备煤矿相关中专及以上学历，具有2年以上煤矿相关工作经历；防突机构应当配备不少于2名专业技术人员，具备煤矿相关专业中专及以上学历。

（3）防突工应当具备初中及以上文化程度（新上岗的煤矿特种作业人员应当具备高中及以上文化程度），具有煤矿相关工作经历，或者具备职业高中、技工学校及中专以上相关专业学历。

2. 突出预警机制

煤与瓦斯突出矿井建立突出预警机制是防治煤与瓦斯突出的重要举措。突出预警机制应该包括与突出有关信息超前反馈和收集、信息处理和预警以及防范措施的实施安排和布置。与突出有关的信息包括突出预兆信息，瓦斯浓度异常信息，地质构造和煤层结构异常信息以及采掘信息等。要建立突出预警制度。因此，突出矿井应当建立突出预警机制，逐步实现突出预兆、瓦斯和地质异常、采掘影响等多元信息的综合预警、快速响应和有效处理。

突出矿井应当开展突出事故的监测报警工作，实时监测、分析井下各相关地点瓦斯浓度、风量、风向等的突变情况，及时判断突出事故发生的时间、地点和可能的波及范围等。一旦判断发生突出事故，及时采取断电、撤人、救援等措施。

3. 矿井发生突出事故的处理

突出矿井发生突出的必须立即停产，并分析查找原因；在强化实施综合防突措施、消除突出隐患后，方可恢复生产。

非突出矿井首次发生突出的必须立即停产，建立防突机构和管理制度，完善安全设施和安全生产系统，配备安全装备，实施两个"四位一体"综合防突措施并达到效果后，方可恢复生产。

4. 有冲击地压危险的突出矿井的要求

具有冲击地压危险的突出矿井，应当根据矿井实际条件，制定防治突出和冲击地压复合型煤岩动力灾害的综合技术措施，强化保护层开采、煤层瓦斯抽采及其他卸压措施。

5. 突出矿井的抽采、防突参数、采掘作业和人员防护

突出矿井必须建立地面永久瓦斯抽采系统，强化瓦斯抽采体系。突出矿井必须对防突措施的技术参数和效果进行实际考察确定，确保瓦斯预测参数符合矿区实际。突出煤层任何区域的任何工作面进行揭煤和采掘作业期间，必须采取安全防护措施。突出矿井的入井人员必须随身携带隔离式自救器。

## 二、突出矿井的采掘技术要求

1. 突出矿井设计要求

"突出矿井设计要求"如下：

（1）根据建井前评估结果进行的突出矿井设计及突出矿井的新水平、新采区设计，必须有防突设计篇章。非突出矿井升级为突出矿井时，必须编制矿井防突专项设计。设计应当包括开拓方式、煤层开采顺序、采区巷道布置、采煤方法、通风系统、防突设施（设备）、两个"四位一体"综合防突措施等内容。

（2）突出矿井的设计应当根据对各煤层突出危险性的区域评估结果等，确定煤层开采顺序、巷道布置、区域防突措施的方式和主要参数等。

（3）突出矿井必须确定合理的采掘部署，使煤层的开采顺序、巷道布置、采煤方法、采掘接替等有利于区域防突措施的实施。

2. 突出矿井巷道布置

突出矿井巷道布置的主要内容如下：

（1）斜井和平硐，运输和轨道大巷、主要进（回）风巷等主要巷道应当布置在岩层或者无突出危险煤层中。采区上下山布置在突出煤层中时，必须布置在评估为无突出危险区或者采用区域防突措施（顺层钻孔预抽煤巷条带煤层瓦斯除外）有效的区域。

（2）减少井巷揭开（穿）突出煤层的次数，揭开（穿）突出煤层的地点应当合理避开地质构造带。

（3）突出煤层的巷道优先布置在被保护区域、其他有效卸压区域或者无突出危险区域。

(4) 在开采顺序上，要求为采区前进、区内后退；煤层的开采顺序一般为从上到下，区段上行或下行。避免产生"孤岛"的跳跃开采。

3. 突出矿井的采掘计划和"三量"要求

突出矿井的采掘计划和"三量"要求如下：

(1) 突出矿井在编制生产发展规划和年度生产计划时，必须同时编制相应的区域防突措施规划和年度实施计划，将保护层开采、区域预抽煤层瓦斯等工程与矿井采掘部署、工程接替等统一安排，使矿井的开拓区、抽采区、保护层开采区和被保护区按比例协调配置，确保采掘作业在区域防突措施有效区域内进行。

(2) 突出矿井应当有效防范采掘接续紧张，根据采掘接续变化，至少每年进行1次矿井开拓煤量、准备煤量、回采煤量（以下简称"三量"）统计和分析。

正常生产的突出矿井"三量"可采期的最短时间为：①开拓煤量可采期不得少于5年；②准备煤量可采期不得少于14个月；③2个及以上采煤工作面同时生产的矿井回采煤量可采期不得少于5个月，其他矿井不得少于4个月。

当矿井"三量"低于上述要求时，应当及时降低煤炭产量，制定相应的灾害治理和采掘调整计划方案。

4. 采掘工作面集中应力相互影响时的距离要求

在同一突出煤层正在采掘的工作面应力集中范围内，不得安排其他工作面同时进行回采或者掘进。应力集中范围由煤矿总工程师确定，但2个采煤工作面之间的距离不得小于150 m；采煤工作面与掘进工作面的距离不得小于80 m；2个同向掘进工作面之间的距离不得小于50 m；2个相向掘进工作面之间的距离不得小于60 m。

突出煤层的掘进工作面应当避开邻近煤层采煤工作面的应力集中范围，与可能造成应力集中的邻近煤层相向掘进工作面的间距不得小于60 m，相向采煤工作面的间距不得小于100 m。

5. 突出矿井的采掘作业要求

突出煤层的采掘作业应当遵守下列规定：

(1) 严禁采用水力采煤法、倒台阶采煤法或者其他非正规采煤法。

(2) 容易自燃的突出煤层在无突出危险区或者采取区域防突措施有效的区域进行放顶煤开采时，煤层瓦斯含量不得大于6 $m^3$/t。

(3) 采用上山掘进时，上山坡度在25°~45°的，应当制定包括加强支护、减小巷道空顶距等内容的专项措施，并经煤矿总工程师批准；当上山坡度大于45°时，应当采用双上山掘进方式，并加强支护，减少空顶距和空顶时间。

(4) 坡度大于25°的上山掘进工作面采用爆破作业时，应当采用深度不大于1.0 m的炮眼远距离全断面一次爆破。

(5) 预测或者认定为突出危险区的采掘工作面严禁使用风镐作业。

(6) 掘进工作面与煤层巷道交叉贯通前，被贯通的煤层巷道必须超过贯通位置，其超前距不得小于5 m，并且贯通点周围10 m内的巷道应当加强支护。在掘进工作面与被贯通巷道距离小于50 m的作业期间，被贯通巷道内不得安排作业，保持正常通风，并且在掘进工作面爆破时不得有人；在贯通相距50 m以前实施钻孔一次打透，只允许向一个方向掘进。

（7）在突出煤层的煤巷中安装、更换、维修或者回收支架时，必须采取预防煤体冒落引起突出的措施。

（8）突出矿井的所有采掘工作面使用安全等级不低于三级的煤矿许用含水炸药。

### 三、突出矿井的地质工作要求

1. 地质勘探阶段地质工作要求

地质勘查阶段应当查明矿床瓦斯地质情况。地质勘查报告应当提供煤层突出危险性的基础资料。

基础资料应当包括下列内容：

（1）煤层赋存条件及其稳定性。

（2）煤的结构类型及工业分析。

（3）煤的坚固性系数、煤层围岩性质及厚度。

（4）煤层瓦斯含量、瓦斯成分和煤的瓦斯放散初速度等指标。

（5）标有瓦斯含量等值线的瓦斯地质图。

（6）地质构造类型及其特征、火成岩侵入形态及其分布、水文地质情况。

（7）勘探过程中钻孔穿过煤层时的瓦斯涌出动力现象。

（8）邻近矿井的瓦斯情况。

2. 生产矿井地质工作要求

突出矿井地质测量工作必须遵守下列规定：

（1）地质测量部门与防突机构、通风部门共同编制矿井瓦斯地质图，图中标明采掘进度、被保护范围、煤层赋存条件、地质构造、突出点的位置、突出强度、瓦斯基本参数及绝对瓦斯涌出量和相对瓦斯涌出量等资料，作为区域突出危险性预测和制定防突措施的依据。矿井瓦斯地质图更新周期不得超过 1 年，工作面瓦斯地质图更新周期不得超过 3 个月。

（2）地质测量部门在采掘工作面距离未保护区边缘 50 m 前，编制临近未保护区通知单，并报矿技术负责人审批后交有关采掘区（队）。

（3）突出煤层顶、底板岩巷掘进时，地质测量部门提前进行地质预测，掌握施工动态和围岩变化情况，及时验证提供的地质资料，并定期通报给煤矿防突机构和采掘区（队）。遇有较大变化时，随时通报。

### 四、突出矿井的通风系统要求

突出矿井的通风系统应当符合下列要求：

（1）井巷揭穿突出煤层前，具有独立的、可靠的通风系统。

（2）突出矿井、有突出煤层的采区应当有独立的回风系统，并实行分区通风，采区回风巷和区段回风石门是专用回风巷。突出煤层采掘工作面回风应当直接进入专用回风巷。准备采区时，突出煤层掘进巷道的回风不得经过有人作业的其他采区回风巷。

（3）开采有瓦斯喷出、有突出危险的煤层，或者在距离突出煤层最小法向距离小于 10 m 的区域掘进施工时，严禁 2 个工作面之间串联通风。

（4）突出煤层双巷掘进工作面不得同时作业，其他突出煤层区域预测为危险区域的采掘工作面，其进入专用回风巷前的回风严禁切断其他采掘作业地点唯一安全出口。

（5）突出矿井采煤工作面的进、回风巷内，以及煤巷、半煤岩巷和有瓦斯涌出的岩巷掘进工作面回风流中，采区回风巷及总回风巷，应当安设全量程或者高低浓度甲烷传感器；突出矿井采煤工作面的进风巷内甲烷传感器应当安设在距工作面 10 m 以内的位置。

（6）开采突出煤层时，工作面回风侧不得设置调节风量的设施。

（7）严禁在井下安设辅助通风机。

（8）突出煤层采用局部通风机通风时，必须采用压入式。

## 任务二　区域综合防突措施基本程序

区域综合防突措施是指在突出煤层进行采掘前，对突出煤层较大范围区域采取的防突措施，包括区域突出危险性预测、区域防突措施、区域措施效果检验、区域验证。区域综合防突措施的范围根据突出矿井的开拓方式、巷道布置、地质构造分布、测试点布置等情况划定。

突出煤层突出危险区必须采取区域防突措施，严禁在区域防突措施效果未达到要求的区域进行采掘作业。

突出矿井必须按"区域突出危险性预测→区域防突措施→区域措施效果检验→区域验证"的程序执行。

经区域预测为突出危险区的煤层，必须采取区域防突措施并进行区域防突措施效果检验。经效果检验仍为突出危险区的，必须继续进行或者补充实施区域防突措施。

经区域预测或者区域防突措施效果检验为无突出危险区的煤层进行揭煤和采掘作业时，必须采用工作面预测方法进行区域验证。

所有区域防突措施的设计均由煤矿企业技术负责人批准。

当区域预测或者区域防突措施效果检验结果认定为无突出危险区时，如果采掘过程中发现所依据的条件发生明显变化的，煤矿总工程师应当及时组织分析其对区域煤层突出危险性可能产生的影响，采取相应的对策和措施。

在采掘生产和综合防突措施实施过程中，发现有喷孔、顶钻等明显突出预兆或者发生突出的区域，必须采取或者继续执行区域防突措施。区域综合防突措施的施工过程和程序如图 5-1 所示。

根据防突工作必须坚持"区域综合防突措施先行、局部综合防突措施补充"的原则，《防治煤与瓦斯突出细则》（2019 年版）规定在如下情况，应采取区域综合防突措施（原《防治煤与瓦斯突出规定》中应采取局部综合防突措施的地方均可继续采用区域综合防突措施）：

（1）按突出矿井设计的新建矿井在建井期间，突出煤层鉴定完成前必须对评估为有突出危险的煤层采取区域综合防突措施，评估为无突出危险的煤层必须采取区域或者局部综合防突措施。

（2）建井前经评估为有突出危险煤层的新建矿井，建井期间鉴定为非突出煤层的，在建井期间应当采取区域或者局部综合防突措施。

（3）突出矿井区域突出危险性评估为无突出危险的煤层，所有井巷揭煤作业还必须

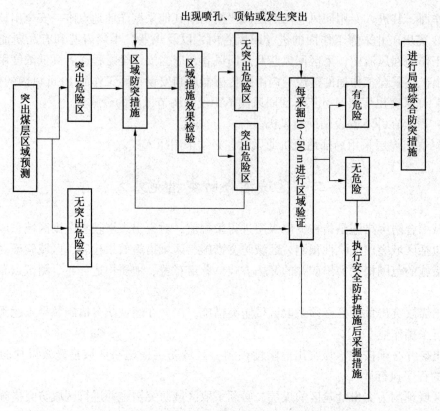

图 5-1 区域综合防突措施的施工过程和程序

采取区域或者局部综合防突措施。突出矿井非突出煤层区域评估为有突出危险的,开拓期间的所有揭煤作业前应当采取区域综合防突措施。

(4) 突出煤层管理的煤层,必须采取区域或者局部综合防突措施。

(5) 只要有一次区域验证为有突出危险,则该区域以后的采掘作业前必须采取区域或者局部综合防突措施。

(6) 采掘工作面防突措施检验效果无效时,必须重新执行区域综合防突措施或者局部综合防突措施。

(7) 采掘作业及钻孔过程中,工作面出现喷孔、顶钻等,以及工作面出现明显的突出预兆时,必须采取区域综合防突措施。

# 任务三 保护层开采区域防突措施

区域防突措施分为开采保护层和预抽煤层瓦斯两类。其中,保护层分为上保护层和下保护层。

## 一、保护层开采防治煤与瓦斯突出原理

1. 保护层开采技术

所谓保护层开采技术,通常是指在多煤层开采的矿井中,某些煤层具有煤与瓦斯突出

或冲击地压等动力显现特点,而另一些煤层不具有这种动力显现特点或动力显现特点不明显,根据赋存关系,选择某一层不具有动力显现特点或动力显现特点不明显的煤层先行开采,而具有动力显现特点的煤层在其邻近层开采后再开采。先行开采的煤层称为保护层,后开采的煤层称为被保护层,保护层位于被保护层上方的称为上保护层,反之称为下保护层,如图 5-2 所示。

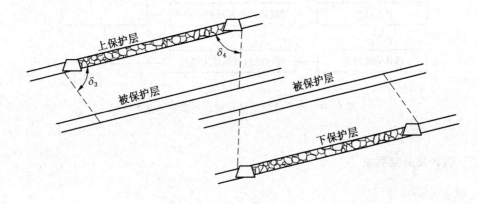

图 5-2 保护层开采示意图

2. 开采保护层的优势

在实施预抽煤层瓦斯区域防突措施时,所使用的钻孔在煤层中的分布不可能是连续的,有的还有较大的空白带;而开采保护层对被保护层所形成的卸压作用则是非常均匀的,因而是最可靠和有效的防突措施。

优先采用开采保护层区域防突措施,即应首先考虑是否有开采保护层的条件,当有条件时应直接开采保护层,或者在开采保护层的前提下将预抽煤层瓦斯作为辅助手段结合使用。优先开采保护层,即应突破正常的可采煤层条件,积极创造开采保护层的条件,在没有理想保护层的情况下,应试验应用薄煤层回采技术,尽可能开采薄煤层作为保护层,当被保护层突出危险性非常大的情况下也可以考虑开采煤线或软岩层。优先开采保护层要综合考虑安全效益、开采保护层与后期开采被保护层的整体经济效益。

3. 开采保护层防治煤与瓦斯突出作用机理

国内外的考察资料证明,保护层开采后,被保护的应力变形状态、煤体结构和瓦斯动力参数都将发生显著的变化。在时间上,卸压作用是最先出现的,卸压过程甚至有时在保护层工作面前方 10~20 m 处开始。保护层开采后,煤层顶底板失去了约束条件产生相对位移,导致顶板和底板产生大量的裂隙,进而发生顶板垮落。保护层开采空间顶、底板岩石和被保护层就会产生膨胀变形,原有裂隙将进一步张开,并形成新的裂隙,使被保护煤层透气性增强,提高了煤层瓦斯排放能力。

开采保护层防治煤与瓦斯突出原理如图 5-3 所示。

尽管保护层的保护作用是卸压和排放瓦斯综合作用的结果,但卸压作用是引起其他因素变化的依据,卸压是首要的、起决定性的。因此,只要突出层受到一定的卸压作用,煤体结构、瓦斯动力参数便会发生如上顺序的变化。

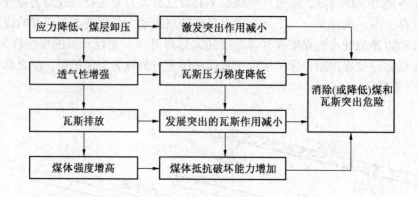

图5-3 开采保护层防治煤与瓦斯突出原理

## 二、保护层开采要求

1. 保护层的选择

具备开采保护层条件的突出危险区,必须开采保护层。选择保护层应当遵循下列原则:

(1) 优先选择无突出危险的煤层作为保护层。矿井中所有煤层都有突出危险时,应当选择突出危险程度较小的煤层作为保护层。

(2) 当煤层群中有几个煤层都可作为保护层时,优先开采保护效果最好的煤层。

(3) 优先选择上保护层。选择下保护层开采时,不得破坏被保护层的开采条件。

(4) 开采煤层群时,在有效保护垂距内存在厚度0.5 m及以上的无突出危险煤层,除因与突出煤层距离太近而威胁保护层工作面安全或可能破坏突出煤层开采条件的情况外,应当作为保护层首先开采。

2. 开采保护层的要求

(1) 开采保护层时,应当做到连续和规模开采,同时抽采被保护层和邻近层的瓦斯。

(2) 开采近距离保护层时,必须采取防止误穿突出煤层和被保护层卸压瓦斯突然涌入保护层工作面的措施。

(3) 正在开采的保护层采煤工作面必须超前于被保护层的掘进工作面,超前距离不得小于保护层与被保护层之间法向距离的3倍,并不得小于100 m;如图5-4所示。应当将保护层工作面推进情况在瓦斯地质图上标注,并及时更新。

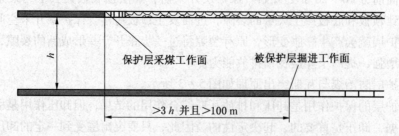

图5-4 保护层采面超前被保护层的掘进工作面示意图

（4）开采保护层时，采空区内不得留有煤（岩）柱。特殊情况需留煤（岩）柱时，必须将煤（岩）柱的位置和尺寸准确地标在采掘工程平面图和瓦斯地质图上，在瓦斯地质图上还应当标出煤（岩）柱的影响范围，在煤（岩）柱及其影响范围内的突出煤层采掘作业前，必须采取预抽煤层瓦斯区域防突措施。

当保护层留有不规则煤柱时，按照其最外缘的轮廓划出平直轮廓线，并根据保护层与被保护层之间的层间距变化，确定煤柱影响范围。如图5-5所示；在被保护层进行采掘工作时，还应当根据采掘瓦斯动态及时修改。

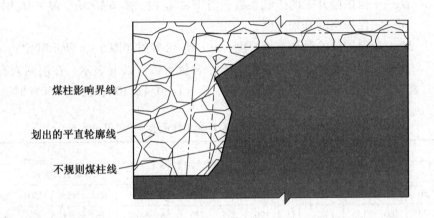

图5-5 保护层不规则煤柱的影响区划分方法示意图

### 三、保护层开采的保护范围

保护范围是指保护层开采并同时抽采卸压瓦斯，在空间上使突出危险煤层的突出危险区域转变为无突出危险区域的有效范围。首次开采保护层时，最大保护垂距、开采下保护层时不破坏上部被保护层的最小层间距、沿倾斜的保护范围、沿走向（始采线、终采线）的保护范围按下面的方法确定。

1. 最大保护垂距

根据保护层与被保护层之间的垂距 $h$ 可将保护层分为近距离、中距离、远距离保护层。当 $h$ 等于或小于10 m时为近距离保护层，$h$ 为10~50 m时为中距离保护层，$h$ 大于50 m为远距离保护层。随着保护层与被保护层之间的垂距增大，其保护效果有所降低。

保护层与被保护层之间的最大保护垂距可参照表5-1选取或者用式（5-1）、式（5-2）计算确定。

表5-1 保护层与被保护层之间的最大保护垂距

| 煤 层 类 别 | 最大有效垂距/m | |
|---|---|---|
| | 上保护层 | 下保护层 |
| 急倾斜 | <60 | <80 |
| 缓倾斜和倾斜 | <50 | <100 |

下保护层的最大保护垂距：

$$S_{下} = S'_{下} \beta_1 \beta_2 \qquad (5-1)$$

上保护层的最大保护垂距：

$$S_{上} = S'_{上} \beta_1 \beta_2 \qquad (5-2)$$

式中　$S'_{下}$、$S'_{上}$——下保护层和上保护层的理论最大保护垂距离，m。它与工作面的长度 $l$ 和开采深度 $H$ 有关，可参照表 5-2 取值。当 $l > 0.3H$ 时，取 $l = 0.3H$，但 $l$ 不得大于 250 m；

　　　　$\beta_1$——保护层开采的影响系数，当 $M \leq M_0$ 时，$\beta_1 = M/M_0$。$M > M_0$ 时，$\beta_1 = 1$；

　　　　$M$——保护层的开采厚度，m；

　　　　$M_0$——保护层的最小有效厚度，m。$M_0$ 可参照如图 5-6 所示确定；

　　　　$\beta_2$——层间硬岩（砂岩、石灰岩）含量系数，以 $\eta$ 表示，在层间岩石中所占的百分比，当 $\eta \geq 50\%$ 时，$\beta_2 = 1 - 0.4\eta/100$；当 $\eta < 50\%$ 时，$\beta_2 = 1$。

表 5-2　$S'_{下}$ 和 $S'_{上}$ 与开采深度 $H$ 和工作面长度 $l$ 之间的关系

| 开采深度 $H$/m | $S'_{上}$/m 工作面长度 $l$/m | | | | | | | | $S'_{下}$/m 工作面长度 $l$/m | | | | | | |
|---|---|---|---|---|---|---|---|---|---|---|---|---|---|---|---|
| | 50 | 75 | 100 | 125 | 150 | 175 | 200 | 250 | 50 | 75 | 100 | 125 | 150 | 200 | 250 |
| 300 | 70 | 100 | 125 | 148 | 172 | 190 | 205 | 220 | 56 | 67 | 76 | 83 | 87 | 90 | 92 |
| 400 | 58 | 85 | 112 | 134 | 155 | 170 | 182 | 194 | 40 | 50 | 58 | 66 | 71 | 74 | 76 |
| 500 | 50 | 75 | 100 | 120 | 142 | 154 | 164 | 174 | 29 | 39 | 49 | 56 | 62 | 66 | 68 |
| 600 | 45 | 67 | 90 | 109 | 126 | 138 | 146 | 455 | 24 | 34 | 43 | 50 | 55 | 59 | 61 |
| 800 | 33 | 54 | 73 | 90 | 103 | 117 | 127 | 435 | 21 | 29 | 36 | 41 | 45 | 49 | 50 |
| 1000 | 27 | 41 | 57 | 71 | 88 | 100 | 114 | 122 | 18 | 25 | 32 | 36 | 41 | 44 | 45 |
| 1200 | 24 | 37 | 50 | 63 | 80 | 92 | 104 | 113 | 16 | 23 | 30 | 32 | 37 | 40 | 41 |

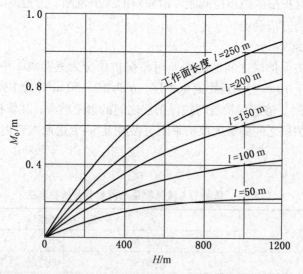

图 5-6　保护层最小有效厚度与工作面长度和埋深的关系

2. 开采下保护层的最小层间距

开采下保护层时,不破坏上部保护层的最小层间距离可参用式(5-3)或式(5-4)确定

当 $\alpha < 60°$ 时, $\qquad H = KM\cos\alpha \qquad$ (5-3)

当 $\alpha \geqslant 60°$ 时, $\qquad H = KM\sin\left(\dfrac{\alpha}{2}\right) \qquad$ (5-4)

式中 $H$——允许采用的最小层间距,m;

$M$——保护层的开采厚度,m;

$\alpha$——煤层倾角,(°);

$K$——顶板管理系数。垮落法管理顶板时,$K$ 取 10;充填法管理顶板时,$K$ 取 6。

3. 沿倾斜方向的保护范围

保护层工作面沿倾斜方向的保护范围应根据卸压角 $\delta$ 划定,如图 5-7 所示。在没有本矿井实测的卸压角时,可参见表 5-3 的数据。

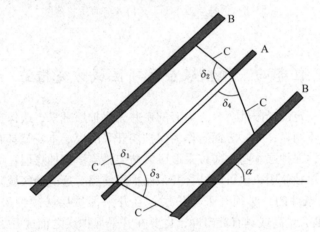

A—保护层;B—被保护层;C—保护层边界线

图 5-7 保护层工作面沿倾斜方向的保护范围

表 5-3 保护层沿倾斜方向的卸压角 (°)

| 煤层倾角 α | 卸压角 δ | | | |
| --- | --- | --- | --- | --- |
| | $\delta_1$ | $\delta_2$ | $\delta_3$ | $\delta_4$ |
| 0 | 80 | 80 | 75 | 75 |
| 10 | 77 | 83 | 75 | 75 |
| 20 | 73 | 87 | 75 | 75 |
| 30 | 69 | 90 | 77 | 70 |
| 40 | 65 | 90 | 80 | 70 |
| 50 | 70 | 90 | 80 | 70 |
| 60 | 72 | 90 | 80 | 70 |
| 70 | 72 | 90 | 80 | 72 |
| 80 | 73 | 90 | 78 | 75 |
| 90 | 75 | 80 | 75 | 80 |

**4. 沿走向方向的保护范围**

若保护层采煤工作面停采时间超过 3 个月、且卸压比较充分，则该保护层采煤工作面对被保护层沿走向的保护范围对应于始采线、采止线及所留煤柱边缘位置的边界线可按卸压角 $\delta_5 = 56° \sim 60°$ 划定，如图 5-8 所示。

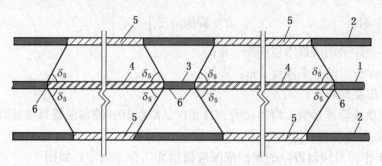

1—保护层；2—被保护层；3—煤柱；4—采空区；5—被保护范围；6—始采线、终采线

图 5-8 保护层工作面沿走向方向的保护范围

## 任务四 预抽煤层瓦斯区域防突措施

开采保护层有一定的局限性。一方面有的矿井无保护层开采，或保护层与被保护层间距过大，保护效果不明显；另一方面若作为保护层开采的煤层本身就具有突出危险，在进行保护层开采之前，保护层本身也应该采取区域防突措施。预抽煤层瓦斯是另一种区域防突措施，它既可以单独使用，也可以结合开采保护层使用。这两种区域防突措施使用原则是，有保护层开采条件的，必须开采保护层，且开采保护层必须抽采被保护层的瓦斯（如果保护层的瓦斯含量高或具有突出性，也要在开采保护层之前或开采保护层的过程中预抽保护层的瓦斯）；不具有保护层开采条件的，预抽煤层瓦斯是唯一的区域防突措施。

**一、预抽煤层瓦斯的方式和地面井预抽要求**

我国预抽煤层瓦斯的方式可分为两大类，地面井瓦斯（煤层气）预抽和井下瓦斯预抽。井下瓦斯预抽按抽采区域分可分为区段预抽、回采区预抽、煤层条带预抽和井巷揭煤（石门、立井、斜井）预抽。区段、回采区和煤层条带预抽都可进行穿层、顺层预抽和定

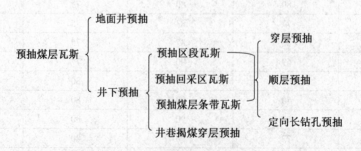

图 5-9 预抽煤层瓦斯方式分类

向长钻孔抽采,如图 5-9 所示。《防治煤与瓦斯突出细则》给出了 8 种预抽煤层瓦斯区域防突措施可采用的方式:地面井预抽煤层瓦斯、井下穿层钻孔或者顺层钻孔预抽区段煤层瓦斯、顺层钻孔或者穿层钻孔预抽回采区煤层瓦斯、穿层钻孔预抽煤巷条带煤层瓦斯、顺层钻孔预抽煤巷条带煤层瓦斯、定向长钻孔预抽煤巷条带煤层瓦斯等。各煤矿可以根据本矿的生产和地质条件合理选取区域防突措施。

有条件的矿井优先采用地面预抽,地面井预抽煤层瓦斯示意图如图 5-10 所示。

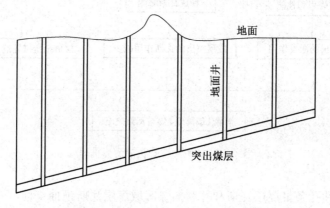

图 5-10 地面井预抽煤层瓦斯示意图

根据《防治煤与瓦斯突出细则》要求,有两种情况应当进行地面井预抽煤层瓦斯:一是,按突出矿井设计的矿井建设工程开工前,应当对首采区内评估有突出危险且瓦斯含量大于等于 12 $m^3$/t 的煤层进行地面井预抽煤层瓦斯,预抽率应当达到 30% 以上;二是,煤层瓦斯压力达到 3 MPa 的区域应当采用地面井预抽煤层瓦斯。地面井预抽煤层瓦斯区域防突措施应当符合《防治煤与瓦斯突出细则》第六十六条的要求。后面将重点介绍井下预抽煤层瓦斯防突措施。

## 二、预抽煤层瓦斯防突机理

影响煤与瓦斯突出的主要因素有 3 个:煤岩层所受应力、煤层瓦斯压力和含量以及煤层的物理性质。预抽煤层瓦斯对这 3 个因素都有影响。预抽煤层瓦斯防突机理是,第一,在原始煤体中施工抽采钻孔,由于地应力的作用,钻孔产生收缩变形,钻孔直径周围产生裂隙,使地应力得到一定程度的释放;第二,通过抽放煤层瓦斯,可使具有突出危险性的煤层的瓦斯压力和瓦斯含量大幅度降低,使煤体内的瓦斯潜能得以释放;第三,由于瓦斯的排放可引起煤的收缩变形,使煤的收缩应力降低,煤体透气性增大;第四,瓦斯压力的降低也能使煤体应力降低,可使煤体内的弹性潜能得以释放;此外,煤体内瓦斯的排放还会增大煤体的机械强度和煤体的稳定性,使煤与瓦斯突出阻力增大,可进一步减弱或消除突出危险性。预抽煤层瓦斯消突机理如图 5-11 所示。

## 三、井下预抽区域防突措施

1. 穿层钻孔预抽瓦斯区域防突措施

穿层钻孔预抽瓦斯区域防突措施可分为穿层钻孔预抽区段煤层瓦斯、穿层钻孔回采区

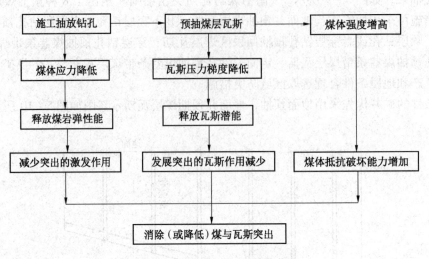

图 5-11 预抽煤层瓦斯消突机理

煤层瓦斯、穿层钻孔条带煤层瓦斯和井巷揭煤区域煤层瓦斯预抽 4 种。

穿层抽采增加了岩石巷道的工程量，岩石钻孔钻进速度慢，施工成本高。但是穿层预抽布孔均匀、没有预抽盲点，距突出煤层远，减少了突出危险性。

区段是指一个采区内沿倾斜方向划分的开采块段，包括回采区和上下回采巷道。区段预抽是为区段的回采巷道掘进和采煤工作面回采服务的。区域综合防突措施结束后，就可以进行区段的采掘施工（但需要实施局部综合防突措施）。回采区仅指一个工作面的范围。回采区穿层预抽仅为采煤工作面回采服务。条带仅指一个回采巷道的影响范围，条带穿层预抽是为一条待掘回采巷道服务的。区段、回采区和巷道条带穿层预抽控制范围如图 5-12 所示。区段、回采区和巷道条带穿层预抽控制范围如下：

（1）区段穿层预抽和条带穿层预抽控制范围应扩展到：倾斜、急倾斜煤层巷道上帮轮廓线外至少 20 m，下帮至少 10 m（煤层倾角大于 25°）；其他煤层为巷道两侧轮廓线外至少各 15 m（煤层倾角 0~25°）。而回采区控制范围是整个开采块段的煤层。

（2）钻孔穿入顶底板 0.5 m。对特厚煤层，钻孔不能一次穿透整个煤层的，控制分层上部至少 20 m、下部至少 10 m。

（3）穿层钻孔的封孔长度不小于 5 m。

（4）底抽巷或顶抽巷距煤层法向距离不小于 10 m。

石门是与煤层走向正交或斜交的岩石水平巷道。穿层钻孔预抽井巷揭煤区域煤层瓦斯的目的是确保石门、立井、斜井等穿层巷道穿过煤层时不发生突出事故，且不能发生延时突出，要求控制范围如图 5-13 所示。穿层钻孔预抽井巷揭煤区域煤层瓦斯区域防突措施的钻孔应当在揭煤工作面距煤层最小法向距离 7 m 以前实施，并用穿层钻孔至少控制以下范围的煤层：石门和立井、斜井揭煤处巷道轮廓线外 12 m（倾角大于 45°的急倾斜煤层底部下帮 6 m），同时还应当保证控制范围的外边缘到巷道轮廓线（包括预计前方揭煤段巷道的轮廓线）的最小距离不小于 5 m。钻孔穿入顶底板要求和封孔长度与上面（2）、（3）相同。

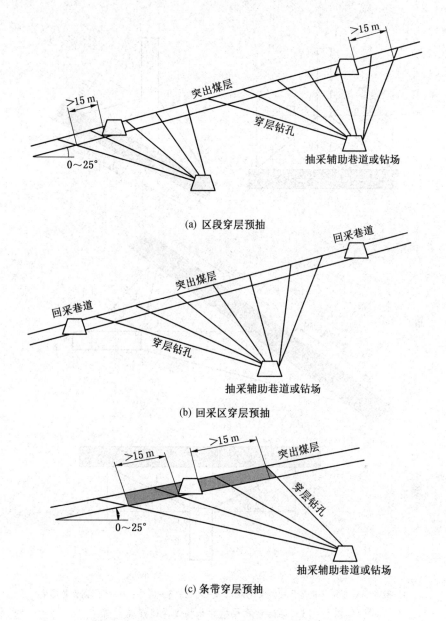

图 5–12 区段、回采区和条带穿层预抽煤层瓦斯

2. 顺层钻孔预抽瓦斯区域防突措施

顺层钻孔预抽煤层瓦斯有三种方式：顺层钻孔预抽区段煤层瓦斯，顺层钻孔预抽回采区煤层瓦斯和顺层钻孔预抽煤层条带瓦斯，布置方式如图 5–14 所示。

区段、回采区和条带顺层钻孔预抽方式沿煤层倾向的控制范围和与其穿层预抽控制范围相同，封孔长度不小于 8 m；顺层钻孔预抽煤巷条带煤层瓦斯区域防突措施的钻孔应当控制煤巷条带前方长度不小于 60 m，如图 5–14 所示。但《防治煤与瓦斯突出细则》对顺层钻孔预抽煤巷条带煤层瓦斯有一定的限制：采用顺层钻孔预抽煤巷条带煤层瓦斯作为

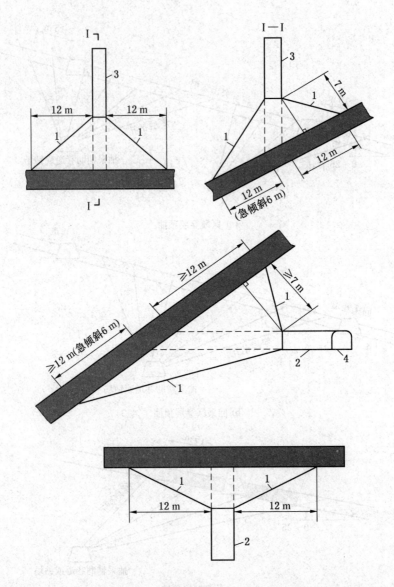

1—最外层钻孔线（也是预抽控制范围）；2—石门；3—立井；4—石门断面轮廓线

图 5-13　穿层钻孔预抽井巷揭煤区域煤层瓦斯

区域防突措施时，钻孔预抽煤层瓦斯的有效抽采时间不得少于 20 天；如果在钻孔施工过程中发现有喷孔、顶钻等动力现象的，有效抽采时间不得少于 60 天。

有下列条件之一的突出煤层，不得将顺层钻孔预抽煤巷条带煤层瓦斯作为区域防突措施：

（1）新建矿井经建井前评估有突出危险的煤层，首采区未按要求测定瓦斯参数并掌握瓦斯赋存规律的。

（2）历史上发生过突出强度大于 500 t/次的。

（3）开采范围内 $f<0.3$ 的；$f$ 为 $0.3\sim0.5$，且埋深大于 500 m 的；$f$ 为 $0.5\sim0.8$，且

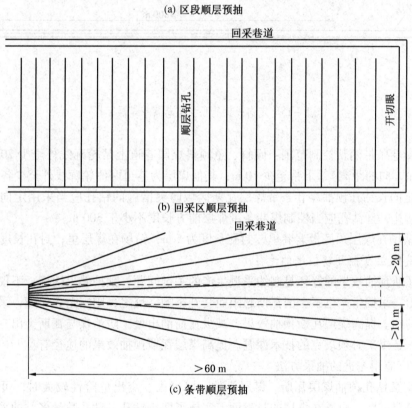

图 5-14 区段、回采区和条带顺层预抽煤层瓦斯

埋深大于 600 m 的;煤层埋深大于 700 m 的;煤巷条带位于开采应力集中区。

(4) 煤层瓦斯压力 $p \geqslant 1.5$ MPa 或者瓦斯含量 $W \geqslant 15$ m³/t 的区域。

3. 定向长钻孔预抽煤层瓦斯

穿层和顺层预抽采用传统钻机打眼。传统钻机是钻杆带动钻头一起旋转,打眼距离短、钻头轨迹不能改变方向。而定向长钻孔预抽采用定向钻机打眼。定向钻机是孔底马达驱动钻头旋转,按给定轨迹改变方向,钻杆仅提供推力但本身不随钻头旋转,因此定向钻机打眼距离长,可钻进千米钻孔。定向钻机钻场可放在煤层顶板或顶板,打眼是先穿层,进入煤层后再顺着煤层钻进。理论上，区段、回采区和煤层条带均可采用定向长钻孔预抽。《防治煤与瓦斯突出细则》给出了一种新的预抽煤层瓦斯区域防突措施：定向长钻孔预抽煤巷条带煤层瓦斯，钻孔预测控制范围如图 5-15 所示。

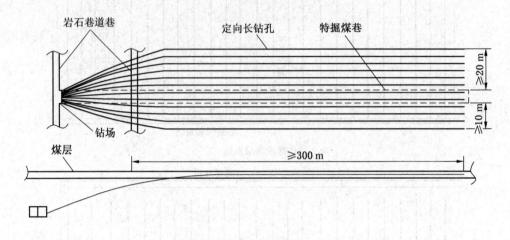

图 5-15 定向长钻孔预抽煤巷条带煤层瓦斯

（1）煤巷条带两帮控制范围：倾斜、急倾斜煤层巷道上帮轮廓线外至少 20 m（均为沿煤层层面方向的距离），下帮至少 10 m；其他煤层为巷道两侧轮廓线外至少各 15 m。

（2）定向长钻孔预抽煤巷条带煤层瓦斯区域防突措施的钻孔应当采用定向钻进工艺施工预抽钻孔，且钻孔应当控制煤巷条带煤层前方长度不小于 300 m。

（3）钻场在煤层顶底板岩巷里，封孔长度为 5 m；钻场在煤层里，封孔长度为 8 m。

4. 提高煤层预抽瓦斯效果的途径

煤层瓦斯预抽效果的好坏是制约采掘生产的关键问题，预抽效果达标，不仅能消除煤与瓦斯突出，采掘生产也不会因瓦斯超限而受到影响。反之，则安全无保障，采掘生产将受到严重制约。提高煤层瓦斯预抽效果，减少瓦斯涌出量，防治煤与瓦斯突出，保障矿井安全生产，是煤矿必须攻克的技术课题。提高煤层瓦斯预抽效果的途径有：

1）推广应用先进的抽采方法

（1）交叉钻孔预抽煤层瓦斯。煤层松软、厚度大、突出危险性较大时，可采用交叉钻孔预抽煤层瓦斯。由于在煤层的竖直面上实施了两排钻孔，钻孔数量多、抽采影响范围增大经现场试验表明，交叉钻孔瓦斯自然排放量是平行孔的 1.23 倍，衰减系数低于平行孔，钻孔初始百米抽采量是平行孔的 1.2 倍。随着抽采时间的延续，交叉钻孔抽采率高于平行孔。

（2）大直径钻孔预抽煤层瓦斯。在煤层硬度系数较大，突出危险性不大时，可采用大功率强力钻机、螺旋钻杆排渣工艺，将钻孔直径提高到 120 mm 及以上。增大钻孔直径，就是增大瓦斯排放面积；同时钻孔直径大，收缩变形空间大，煤层变形量大，煤层瓦斯排放量和地应力释放量也相应增大。根据四川芙蓉矿区现场实测，120 mm 钻孔比 75 mm 钻孔瓦斯抽采单孔流量可提高 2~4 倍。

（3）巷道加钻孔预抽煤层瓦斯。此方法是 20 世纪 50 年代辽宁抚顺矿区的一种成功抽采瓦斯方式。目前，巷道预抽瓦斯大致有两种方式：一是本煤层巷道加钻孔预抽瓦斯，但此法必须保证密闭不漏风、不漏气。这种预抽方法省去了封孔材料、封孔工时，简化了抽采管理。而且煤层暴露面积大，不存在因封孔质量不好而造成漏气达不到抽采效果的问题。二是在顶、底板专用瓦斯抽采岩石巷道中施工穿层钻孔预抽煤层瓦斯。

2）提高抽采设计和钻孔施工质量

预抽钻孔设计应根据煤层的厚度、倾角、瓦斯含量、透气性系数以及采掘接替时间等合理确定钻孔抽采半径、抽采巷道距煤层距离、钻孔应控制范围、钻孔开口点和终孔点三坐标参数等数据认真测算每个钻孔的方位、倾角和深度，确保设计钻孔分布均匀、控制范围准确，钻孔必须按照钻孔设计施工图放线施工。

3）提高煤层的透气性

当煤层透气性较低，在难以抽采煤层中预抽煤层瓦斯时，应采用增透措施提高煤层瓦斯预抽效果。当煤层硬度系数较大，可采用水力压裂、预裂爆破等增透措施；当煤层较松软时，可选用密集钻孔、交叉钻孔、大直径钻孔等措施增大瓦斯排放面积和抽采影响范围，达到提高预抽煤层瓦斯的目的。

4）强化抽采管理

瓦斯抽采矿井应成立瓦斯抽采队伍，配齐相应的管理人员，建立健全瓦斯抽采管理规章制度和奖惩办法。定期检查维护抽采供电、供水以及抽采设备和管网系统，确保系统24 h正常运转。专人负责抽采系统放水、排渣和抽采参数检测及负压调整；负责钻孔方位、倾角、深度等竣工验收和封孔质量检查，确保钻孔施工和封孔质量符合设计要求。

# 任务五　区域措施效果检验

当采用保护层开采或预抽煤层瓦斯等区域防突措施后，需进行区域防突效果的检验。当检验措施有效后，在采掘过程中还应当对无突出危险区进行区域验证。

## 一、区域效果检验的主要指标

（1）开采保护层的保护效果检验主要采用残余瓦斯压力、残余瓦斯含量、顶底板位移量及其他经试验证实有效的指标和方法，也可以结合煤层的透气性系数变化率等辅助指标。采用残余瓦斯压力、残余瓦斯含量检验的，应当根据实测的最大残余瓦斯压力或者最大残余瓦斯含量按《防治煤与瓦斯突出细则》第五十八条第三项的要求对被保护区域的保护效果进行检验。

（2）采用预抽煤层瓦斯区域防突措施的，区域防突措施效果检验指标优先采用残余瓦斯含量指标，根据现场条件也可采用残余瓦斯压力或者其他经试验证实有效的指标和方法进行检验。利用残余瓦斯含量和残余瓦斯压力检验区域措施效果的程序是，首先根据检验单元内瓦斯抽采及排放量等计算煤层的残余瓦斯含量或者残余瓦斯压力，达到了要求指标后再现场直接测定残余瓦斯含量或者残余瓦斯压力指标，并根据直接测定指标判断防突效果。

（3）对穿层钻孔预抽石门（含立、斜井等）揭煤区域煤层瓦斯区域防突措施也可以采用钻屑瓦斯解吸指标进行措施效果检验。

## 二、开采保护层保护范围及保护效果考察

1. 《防治煤与瓦斯突出细则》对考察的要求

矿井首次开采某个保护层或者保护层与被保护层的层间距、岩性及保护层开采厚度等发生了较大变化时,应当对被保护层的保护效果及其有效保护范围进行实际考察。经保护效果考察有效的范围为无突出危险区。若经实际考察被保护层的最大膨胀变形量大于3%,则检验和考察结果可适用于具有同一保护层和被保护层关系的其他区域。

有下列情况之一的,必须对每个被保护工作面的保护效果进行检验:

(1) 未实际考察保护效果和保护范围的。
(2) 最大膨胀变形量未超过3%的。
(3) 保护层的开采厚度小于等于0.5 m的。
(4) 上保护层与被保护突出煤层间距大于50 m或者下保护层与被保护突出煤层间距大于80 m的。

2. 保护范围及保护效果考察方法示例

(1) 考察方案。保护层走向和倾向保护范围考察方法因煤层赋存情况,保护层与被保护层相对位置关系和被保护层卸压瓦斯抽采方法等不同需采取针对性考察技术方案。这里介绍了适用于倾斜和缓倾斜煤层的被保护层底板岩巷网格式上向穿层钻孔卸压瓦斯抽采方法的保护范围考察方案。考察方案如图5-16所示,通过底板瓦斯抽采巷和底板岩石下山布置两组考察钻孔,通过测定被保护层原始瓦斯压力和残余瓦斯压力来确定走向和倾向保护边界。

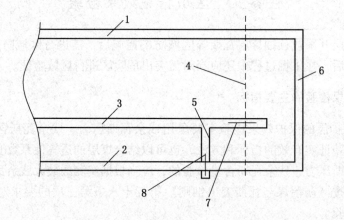

1—被保护层工作面回风巷;2—被保护层工作面进风巷;3—底板瓦斯抽放巷;4—预计走向保护范围边界;5—测压专用下山;6—开切眼;7—一组1号、2号、3号测压孔(考察走向保护边界);8—二组4号、5号、6号测压孔(考察倾向保护边界)

图5-16 走向及倾向保护范围考察方案示意图

走向保护范围考察钻孔布置如图5-17所示,将考察钻孔布置在开切眼或停采线附近的预计保护边界线两侧。1号钻孔布置在保护层工作面预计走向保护范围外15 m,2号钻孔布置在保护层工作面预计走向保护范围处,3号钻孔布置在保护层工作面预计走向保护

范围内 15 m，通过 3 个不同位置保护层的原始瓦斯压力和残余瓦斯压力对比可以得出走向保护范围的边界线。

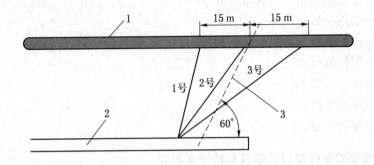

1—被保护层；2—底板瓦斯抽采巷道；3—预计保护边界线；1 号、2 号、3 号——测压孔

图 5-17 走向保护范围考察钻孔布置图

倾向保护范围考察钻孔布置如图 5-18 所示，将考察钻孔布置在走向保护范围内倾斜下方预计保护边界线两侧。4 号钻孔布置在保护层工作面预计倾向保护范围外 15 m，5 号钻孔布置在保护层工作面预计倾向保护范围处，6 号钻孔布置在保护层工作面预计倾向保护范围内 15 m，通过 3 个不同位置保护层的原始瓦斯压力和残余瓦斯压力对比可以得出倾向保护范围的边界线。

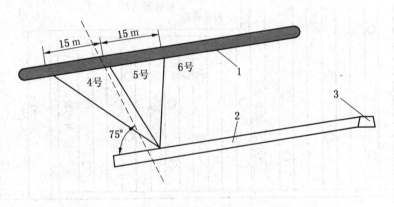

1—被保护层；2—测压专用巷道；3—底板抽采巷；4 号、5 号、6 号—钻孔

图 5-18 倾向考察钻孔布置图

（2）被保护层瓦斯压力测定。在保护层开采前，在预计保护范围内，从底板巷道向被保护层打穿层钻孔，安装测压装置测定的煤层瓦斯压力，就是被保护层原始瓦斯压力。

在保护层开采和抽采被保护层卸压瓦斯后，被保护层的瓦斯压力就会逐步下降，当压力表的读数下降到某一个数值后不再继续下降，测压装置显示的瓦斯压力就是被保护层的残余瓦斯压力。

（3）被保护层原始瓦斯和残余瓦斯含量考察。使用测定的被保护层原始瓦斯压力和残余瓦斯压力，再用式（5-5）就可以计算出被保护层原始瓦斯含量和残余瓦斯含量。

$$W = \frac{abp}{1+bp} \times \frac{100 - A_d - M_{ad}}{100} \times \frac{1}{1 + 0.31 M_{ad}} + \frac{10\pi p}{\gamma} \qquad (5-5)$$

式中　　$W$——原始或残余瓦斯含量，$m^3/t$；

　　　　$a, b$——吸附常数；

　　　　$p$——原始或残余瓦斯压力，MPa；

　　　　$A_d$——煤的灰分，%；

　　　　$\pi$——煤的空隙率，$m^3/m^3$；

　　　　$\gamma$——煤的密度；

　　　　$M_{ad}$——煤的水分，%。

### 三、区域措施效果检验控制要求和检测点布局

区域措施效果检验控制要求和检测点布局的内容如下：

（1）对预抽区段煤层瓦斯区域防突措施（顺层或穿层）和预抽回采区煤层瓦斯区域防突措施（顺层或穿层）进行检验时，若区段宽度（两侧回采巷道间距加回采巷道外侧控制范围）或者回采区域宽度未超过120 m，则沿采煤工作面推进方向每间隔30～50 m至少布置2个检验测试点；否则，应当沿采煤工作面推进方向每间隔30～50 m至少布置3个检验测试点，且检验测试点距离回采巷道两帮大于20 m，如图5-19所示。

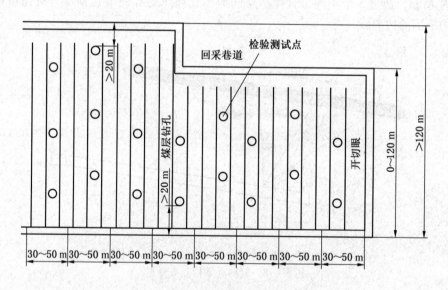

图5-19　预抽区段和回采区检验测试点布置图

（2）对穿层钻孔预抽井巷揭煤区域煤层瓦斯区域防突措施进行检验时，至少布置4个检验测试点，分别位于井巷中部和井巷轮廓线外的上部和两侧。自煤层顶板揭煤对实施的防突措施效果进行检验时，应当至少增加1个位于巷道轮廓线下部的检验测试点。

（3）对穿层钻孔预抽煤巷条带煤层瓦斯区域防突措施进行检验时，沿煤巷条带每间隔30～50 m至少布置1个检验测试点，如图5-20所示。

（4）对顺层钻孔预抽煤巷条带煤层瓦斯区域防突措施效果进行检验时，沿煤巷条带

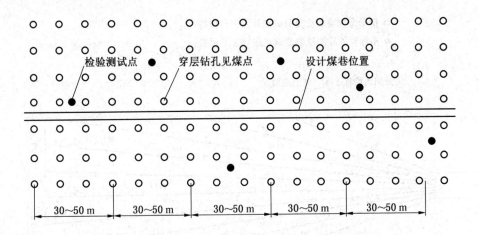

图5-20 煤巷条带穿层预抽检验测试点布置图

每间隔20~30 m至少布置1个检验测试点,且每个检验区域不得少于5个检验测试点。

(5) 对定向长钻孔预抽煤巷条带煤层瓦斯区域防突措施进行检验时,沿煤巷条带每隔20~30 m至少布置1个检验测试点。也可以分段检验,但每段检验的煤巷条带长度不得小于80 m,且每段不得少于5个检验测试点。

(6) 对预抽区段和回采区煤层瓦斯区域防突措施效果及穿层钻孔预抽煤巷条带煤层瓦斯区域防突措施效果进行检验时,可以沿采煤工作面推进方向或者巷道掘进方向分段进行检验,但每段的长度不得小于200 m。

(7) 各检验测试点应当布置于所在钻孔密度较小、孔间距较大、预抽时间较短的位置,并尽可能远离各预抽瓦斯钻孔或者尽可能与周围预抽瓦斯钻孔保持等距离,避开采掘巷道的排放范围和工作面的预抽超前距。在地质构造复杂区域适当增加检验测试点。

(8) 要对距本煤层法向距离小于5 m的平均厚度大于0.3 m的邻近突出煤层一并检验。

### 四、预抽煤层瓦斯区域措施效果检验有无效果的判断

对预抽煤层瓦斯区域防突措施进行检验时,应当根据经试验考察确定的临界值进行评判(即当地矿实际试验考察的临界值)。在确定前可以按照表4-3指标进行评判,当瓦斯含量或者瓦斯压力大于等于表4-3的临界值,或者在检验过程中有喷孔、顶钻等动力现象时,判定区域防突措施无效,该预抽区域为突出危险区;否则预抽措施有效,该区域为无突出危险区。

若检验指标达到或者超过临界值,或者出现喷孔、顶钻及其他明显突出预兆时,则以此检验测试点或者发生明显突出预兆的位置为中心,半径100 m范围内的区域判定为措施无效,仍为突出危险区。如图5-21所示。

穿层钻孔预抽井巷揭煤区域煤层瓦斯区域防突措施采用钻屑瓦斯解吸指标进行检验的,如果所有实测的指标值均小于临界值且没有喷孔、顶钻等动力现象时,判定区域防突措施有效,否则措施无效。

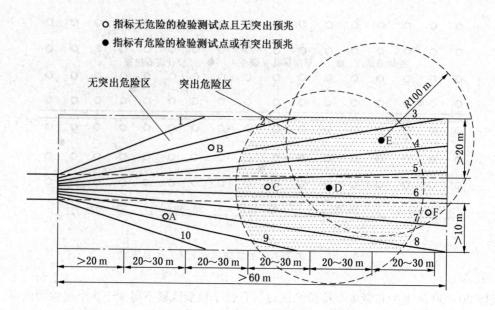

图 5-21 检验异常点无效区域划定方法图

## 任务六 区 域 验 证

区域预测为无突出危险区或者区域措施效果检验有效时,采掘过程中还应当对无突出危险区进行区域验证。

### 一、区域验证方法

对井巷揭煤区域进行的区域验证采用井巷揭煤工作面突出危险性预测方法。对煤巷掘进工作面和采煤工作面的区域验证分别采用煤层掘进工作面和采煤工作面的突出危险性预测方法。在区域验证过程中,还要结合工作面瓦斯涌出动态变化等情况。

### 二、对验证工作的要求

对验证工作的要求具体内容如下:
(1) 在工作面首次进入该区域时,立即连续进行至少两次区域验证。
(2) 工作面每推进 10～50 m(在地质构造复杂区域或者采取非定向钻机施工的预抽煤层瓦斯区域防突措施每推进 30 m)至少进行 2 次区域验证,并保留完整的工程设计、施工和效果检验的原始资料。
(3) 在构造破坏带连续进行区域验证。
(4) 在煤巷掘进工作面还应当至少施工 1 个超前距不小于 10 m 的超前钻孔或者采取超前物探措施,探测地质构造和观察突出预兆。如图 5-22 所示。

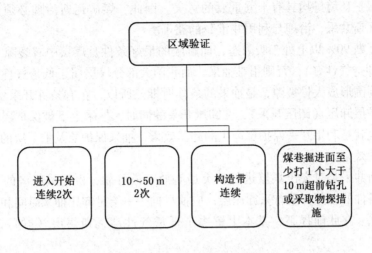

图 5-22 区域验证的要求

### 三、区域验证的后续处理

当区域验证为无突出危险时，应当采取安全防护措施后进行采掘作业。但若为采掘工作面在该区域进行的首次区域验证时，采掘前还应当保留足够的突出预测超前距。

只要有一次区域验证为有突出危险，则该区域以后的采掘作业前必须采取区域或者局部综合防突措施。

### 四、区域验证与工作面预测的异同点

区域验证与工作面预测的异同点，具体内容如下：

(1) 方法上：区域验证与工作面预测都是采用工作面预测方法。

(2) 连续性上：工作面预测是连续的，必须保持 2 m 预测超前距；区域验证一般情况下是不连续的（每推进 10～50 m 至少进行两次），只有在进入无突出危险区采掘作业的首次区域验证和地质构造破坏带采掘作业必须进行连续区域验证。

(3) 采掘工作面区域验证与工作面预测关系：进入无突出危险区域采掘作业，区域验证没有出现有突出危险或没有发现突出预兆时，采掘作业一直在区域验证措施下进行；只要有一次区域验证有突出危险或发现了突出预兆，则该区域（区域措施效果检验的区域，不是该工作面）以后的采掘作业均应当执行工作面预测（即局部综合防突措施）。

## 任务七 煤与瓦斯共采技术

### 一、煤与瓦斯共采的必要性

瓦斯是我国煤矿生产过程中的主要灾害源，同时也是一种新型的洁净能源和优质化工原料。开发利用瓦斯（煤层气），既可以充分利用地下资源，又可以改善矿井安全条件和提高经济效益，对缓解常规油气供应紧张状况、实施国民经济可持续发展战略、减少温室

气体排放、保护环境等均具有十分重要的意义。因此，煤矿瓦斯治理必须走"变抽放为抽采，煤与瓦斯共采，治理与利用并重"的路子。

煤层的瓦斯90%以上处于吸附态，而解吸的最好条件是煤层中有裂隙（或空隙）且相互贯通（即透气性好），否则很难抽采。而我国大部分煤层属于低透气性煤层。保护层开采能在其周围形成大量裂隙，是抽采的最佳时期。所以，在有条件开采保护层的矿井，首先开采保护层卸压（卸压开采），在卸压开采的同时，抽采上下被保护层的瓦斯和保护层的瓦斯。也就是利用开采保护层产生的卸压效果，抽采保护层及上下层的瓦斯，形成煤与瓦斯共采的效果。

煤与瓦斯共采是对突出煤层进行消突最有效、最可靠，也是最经济的方法。可保必保——具备条件的必须开采首采卸压层；应抽尽抽——给足卸压抽采时间和空间，实现瓦斯抽采最大化。在此前提下，基本上解决了低透气性高瓦斯煤层（群）瓦斯高效开采难题。

## 二、卸压开采抽采瓦斯理论

在煤层群中，选择安全可靠的保护层开采后，造成上下煤岩层膨胀变形、松动卸压，增加煤层透气性，大量的瓦斯从吸附态变成自由态；如果在开采保护层的过程中，抽采被保护层和保护层（包括采空区）的瓦斯，能达到事半功倍的效果。要达到这一目的，必须在开采保护层前形成抽采空间，打好抽采钻孔。形成抽采空间的方法有两种，一是预先掘进被保护层的底抽巷（或顶抽巷），二是开采保护层时进行沿空留巷。在底抽巷和沿空留巷中打抽瓦斯钻孔。如图5-23所示。

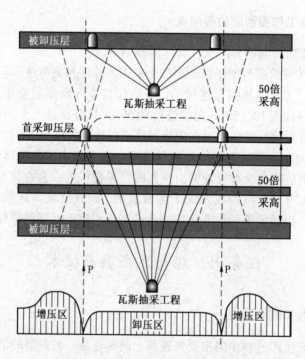

图5-23 卸压开采抽采瓦斯原理

### 三、煤与瓦斯共采工程技术体系

掘进底抽巷（或顶抽巷），岩巷工程量比打眼工程量大，成本高。采煤工作面无煤柱沿空留巷，可部分替代顶底板瓦斯抽采岩巷，在留巷内设计低位钻孔连续抽采采空区瓦斯，设计高位钻孔抽采被保护层瓦斯；同时也可以改变传统 U 型通风方式，形成 Y 型通风，解决工作面上隅角瓦斯问题。如图 5-24 所示。

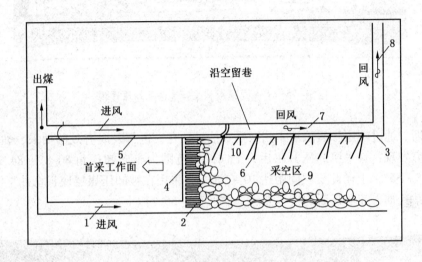

1—机巷；2—上进风巷；3—沿空留巷护巷墙体；4—工作面；5—抽采管道；6—高位抽采钻孔；
7—沿空回风巷；8—边界回风巷；9—采空区；10—低位抽采钻孔

图 5-24 无煤柱沿空留巷钻孔法抽采瓦斯原理图

1. 首采煤层顶板瓦斯抽采技术

首采煤层工作面的瓦斯主要来源于本煤层、采空区和邻近层的卸压解吸瓦斯。根据矿山岩层移动理论，煤层在开采过程中，顶底板岩层冒落、移动，产生裂隙。由于瓦斯具有升浮移动和渗流特性，来自于大面积的卸压瓦斯沿裂隙通道汇集到裂隙充分发育区，在环形裂隙圈内形成瓦斯积存库。数值模拟研究表明首采瓦斯富集区位于两巷采空侧上方（宽 0~30 m，高 8~25 m）的环形裂隙区、顶板破碎角 50°对应向上 40~58.7 m 的竖向裂隙区。因此，把抽采钻孔和巷道布置在环形裂隙圈内，能够获得理想的抽采效果，从而避免采空区瓦斯大量涌入到回采空间。淮南矿区工程实践表明，在裂隙区内预先布置顶板巷道或钻孔抽采卸压瓦斯，抽采率可达 60%。卸压开采抽采瓦斯、无煤柱煤与瓦斯共采理论研究和工程实践在淮南矿区取得成功，实现了卸压层间距达 50 倍采高，突破了 30 倍采高的传统理论，实现了无煤柱煤与瓦斯共采技术的重大突破，首采层顶板抽采富集区瓦斯原理图如图 5-25 所示。

2. 大间距上部煤层膨胀卸压开采顶板瓦斯抽采技术

首采煤层的远程采动卸压使顶板卸压煤岩层下沉变形破裂，使上部煤层的透气性成千倍增加。在首采层开采过程中，在顶板破裂弯曲下沉带，使用"卸压煤层底板岩巷和网格式上向穿层钻孔瓦斯抽采方法"，将顶板弯曲下沉带卸压煤层和底板臌起卸压膨胀带内

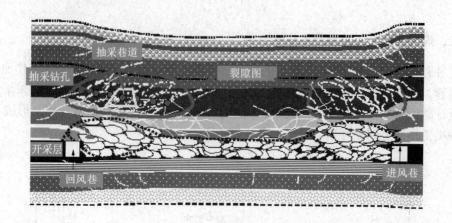

图 5-25 首采层顶板抽采富集区瓦斯原理图

的解吸瓦斯,通过顺层张裂隙汇集到网格式抽采钻孔,进行及时有效的抽采,如图 5-26 所示。研究发现:首采层卸压开采后,上向卸压范围为走向卸压角 80.8°~84.7°,倾向卸压角 83°~85°,上向卸压层间距达 10~150 m,采用在被卸压煤层底板弯曲下沉带预先布置巷道钻孔抽采卸压瓦斯的技术方法,抽采率达 65% 以上。

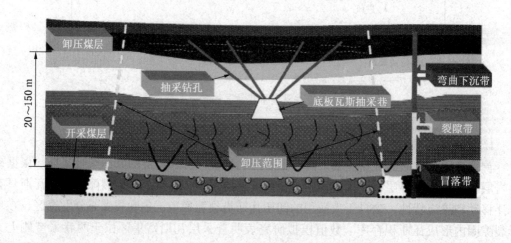

图 5-26 远程卸压开采模拟图

3. 煤层群多层开采底板卸压瓦斯抽采技术

淮南矿区 $B_8 \sim B_4$ 煤层属于煤层群开采,$B_8$、$B_7$ 不是突出危险煤层,$B_6$ 和 $B_4$ 为突出危险煤层。因此,首先以非突出煤层 $B_8$ 作为首采保护层,然后依次开采非突的 $B_7$ 煤层,最后开采受到上保护层采动卸压保护的 $B_6$、$B_4$ 突出危险煤层。当 $B_8$ 采动后,$B_7$、$B_6$ 煤层处在膨胀裂隙带内,在此裂隙带的底板岩层内布置巷道和网格式穿层钻孔实现多重高效瓦斯抽采,如图 5-27 所示。研究发现多重卸压开采后,下向卸压范围为走向卸压角 99.3°~100.1°,倾向卸压角 102°~110°,下向卸压层间距达 10~150 m,采用预先布置巷道和穿层钻孔抽采卸压瓦斯,瓦斯压力由 3.6 MPa 降至 0.2 MPa,透气性系数增大了 570 倍,抽采率达 50% 以上。

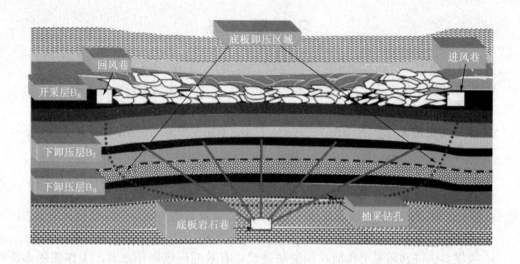

图 5-27 煤层群多层开采底板卸压瓦斯抽采模拟图

**4. 卸压开采裂隙发育区地面钻孔管抽瓦斯技术**

地面采空区钻孔的设计目的在于在得到一个高效的地面采空区钻孔抽采系统，该系统能更多地抽采高浓度的瓦斯，并使采空区自燃的风险最小。地面钻孔结构如图 5-28 所示。

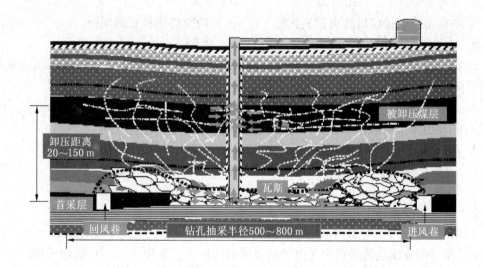

图 5-28 地面钻孔结构示意图

采空区瓦斯抽采对减小回风流及其他抽采方法（如顶板钻孔、上隅角抽采管道）的瓦斯浓度有很大影响。尽管在钻孔工作的早期阶段并不明显，但随着工作面离开钻孔位置，钻孔的瓦斯流量和浓度都随之增加，回风流及顶板钻孔或巷道内的瓦斯浓度也开始下降，典型情况下降低 0.2%~0.3%。

# 习 题 五

## 一、单选题

1. 当区域验证为无突出危险时,应当采取( )措施后进行采掘作业。
   A. 安全防护措施　　　　　　B. 消突措施
   C. 区域防突措施　　　　　　D. 不需要采取任何措施

2. 预抽煤层瓦斯是一种( )的防治煤与瓦斯突出的措施。
   A. 区域性　　B. 局部　　C. 采区　　D. 工作面

3. 突出矿井开采非突出煤层和高瓦斯矿井的开采煤层,在延深达到或超过( )或开拓新采区时,必须测定煤层瓦斯压力、瓦斯含量及其他与突出危险性相关的参数。
   A. 30 m　　B. 50 m　　C. 20 m　　D. 100 m

4. 当煤巷掘进和回采工作面在预抽防突效果有效的区域内作业时,工作面距未预抽或预抽防突效果无效范围的边界不得小于( )。
   A. 10 m　　B. 20 m　　C. 30 m　　D. 40 m

5. 在无突出危险区内,根据煤层突出危险程度,采掘工作面每推进 10~50 m 应用工作面预测方法进行不少于( )次的区域性预测验证。
   A. 2　　B. 3　　C. 4

6. 预测为无突出危险工作面,每预测循环应留有不小于( )的预测超前距。
   A. 2 m　　B. 3 m　　C. 4 m

7. 防突工作坚持区域防突措施先行、( )防突措施补充的原则。
   A. 局部　　B. 全局　　C. 采面　　D. 采区

8. 区域综合防突措施包括以下内容:区域突出危险性预测、区域防突措施、区域措施效果检验和( )。
   A. 综合治理　　B. 抽采达标　　C. 防突有效　　D. 区域验证

9. 井巷揭穿突出煤层前,具有( )、可靠的通风系统。
   A. 稳定　　B. 并联　　C. 独立　　D. 安全

10. 在突出煤层中,严禁任何 2 个采掘工作面之间( )通风。
    A. 串联　　B. 并联　　C. 角联　　D. 独立

11. 突出煤层掘进工作面的通风方式采用( )。
    A. 抽出式　　B. 压入式　　C. 混合式　　D. 中央式

12. 单一的突出危险煤层和无保护层可采的煤层群,采用( )防治突出。
    A. 高位孔　　B. 预抽瓦斯　　C. 边抽边采　　D. 超限就抽

## 二、多选题

1. 突出矿井的巷道布置要求和原则是( )。
   A. 斜井和平硐,运输和轨道大巷、主要进(回)风巷等主要巷道应当布置在岩层或者无突出危险煤层中
   B. 采区上下山布置在突出煤层中时,必须布置在评估为无突出危险区或者采用区域防突措施(顺层钻孔预抽煤巷条带煤层瓦斯除外)有效的区域

C. 减少井巷揭开（穿）突出煤层的次数

D. 揭开（穿）突出煤层的地点应当合理避开地质构造带

E. 突出煤层的巷道优先布置在被保护区域、其他有效卸压区域或者无突出危险区域

2. 开采保护层的保护效果检验主要采用指标有（　　）。

A. 残余瓦斯压力

B. 残余瓦斯含量

C. 顶底板位移量

D. 其他经试验证实有效的指标和方法，也可以结合煤层的透气性系数变化率等辅助

3. 区域综合防突措施包括下列内容：（　　）

A. 区域突出危险性预测　　　　B. 区域防突措施

C. 区域措施效果检验　　　　　D. 区域验证

4. 开采保护层区域防突措施应符合以下要求有（　　）。

A. 开采保护层时，应当做到连续和规模开采，同时抽采被保护层和邻近层的瓦斯

B. 开采近距离保护层时，必须采取防止误穿突出煤层和被保护层卸压瓦斯突然涌入保护层工作面的措施

C. 正在开采的保护层采煤工作面必须超前于被保护层的掘进工作面，超前距离不得小于保护层与被保护层之间法向距离的 3 倍，并不得小于 100 m。应当将保护层工作面推进情况在瓦斯地质图上标注，并及时更新

D. 开采保护层时，采空区内不得留设煤（岩）柱。特殊情况需留煤（岩）柱时，必须将煤（岩）柱的位置和尺寸准确标注在采掘工程平面图和瓦斯地质图上，在瓦斯地质图上还应当标出煤（岩）柱的影响范围，在煤（岩）柱及其影响范围内的突出煤层采掘作业前，必须采取预抽煤层瓦斯区域防突措施

5. 区域防突措施包括哪几类。（　　）

A. 开采保护层　　　B. 预抽煤层瓦斯　　　C. 煤层注水

三、判断题

1. 开采有瓦斯喷出、有突出危险的煤层，或者在距离突出煤层最小法向距离小于 10 m 的区域掘进施工时，严禁 2 个工作面之间串联通风。（　　）

2. 区域防突措施包括开采保护层、预抽煤层瓦斯和煤层注水三类。（　　）

3. 突出矿井的入井人员必须随身携带隔离式自救器。（　　）

4. 区域性防治突出的技术措施包括开采解放层和预抽煤层瓦斯等。（　　）

5. 突出煤层采掘工作面回风侧不得设置调节风量的设施。（　　）

6. 在煤与瓦斯突出矿井工作面采用串联通风时，必须制定安全措施。（　　）

7. 井巷揭穿突出煤层的地点应尽量避开地质构造带。（　　）

8. 在突出矿井开采煤层群时，必须首先开采保护层。（　　）

9. 开采保护层时，应同时抽采被保护层的瓦斯。（　　）

10. 有突出矿井的煤矿企业、突出矿井应当设置满足防突工作需要的专业防突队伍。（　　）

11. 开采保护层时，应优先选择下保护层。（　　）

12. 对预抽煤层瓦斯区域防突措施进行检验时，均应当首先分析、检查预抽区域内钻

孔的分布等是否符合设计要求，不符合设计要求的，不予检验。（　　）

四、简答题

1. 区域综合防突措施包括哪几个方面的内容？
2. 区域性防突措施有几类？每类有哪几种常见方法？
3. 防突措施采取的原则与要求是什么？
4. "四位一体"区域综合防突措施基本程序和要求是什么？
5. 开采保护层区域防突措施要求是什么？
6. 生产的突出矿井对地质工作有何要求？
7. 简述开采保护层防治煤与瓦斯突出作用机理。
8. 简述预抽煤层瓦斯防治煤与瓦斯突出的机理。
9. 简述区域措施效果检验的方法。
10. 简述区域验证的方法。
11. 简述煤与瓦斯共采的基本原理。

# 情景六　局部综合防治措施

**学习目标**
- 了解局部综合防突措施的实施过程。
- 熟悉各类工作面能采用的防突措施。
- 掌握区域综合防突措施的基本程序。
- 理解工作面防突措施的防突机理。
- 掌握工作面措施效果检验方法。
- 熟悉各种工作面安全防护措施。
- 了解井巷揭煤防突过程。

## 任务一　局部综合防突措施的实施程序和启动条件

"区域综合防突措施先行、局部综合防突措施补充"的原则在防突工作中要得到充分体现。这种体现在《防治煤与瓦斯突出细则》中表现为两个方面，一是在局部综合防突措施的实施程序中，工作面措施效果检验为有突出危险时，既可以补充工作面防突措施，有可以补充区域防突措施（如图6-1所示，一般来说，发生喷孔、顶钻或发生突出时，必须补充区域措施）；二是原《防治煤与瓦斯突出细则》规定必须实施局部综合防突措施的地方，也可以实施区域综合防突措施。

局部措施配合区域性措施使用。由于煤层赋存条件复杂性和预抽时间不均衡等方面原因，区域范围内可能存在抽采效果相对较差的局部煤体，采掘到此位置仍然存在突出隐患；此时再补充局部措施，将进一步降低这个局部煤体的瓦斯，彻底消除其突出危险，保障采掘工作的安全，即局部防突措施是区域防突措施的补充，起到"拾漏补缺"的作用。

### 一、局部综合防突措施的实施程序

局部综合防突措施包括工作面突出危险性预测、工作面防突措施、工作面措施效果检验和安全防护措施。其基本程序如图6-1所示，当工作面预测无突出危险，判断为无突出危险工作面；否则，判断为有突出危险工作面，必须实施工作面防突措施。防突措施实施结束后，要进行工作面措施效果检验。当措施效果检验无效时，仍为突出危险工作面，必须补充工作面防突措施（或转为区域综合防突措施），并再次进行措施效果检验，直到措施有效。经检验证实措施有效后，判定为无突出危险工作面。无突出危险工作面必须在采取安全防护措施并保留足够的突出预测超前距或防突措施超前距的条件下进行采掘作业。

### 二、局部综合防突措施的启动条件

下面6种情况是启动局部综合防突措施的时机（此6种情况也可以实施区域综合防突

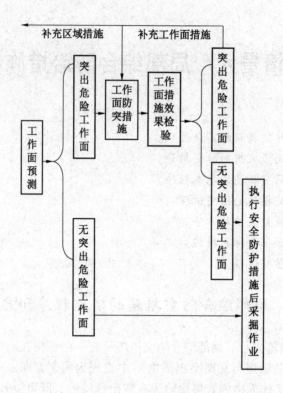

图6-1 局部综合防突措施程序

措施)。

(1) 按突出矿井设计的新建矿井在建井期间评估为无突出危险的煤层必须采取局部综合防突措施。

(2) 建井前经评估为有突出危险煤层的新建矿井,建井期间鉴定为非突出煤层的,在建井期间应当采取局部综合防突措施。

(3) 突出矿井区域突出危险性评估为无突出危险的煤层,所有井巷揭煤作业还必须采取局部综合防突措施。

(4) 按突出煤层管理的煤层,必须采取局部综合防突措施。

(5) 只要有一次区域验证为有突出危险,则该区域以后的采掘作业前必须采取局部综合防突措施。

(6) 采掘工作面防突措施检验效果无效时,必须重新执行局部综合防突措施。

## 任务二 各类工作面能采用的防突措施

### 一、井巷揭煤工作面

井巷揭煤工作面可以使用的防突措施包括超前钻孔预抽瓦斯、超前钻孔排放瓦斯、金属骨架、煤体固化、水力冲孔或者其他经试验证明有效的措施。

立井揭煤工作面可以选用前面列举的除水力冲孔以外的各项措施。

金属骨架、煤体固化措施，应当在采用了其他防突措施并检验有效后方可在揭开煤层前实施。

根据工作面岩层情况，实施工作面防突措施时，揭煤工作面与突出煤层间的最小法向距离：采取超前钻孔预抽瓦斯、超前钻孔排放瓦斯以及水力冲孔措施均为 5 m；采取金属骨架、煤体固化措施均为 2 m。当井巷断面较大、岩石破碎程度较高时，还应当适当加大距离。

**二、煤巷掘进工作面**

有突出危险的煤巷掘进工作面防突措施选择应当符合下列要求：

（1）优先选用超前钻孔（包括超前钻孔预抽瓦斯、超前钻孔排放瓦斯），采取超前钻孔排放措施的，应当明确排放的时间。

（2）不得选用水力冲孔措施；倾角在 8°以上的上山掘进工作面不得选用松动爆破、水力疏松措施。

（3）采用松动爆破或者其他工作面防突措施时，必须经试验考察确认防突效果有效后方可使用。

（4）前探支架措施应当配合其他措施一起使用。

**三、采煤工作面**

采煤工作面可以选用超前钻孔预抽瓦斯、超前钻孔排放瓦斯、注水湿润煤体、松动爆破或者其他经试验证实有效的防突措施。采取排放钻孔措施的，应当明确排放的时间。

# 任务三  工作面防突措施

工作面防突措施是针对经工作面预测尚有突出危险的局部煤层实施的防突措施。其有效作用范围一般仅限于当前工作面周围的较小区域。

根据综合作用假说的理论，工作面防突归结为几个原则：

（1）降低工作面前方的应力，或使应力往深部转移。

（2）降低瓦斯压力。

（3）增大煤体的承载力和稳定性。

（4）改变煤体的力学性质。

（5）改进采掘工艺。

**一、超前钻孔**

1. 超前钻孔预抽瓦斯

超前钻孔预抽瓦斯是通过向工作面前方局部区域煤层施工钻孔，并利用抽采系统进行瓦斯抽采，以加快瓦斯排放速度，缩短排放时间的局部防突措施。

1）防突原理

在采掘工作面作业前预先抽采工作面煤层瓦斯，使采掘工作面瓦斯含量降低，瓦斯压力得到进一步释放。

煤层中布置大量钻孔，由于地应力作用促使钻孔收缩变形，煤层透气性系数增大，煤层内瓦斯抽采增多，煤体相应发生收缩变形，进而降低地层应力。

采掘工作面预抽煤层瓦斯起到了区域防突措施的补充作用，有效地削弱或消除了被抽煤层的突出危险性。

2）使用条件

局部防突措施采用超前钻孔预抽瓦斯时，一般适用于煤层赋存较稳定、厚度大、瓦斯含量高、突出危险性较大的采煤工作面和煤层平巷掘进工作面。如果赋存不稳定的中厚以下煤层，往往出现钻孔进入顶板或底板岩层，钻孔施工长度有限，无法满足采掘工作面推进度的需要，达不到防治煤与瓦斯突出的目的。

2. 超前钻孔排放钻孔

排放钻孔是通过钻机向煤层施工大量钻孔的局部防突措施。

1）防突原理

在采掘工作面向煤层施工一定深度的钻孔，排放煤粉和煤层瓦斯、钻孔收缩变形，使应力集中带向工作面深部转移；

同时，由于钻孔排放瓦斯与收缩变形使钻孔段的地应力也得到部分释放，从而削弱或消除了煤与瓦斯突出危险性。

2）使用条件

排放钻孔适用于中厚以下薄煤层，且煤层较松软、瓦斯含量低，煤层透气性好，具有相当的自排能力。如果煤层较坚硬，自排能力差则不宜采用。自然排放就是在没有任何驱动力的情况下，靠瓦斯自身压力自然排出孔口。这就意味着煤层瓦斯压力克服瓦斯黏滞力和钻孔阻力后，还要大于该处的空气压力才能排出孔口。

3. 超前钻孔的施工技术要求

（1）在井巷揭煤工作面采用超前钻孔预抽瓦斯、超前钻孔排放瓦斯防突措施时，钻孔直径一般为 75~120 mm。石门揭煤工作面钻孔的控制范围是：石门揭煤工作面的两侧和上部轮廓线外至少 5 m、下部至少 3 m。立井揭煤工作面钻孔控制范围是：近水平、缓倾斜、倾斜煤层为井筒四周轮廓线外至少 5 m；急倾斜煤层沿走向两侧及沿倾斜上部轮廓线外至少 5 m，下部轮廓线外至少 3 m。钻孔的孔底间距应根据实际考察确定。

揭煤工作面施工的钻孔应当尽可能穿透煤层全厚。当不能一次揭穿（透）煤层全厚时，可分段施工，但第一次实施的钻孔穿煤长度不得小于 15 m，且进入煤层掘进时，必须至少留有 5 m 的超前距离（掘进到煤层顶或者底板时不在此限）。

超前预抽钻孔和超前排放钻孔在揭穿煤层之前应当保持抽采或者自然排放状态。

采取排放钻孔措施的，应当明确排放的时间。

（2）煤巷掘进工作面采用超前钻孔作为工作面防突措施时，应当符合下列要求：

一是巷道两侧轮廓线外钻孔的最小控制范围：近水平、缓倾斜煤层两侧各 5 m，倾斜、急倾斜煤层上帮 7 m、下帮 3 m。当煤层厚度较大时，钻孔应当控制煤层全厚或者在巷道顶部煤层控制范围不小于 7 m，巷道底部煤层控制范围不小于 3 m；

二是钻孔在控制范围内应当均匀布置，在煤层的软分层中可适当增加钻孔数。钻孔数量、孔底间距等应当根据钻孔的有效抽放或者排放半径确定；

三是钻孔直径应当根据煤层赋存条件、地质构造和瓦斯情况确定,一般为75~120 mm,地质条件变化剧烈地带应当采用直径42~75 mm 的钻孔;

四是煤层赋存状态发生变化时,及时探明情况,重新确定超前钻孔的参数;

五是钻孔施工前,加强工作面支护,打好迎面支架,背好工作面煤壁;

六是采取超前钻孔排放措施的,应当明确排放的时间。

(3) 采煤工作面采用超前钻孔作为工作面防突措施时,钻孔直径一般为75~120 mm,钻孔在控制范围内应当均匀布置,在煤层的软分层中可适当增加钻孔数;超前钻孔的孔数、孔底间距等应当根据钻孔的有效排放或者抽放半径确定。

## 二、水力疏松

水力疏松是通过钻机向工作面前方煤体施工钻孔,通过注水湿润煤体,促进煤体瓦斯解吸和排放的局部措施。

1. 防突原理

水力疏松防突是通过采掘工作面钻孔向煤体内进行高压注水,水在压力作用下破坏煤体,促使煤层近工作面部分卸压和排放瓦斯;同时湿润煤体,降低煤体的弹性,增强煤体塑性,使集中应力向工作面深部转移,达到快速消除突出的目的。

2. 使用条件

孔隙率小于3%的煤层不宜采用水力疏松防突措施,因为孔隙率低,高压水难于进入煤体内部,水楔作用消失,难以达到卸压、湿润煤体和消除突出目的。所以,水力疏松可用于采煤工作面和煤层平巷掘进工作面,且必须经现场实际考察确认其防突效果有效后方可使用。倾角8°以上的上山掘进工作面不得水力疏松措施。

3. 施工技术要求

采煤工作面选用煤层疏松注水措施时,利用煤电钻在工作面煤壁每间隔5 m 施工一个直径为42 mm 的钻孔,钻孔深度不得小于4 m;封孔器可选用SFK 40/19 型封孔器封孔。并利用采煤工作面的乳化液泵站注水,泵站压力完全能满足煤层注水压力的要求。注水量以观察到煤壁挂汗为止。

煤巷掘进工作面水力疏松措施应当符合下列要求:

(1) 向工作面前方按一定间距布置注水钻孔,然后利用封孔器封孔,向钻孔内注入高压水。注水参数应当根据煤层性质合理选择,如未实测确定,可参考如下参数:钻孔间距4.0 m、孔径42~50 mm、孔长6.0~10 m、封孔2~4 m,注水压力不超过10 MPa,注水时以煤壁出水或者注水压力下降30%后方可停止注水。

(2) 水力疏松后的允许推进度,一般不宜超过封孔深度,其孔间距不超过注水有效半径的两倍。

(3) 单孔注水时间不低于9 min。若提前漏水,则在邻近钻孔2.0 m 左右处补充施工注水钻孔。

## 三、松动爆破

松动爆破是在采掘工作面向煤体中深部打钻孔并装药起爆的局部防突措施。

1. 防突原理

松动爆破就是向采掘工作面前方应力集中区，施工钻孔装药爆破，人为改变煤层的物理力学性质，增加裂隙，使煤体松动加快瓦斯的排放，促使集中应力区向煤体深部移动，从而在工作面前方造成一定长度的卸压带，以预防突出的发生。

2. 使用条件

松动爆破适用于煤层硬度系数较高，煤层顶底板坚硬、完好，突出危险性较小的工作面。在使用时必须注意控制钻孔间距、装药量、封孔长度。当钻孔间距小、装药量大时，容易诱发煤与瓦斯突出。所以，采用松动爆破措施时，应在条件具备的工作面慎重应用。爆破时必须撤人、断电、设置警戒和反向风门，执行远距离爆破安全技术措施。在煤巷掘进工作面采用松动爆破时，必须经试验考察确认防突效果有效后方可使用。

3. 施工技术要求

掘进工作面使用松动爆破时，应有专门爆破设计及爆破说明书。钻孔应布置在工作面上方或中部，能使巷道周边 3 m 以内处于爆破影响半径内。为了避开上一次爆破在煤体所产生的裂隙区，两次爆破之间要留有 1 m 的完好煤体。

钻孔必须用炮泥堵严，不装药钻孔必须用炮泥封堵。由于钻孔较长，炸药不易装入孔底，为了防止拒爆或炸药装不到孔底，钻孔应打直，孔壁应光滑。在装药和封堵炮泥时，应防止折断雷管脚线。

采煤工作面采用松动爆破防突措施时，炮孔间距根据实际确定，一般 2~3 m，孔深不小于 5 m，封孔长度不得小于 1 m，应当适当控制装药量，以免孔口煤壁垮塌。松动爆破时，应当按远距离爆破的要求执行。

煤巷掘进工作面采用松动爆破措施，炮孔深度不得小于 8 m，炮孔应至少控制到巷道轮廓线外 3 m，直径一般为 42 mm，炮孔间距根据松动爆破有效影响半径确定，影响半径应在现场实测。如无实测资料可暂按 3 m 实施，松动爆破装药长度为钻孔长度减去 5.5~6.0 m。松动爆破按远距离爆破的要求执行；松动爆破应当配合瓦斯抽放钻孔一起使用。

## 四、金属骨架和前探支架

金属骨架和前探支架是辅助防突措施，它们本质上是加固煤体抵抗突出技术。

1. 防突原理

金属骨架和前探支架的防突原理是预先加固煤体，提高煤体的机械强度和稳定性；钻孔施工过程中排放部分瓦斯和煤粉，降低煤层应力；在掘进过程中，金属骨架和前探支架支撑上方煤体重力，阻止煤体突然破坏和离层，抑制煤与瓦斯突出发生。

2. 使用条件

金属骨架适用于松软破碎煤层石门揭煤工作面，前探支架适用于煤巷掘进工作面。金属骨架和前探支架需承受巷道顶部和两帮煤体的压力，在缓倾斜和倾斜煤层中会因跨度太大而导致支架强度不够，在煤层较厚的地区采用该措施时，应高度重视骨架强度不够的问题。

金属骨架和前探支架措施不能大量释放突出潜能，只能在一定程度上抑制突出发生的作用。金属骨架应当在采用了其他防突措施并检验有效后方可在揭开煤层前实施。在煤巷掘进工作面，前探支架措施应当配合其他措施一起使用。

3. 施工技术要求

井巷揭煤工作面金属骨架措施一般在石门和斜井上部的两侧或者立井周边外 0.5～1.0 m 范围内布置骨架孔。骨架钻孔应当穿过煤层并进入煤层顶（底）板至少 0.5 m，当钻孔不能一次施工至煤层顶（底）板时，则进入煤层的深度不应小于 15 m。钻孔间距一般不大于 0.3 m，对于松软煤层应当安设两排金属骨架，钻孔间距应当小于 0.2 m。骨架材料可选用 8 kg/m 及以上的钢轨、型钢或者直径不小于 50 mm 的钢管，其伸出孔外端用金属框架支撑或者砌入碹内等方法加固。插入骨架材料后，应当向孔内灌注水泥砂浆等不延燃性固化材料。

前探支架可用于松软煤层的平巷掘进工作面。一般是向工作面前方施工钻孔，孔内插入钢管或者钢轨，其长度可按两次掘进循环的长度再加 0.5 m，每掘进一次施工一排钻孔，形成两排钻孔交替前进，钻孔间距为 0.2～0.3 m。

无论井巷揭煤用金属骨架还是煤巷采用前探支架，必须配合其他防突措施一起使用。石门揭煤完成后或巷道掘进形成后，金属骨架或前探支架均不得撤除。

## 五、卸压槽

卸压槽是预先在工作面前方切割出一个缝槽，增加工作面前方卸压范围，以消除突出的局部措施。

### 1. 防突原理

通过专用开槽装备，工作面前方开挖卸压槽或在工作面煤体中施工密集钻孔形成卸压槽，破坏煤体的连续性，使卸压槽周围煤体卸压，巷道前方和两帮煤体也得到卸压，应力集中带向煤体深部前移，煤岩层中的弹性潜能释放。

在应力释放的同时，煤层透气性增大，煤层瓦斯排放，煤层中瓦斯膨胀能释放。从而达到消除突出的目的。

### 2. 使用条件

目前，我国煤巷掘进应用的防突措施主要有超前钻孔、松动爆破、卸压槽等，大多为 20 世纪 80 年代以前针对炮掘工艺试验提出的，与现行的综掘机掘进工艺不相适应。

随着科学技术的发展，矿井机械化程度越来越高，迫切需要研究解决机采、机掘开采方式的防突问题。

通过科研院所和现场大量研究、试验，采用机械开凿卸压槽措施获得成功，使卸压槽防突措施得到了推广应用。

为了使开挖卸压槽作业始终在卸压带内进行减小开槽作业诱发煤与瓦斯突出危险，开槽可分多个循环进行，每个循环切割深 0.5 m。竖向卸压槽开凿距离巷道两帮适当距离各开凿一条竖向槽，竖向卸压槽的几何尺寸与水平槽相同。

### 3. 施工技术要求

煤巷掘进工作面卸压槽开凿有与煤层顶板平行开凿和与巷道帮基本平行开凿 2 种。水平卸压槽开凿采用卸压槽开挖专用装置在巷道中部距顶板适当距离开挖水平槽，槽深 1.5 m，槽宽与巷道宽度相适应，槽高 0.15 m。

为保证不破坏巷道的轮廓线，开挖时应距离巷道设计轮廓线一定距离，其距离可根据切割钻头直径确定，以不破坏巷道设计轮廓线为准。卸压槽切割的高度不宜太大，一次切割的深度也不能太大，其主要原因是防止在卸压槽切割的过程诱发煤与瓦斯突出。

## 六、水力冲孔

水力冲孔是以岩柱为安全屏障,向有自喷能力的突出煤层打钻,送入一定压力的水,通过钻头的切割和水射流的冲击,在煤体内形成较大孔洞,从而消除突出的局部措施。

### 1. 使用条件

水力冲孔仅适用于除立井之外的井巷揭煤工作面。不适用于煤巷掘进工作面和采煤工作面。

### 2. 作用机理

水力冲孔措施就是依靠高压水的冲击能力,造成掘进工作面前方煤体的破碎,逐渐形成一个大尺寸的水力掏槽孔,孔道周围煤体向孔道方向发生大幅度的移动,造成煤体的膨胀变形和顶、底板间的相向位移,引起在孔道影响范围内地应力降低。

煤层得到充分卸压,裂隙增加,使煤层透气性大幅度增高,促进瓦斯解吸和排放,大幅度地释放了煤层和围岩中的弹性潜能和瓦斯的膨胀能,煤的塑性增高和湿度增加,达到既消除了突出的动力,又改变了突出煤层的性质,从而起到在采掘作业时防止煤与瓦斯突出的作用。

### 3. 施工技术要求

水力冲孔措施是利用高压水在掘进工作面前方形成一个大尺寸的水力掏槽孔,同时引起孔道周围煤体充分卸压,瓦斯渗透率大幅度提高,煤层中的瓦斯得到大幅度释放,而达到综合防突的目的。

石门揭煤工作面采用水力冲孔防突措施时,钻孔应当至少控制自揭煤巷道至轮廓线外$3\sim5\mathrm{m}$的煤层,冲孔顺序为先冲对角孔后冲边上孔,最后冲中间孔。水压视煤层的软硬程度而定。石门全断面冲出的总煤量(t)数值不得小于煤层厚度(m)的20倍。若有钻孔冲出的煤量较少时,应当在该孔周围补孔。

## 七、水力割缝

水力割缝是在煤层中利用高压水射流对钻孔两侧的煤层进行切割,形成一条扁平缝槽,形成大量裂隙,提高煤层透气性,消除突出危险性的局部措施。

### 1. 使用条件

水力割缝技术一般适用于煤层透气性低,煤质松软,煤层瓦斯含量大,抽采钻孔施工过程中垮孔严重,瓦斯预抽非常困难的煤与瓦斯突出矿井。

### 2. 割缝原理

水力割缝原理是在煤层中利用高压水射流对钻孔两侧的煤层进行切割,在煤层中形成一条具有一定深度的扁平缝槽,使煤层应力得到释放,在切割过程中,煤层在地应力的作用下发生不均匀沉降,在煤层中形成大量裂隙,从而达到改善煤层的渗透性的目的。

### 3. 割缝系统的组成及作用

该系统主要由高压泵站、钻机、配套割缝钻头与钻杆3部分组成。高压泵站的作用是提供高压水并具有割缝能力的水射流的能量;钻机的作用是实现打钻和退钻功能;配套割缝钻头、钻杆的主要作用是输送高压水并对煤体形成切割作用。高压水力割缝主要设备参数见表$6-1$。

表6-1 高压水力割缝主要设备参数表

| 设 备 名 称 | 主 要 参 数 |
|---|---|
| 高压水泵站 | 额定压力：31.5 MPa 额定流量：200 L/min |
| 高压输水器 | 工作压力：130 MPa |
| 高压钻杆 | 直径：63.5 mm |
| 压力表 | 测压范围：0~50 MPa |
| 高压胶管 | 直径：32 mm |
| 截止阀 | 直径：13 mm |

4. 实施方法

抽采钻孔施工完毕后，将高压水力割缝钻头送入到煤层指定位置，然后进行水力割缝，实施水力割缝初期，割缝水压保持在 5~10 MPa，钻孔排渣顺畅后，再把割缝水压提高并保持在 20~22 MPa 之间进行水力割缝。

换钻杆前，需先关闭截止阀并观察压力表，等水压下降到零时，再慢慢拧开高压钻杆。

通过高压水力割缝以增大煤层暴露面积、提高煤层透气性，从而提高抽采效果，缩短抽采达标时间。

5. 实施效果

实施高压水力割缝后，能达到两大效果：

一是使割缝点附近的煤层局部卸压，产生裂隙，增强煤层透气性；

二是利用高压水流将切割下来的煤渣排出钻孔外，增大钻孔内煤体暴露面积。

因此，高压水力割缝时割出煤量的多少是决定水力割缝增透效果的关键。

**八、高压水力压裂**

高压水力压裂是通过钻机向煤层施工若干个注水钻孔，然后向煤体内注入高压水以达到消除煤与瓦斯突出的措施。

1. 作用原理

高压水力压裂过程是流体与外力共同作用下煤岩层内部裂隙与裂缝发生、发展和贯通的过程。水力压裂技术是将清水高压注入煤岩层，克服最小主应力和煤岩体的破裂压力，使得煤层中原有裂缝充分张开、延伸、相互沟通，达到导流的目的，从而提高煤层透气性。

在压裂初期施工压力急剧增加，当达到破裂压力后，煤岩体发生破裂，施工压力下降。此时仅出现裂缝破裂，而未充分延伸，需要继续注入清水使裂缝充分延伸，提高增透效果。

2. 主要设备

在实施高压水力压裂前，应形成高压水力压裂期间的供水、供电系统。可把长 1500 m 左右的排水沟当做临时供水池，并配合移动式抽水泵形成供水系统，满足压裂期间有持续的供水量、供水压力在 0.1 MPa 以上、水流量在 1.5 $m^3$/min 以上的要求；采用电压为

1140 V，功率为 400 kW 的井下移动式变频电机。

高压水力压裂设备均位于新鲜空气中，距离压裂孔之间的距离达 100 m 以上，实行远程操作；高压管路要求铺设平直、避免高低起伏，不能出现漏水现象。

高压水力压裂主要设备有高压注水压裂泵、隔爆电器控制柜、孔内厚壁无缝高压钢管、孔外高压软管等；附属设备有水阀、压力表、流量表等。其主要参数见表 6-2。

表 6-2 压裂泵主要性能参数

| 型号 | 额定压力/MPa | 最大流量/(L·min$^{-1}$) | 柱塞数 | 电压/V | 额定功率/kW | 供水要求 |
|---|---|---|---|---|---|---|
| HTB 500 | 50 | 1100 | 3 | 1140 | 400 | 0.3 MPa 以上 |
| BZW200/56 | 56 | 200 | 5 | 1140 | 220 | 0.1 MPa 以上 |

高压水力压裂装备的连接顺序为：供水管路→压裂泵→高压水管→钻孔内部管路。

3. 步骤

（1）压裂钻孔封孔。压裂钻孔采用直径为 75 mm 钻头开孔，终孔至需要压裂的煤层顶板 3 m，二级扩孔采用直径为 94 mm 钻头，扩孔深度不少于 10 m。

钻孔内压裂管采用内径为 25 mm，壁厚 8 mm 的无缝钢管，每根长 2 m，用直通快速接头进行连接；压裂管前端为 4 m 花管，花管外用纱布包裹。

钻孔外压裂管管内径为 25 mm，壁厚为 13 mm，抗压能力不小于 50 MPa，每根长 2 m，与孔内压裂管、三通、管与管之间均采用抗高压接头进行连接。注浆管采用 26.8 mm 钢管，每根钢管长 2 m，两头套丝，采用管箍连接，距孔口 6 m 开始钻孔。

一周 3 个孔，不在同一圆周上，孔间距 0.2 m，孔径 8 mm。注浆管口与球阀连接，球阀与注浆泵注浆管连接；注浆时开启球阀，注浆结束后及时关闭球阀。

封孔段外端采用注入聚氨酯封堵的办法，封堵长度不小于 1.5 m，同时在孔口打入木塞，然后采用水泥浆机械封孔，水泥与膨胀水泥混合比例为 3.5∶1，注浆至煤层底板位置。

（2）实施高压水力压裂第一阶段的水力压裂过程中，前 10 min 空挡运行，泵组运转正常后，换成 1 挡运行，开始向压裂孔注水。第二阶段注水压裂过程建立在第一阶段已形成大裂隙基础上，1 挡先运行 10 min 后，压力达到 40 MPa，流量达到 17 m$^3$/h，该状态根据需要的压裂半径确定压裂时间，压力波动在 2 MPa。

4. 实施效果

（1）水力压裂影响范围。通过重庆松藻煤电公司水力压裂实践证明，以压裂孔为中心，水力压裂影响范围达 50~80 m，但其水力压裂影响范围与压裂地点的具体地质条件等有密切关系。

（2）煤层透气性系数。实施水力压裂后，大大提高了煤层的透气性系数，将该煤层的瓦斯抽采程度从较难抽采提高到了可以抽采，甚至是容易抽采，煤层透气性系数及抽采难易程度见表 6-3。

（3）通过收集抽采数据对比分析得出，水力压裂后钻孔单孔抽采流量增大了 4~17 倍，单孔抽采浓度增大了 1~3 倍，单孔抽采瓦斯纯量增大了 10~33 倍。

表6-3 煤层透气性系数及抽采难易程度表

| 孔号 | $\lambda/[m^2 \cdot (MPa^2 \cdot d)^{-1}]$ | $\beta/d^{-1}$ | 抽采难易程度 |
| --- | --- | --- | --- |
| 检验1 | 3.63 | 0.09 | 容易抽采 |
| 检验2 | 1.73 | 0.14 | 容易抽采 |
| 检验3 | 0.72 | 0.48 | 可以抽采 |
| 检验4 | 0.75 | 0.13 | 可以抽采 |
| 压裂前 | 0.0099 | — | 较难抽采 |

5. 注意事项

高压水力压裂必须有专门设计并制定切实可行的安全保障措施；否则，极易诱发突出或发生高压设备伤人事故。

## 任务四 工作面措施效果检验及安全防护措施

### 一、工作面措施效果检验

1. 一般规定

《防治煤与瓦斯突出细则》规定突出危险工作面必须采取工作面防突措施，并进行措施效果检验。经检验证实措施有效后，即判定为无突出危险工作面；当措施无效时，必须重新执行区域综合防突措施或者局部综合防突措施。

在实施钻孔检验防突措施效果时，分布在工作面各部位的检验钻孔应当布置于所在部位防突措施钻孔密度相对较小、孔间距相对较大的位置，并远离周围的各防突措施钻孔或者尽可能与周围各防突措施钻孔保持等距离。在地质构造复杂地带应当根据情况适当增加检验钻孔。

工作面防突措施效果检验必须包括以下两部分内容：

（1）检查所实施的工作面防突措施是否达到了设计要求和满足有关规章、标准等规定，并了解、收集工作面及实施措施的相关情况、突出预兆等（包括喷孔、顶钻等），作为措施效果检验报告的内容之一，用于综合分析、判断。

（2）各检验指标的测定情况及主要数据。

2. 效果检验方法

1）巷道揭煤工作面

井巷揭煤工作面进行防突措施效果检验时，效果检验方法可采用钻屑解吸指标法或其他经检验有效的方法。所有用钻孔方式检验的方法中检验孔数均不得少于5个，分别位于石门的上部、中部、下部和两侧。

如检验结果的各项指标都在该煤层突出危险临界值以下，且未发现其他异常情况，则措施有效；反之，判定为措施无效。

2）煤巷掘进工作面

煤巷掘进工作面执行防突措施后，应当选择钻屑指标法、复合指标法、R值指标法或其他经试验证实有效的方法进行措施效果检验。检验孔应当不少于3个，深度应当小于或等于防突措施钻孔。

如果煤巷掘进工作面措施效果检验指标均小于指标临界值，且未发现其他异常情况，则措施有效；否则，判定为措施无效。

3）采煤工作面

对采煤工作面防突措施效果的检验应当钻屑指标法、复合指标法、R值指标法或其他经试验证实有效的方法实施。但应当沿采煤工作面每隔10~15m布置一个检验钻孔，深度应当小于或等于防突措施钻孔。

如果采煤工作面检验指标均小于指标临界值，且未发现其他异常情况，则措施有效；否则，判定为措施无效。

3. 注意事项

（1）钻孔瓦斯涌出初速度法，通常不适用于执行了防突措施后的效果检查。

（2）选择钻屑法进行效果检验时，其指标与判断方法与工作面预测相同，但选择判断指标时应注意，选择钻屑解吸比选择钻孔瓦斯涌出量指标实用。

（3）检验孔应打在措施孔之间，其长度应等于或小于措施孔，不能利用措施孔作为检验孔。

（4）对煤巷掘进工作面，当检验结果措施有效时，若检验孔与防突措施钻孔向巷道掘进方向的投影长度（以下简称投影孔深）相等，则可在留足防突措施超前距并采取安全防护措施的条件下掘进。当检验孔的投影孔深小于防突措施钻孔时，则应当在留足所需的防突措施超前距并同时保留有至少2m检验孔投影孔深超前距的条件下，采取安全防护措施后实施掘进作业。

（5）对采煤工作面，当检验结果为措施有效时，若检验孔与防突措施钻孔深度相等，则可在留足防突措施超前距并采取安全防护措施的条件下回采。当检验孔的深度小于防突措施钻孔时，则应当在留足所需的防突措施超前距并同时保留有2m检验孔超前距的条件下，采取安全防护措施后实施回采作业。

**二、安全防护措施**

《防治煤与瓦斯突出细则》规定，井巷揭穿突出煤层和在突出煤层中进行采掘作业时，必须采取避难硐室、反向风门、压风自救装置、隔离式自救器、远距离爆破等安全防护措施。

1. 井下紧急避险设施

1）永久避难硐室

永久避难硐室应设置在井底车场、水平大巷、采区避灾路线上，服务于整个矿井、水平或采区，服务年限不低于5年。所以，避难硐室应布置在稳定的岩层中，避开地质构造带、高温带、应力异常区以及透水危险区。硐室应采用锚喷、砌碹等方式支护，支护材料应阻燃、抗静电、耐高温、耐腐蚀。硐室地面应高于巷道底板不小于0.2m。

永久避难硐室应采用向外开启的2道门结构。防护密闭门抗冲击压力不低于0.3 MPa，应有足够的气密性，密封可靠、开闭灵活。门墙周边掏槽，深度不小于0.2 m，墙体用强度不低于C30的混凝土浇筑。外侧第一道门采用既能抵挡一定强度的冲击波，又能阻挡有毒有害气体的防护密闭门；第二道门采用能阻挡有毒有害气体的密闭门。两道门间为过渡室，密闭门之内为避险生存室。过渡室内应设压缩空气幕和压气喷淋装置，净面积应不小于 $3.0 m^2$。

生存室的宽度不得小于 $2.0 m$，净高不低于 $2.0 m$，每人应有不低于 $1.0 m^2$ 的有效使用面积，设计额定避险人数不少于 20 人，不多于 100 人。生存室内安装压风呼吸器、氧气发生装置、座椅、照明、通信设施等；配备独立的检测仪器，隔离式自救器等应急通信设施。

2）临时避难硐室

突出煤层的掘进巷道长度及采煤工作面推进长度超过 500 m 时，应当在距离工作面 500 m 范围内建设临时避难硐室或者其他临时避险设施。临时避难硐室必须设置向外开启的密闭门或者隔离门（隔离门按反向风门设置标准安设），接入矿井压风管路，并安设压风自救装置，设置与矿调度室直通的电话，配备足量的饮用水及自救器。

3）矿用可移动式救生舱

可移动式救生舱是指可通过牵引、吊装等方式实现移动，能适应井下采掘作业地点变化要求的避险设施。使用单位可根据矿井实际需要选用，其适用范围和适用条件应符合服务区域的特点，数量和总容量应满足服务区域所有人员紧急避险的需要。可移动式救生舱安装完成后应进行系统性的功能测试和试运行，通过验收后方可投入使用。

2. 远距离爆破

1）远距离爆破的目的

理论分析和生产实践表明，在采掘破煤过程中容易发生煤与瓦斯突出。根据统计资料分析，爆破破煤发生突出的次数在采掘工作面发生突出总数中占了很大的比例。主要原因是采掘工作面爆破时，炸药爆炸产生大量高温高压气体作用煤体，煤体遭到破坏，而高压气体的传递作用使得煤体深部产生大量的爆破裂隙，削弱采掘工作面安全屏障的强度。当安全屏障的厚度和强度不足以抵抗煤体深部瓦斯压力时就会发生煤与瓦斯突出。破坏巷道中的设施等，甚至造成人员伤亡。因此在突出煤层中用打眼爆破工艺时必须采用远距离爆破破煤，以达到安全生产目的。

2）远距离爆破的作业要求

《防治煤与瓦斯突出细则》第一百二十条规定：井巷揭穿突出煤层和突出煤层的炮掘、炮采工作面必须采取远距离爆破安全防护措施。

井巷揭煤采用远距离爆破时，必须明确包括起爆地点、避灾路线、警戒范围，制定停电撤人等措施。

井巷揭煤起爆及撤人地点必须位于反向风门外且距工作面 500 m 以上全风压通风的新鲜风流中，或者距工作面 300 m 以外的避难硐室内。

在矿井尚未构成全风压通风的建井初期，在井巷揭穿有突出危险煤层的全部作业过程中，与此井巷有关的其他工作面必须停止工作。在实施揭穿突出煤层的远距离爆破时，井下全部人员必须撤至地面，井下必须全部断电，立井井口附近地面 20 m 范围内或者斜井井口前方 50 m、两侧 20 m 范围内严禁有任何火源。

煤巷掘进工作面采用远距离爆破时，起爆地点必须设在进风侧反向风门之外的全风压通风的新鲜风流中或者避难硐室内，起爆地点距工作面爆破地点的距离应当在措施中明确,由煤矿总工程师根据曾经发生的最大突出强度等具体情况确定,但不得小于300 m;采煤工作面起爆地点到工作面的距离由煤矿总工程师根据具体情况确定,但不得小于100 m,且位于工作面外的进风侧。

远距离爆破时,回风系统必须停电撤人。爆破后,进入工作面检查的时间应当在措施中明确规定,但不得小于30 min。

3. 反向风门

1) 反向风门的作用

反向风门是指打开方向与安设该风门的掘进工作面发生煤与瓦斯突出时突出瓦斯冲击流动方向相反的风门。其作用是保证掘进工作面发生煤与瓦斯突出的冲击波和突出物作用在风门上而不会遭到破坏,防止突出的高压瓦斯逆流进入进风流扩大灾害范围。

2) 安装技术要求

在突出煤层的井巷揭煤、煤巷和半煤岩巷掘进工作面进风侧,必须设置至少2道牢固可靠的反向风门。风门之间的距离不得小于4 m。

工作面爆破作业或者无人时,反向风门必须关闭。

反向风门距工作面的距离和反向风门的组数,应当根据掘进工作面的通风系统和预计的突出强度确定,但反向风门距工作面回风巷不得小于10 m,与工作面的最近距离一般不得小于70 m,如小于70 m时应设置至少三道反向风门。

反向风门墙垛可用砖、料石或者混凝土砌筑,嵌入巷道周边岩石的深度可根据岩石的性质确定,但不得小于0.2 m;墙垛厚度不得小于0.8 m。在煤巷构筑反向风门时,风门墙体四周必须掏槽,掏槽深度见硬帮硬底后再进入实体煤不小于0.5 m。

通过反向风门墙垛的风筒、水沟、刮板输送机道等,必须设有逆向隔断装置。

4. 压风自救装置

1) 作用和工作原理

压风自救装置具有减压、流量调节、消音、泄水、防尘等功能。当煤矿井下瓦斯超标时,通过该装置向工作人员提供新鲜空气,达到安全避灾的作用。压风自救装置工作原理是:压风自救装置由管道、开闭阀、连接管、减压组及防护套等5部分组成。当煤矿发生瓦斯浓度超标或超标征兆时,扳动开闭阀体的手把气路通畅,功能装置迅速完成泄水、过滤、减压和消音等动作后,此时防护套内充满新鲜空气供避灾人员救生呼吸。防护套内的空气压力为0.05~0.1 MPa防护套外有毒气体的压力低于套内压力,因此外部有害气体不会进入防护套内对避灾人员造成危害。

2) 技术要求

突出煤层采掘工作面附近、爆破撤离人员集中地点、起爆地点必须设置有供给压缩空气的避险设施或者压风自救装置。工作面回风系统中有人作业的地点,也应当设置压风自救装置。

压风自救系统应当达到下列要求:

(1) 压风自救装置安装在掘进工作面巷道和采煤工作面巷道内的压缩空气管道上。

(2) 在以下每个地点都应当至少设置一组压风自救装置:距采掘工作面25~40 m的巷道内、起爆地点、撤离人员与警戒人员所在的位置以及回风巷有人作业处等地点。在长距离的掘进巷道中,应当每隔200 m至少安设一组压风自救装置,并在实施预抽煤层瓦斯区域防突措施的区域,根据实际情况增加压风自救装置的设置组数。

(3) 每组压风自救装置应当可供 5~8 人使用,平均每人的压缩空气供给量不得少于 0.1 m³/min。

## 任务五 井巷揭煤突出防治

统计资料表明,煤层平巷突出次数最多,约占突出总数的 45% 左右,井巷揭穿煤层的突出次数虽然不多(统配煤矿 336 次,占总数的 5.2%),但其强度最大,平均强度 586.1 t(为总平均强度的 6.55 倍),且 80% 以上的特大型突出均发生在石门揭煤期间。

井巷揭煤在突出矿井的安全管理中是一个非常重要的部分,稍有不慎,就会酿成大祸。井巷揭煤突出事故给矿井的安全生产带来严重威胁,例如 2004 年郑州大平"10·20"事故就是因为石门揭煤引发的特大型煤与瓦斯突出,继而引起瓦斯爆炸,造成 148 人死亡;2006 年 1 月 5 日,安徽淮南矿业集团公司望峰岗煤矿主井井筒发生一起瓦斯突出事故,井下 12 名矿工遇难,给国家和人民的生命、财产造成巨大损失。因此,揭煤作业是突出矿井煤与瓦斯突出防治的重点。

### 一、井巷揭煤的一般要求

1. 井巷揭煤的基本程序

揭煤作业包括从距突出煤层底(顶)板的最小法向距离 5 m 开始,直至揭穿煤层进入顶(底)板 2 m(最小法向距离)的全过程,应当采取局部综合防突措施。在距煤层底(顶)板最小法向距离 5~2 m 范围,掘进工作面应当采用远距离爆破。揭煤作业应当按照下列程序进行:

(1) 探明揭煤工作面和煤层的相对位置。
(2) 在与煤层保持适当距离的位置进行工作面预测(或者区域验证)。
(3) 工作面预测(或者区域验证)有突出危险时,采取工作面防突措施。
(4) 实施工作面措施效果检验。
(5) 采用工作面预测方法进行揭煤验证。
(6) 采取安全防护措施并采用远距离爆破揭开或者穿过煤层。

井巷揭煤作业基本程序如图 6-2 所示。

2. 揭煤防突措施的选择

突出矿井的新水平和新采区开拓设计前,对新水平或者新采区内平均厚度在 0.3 m 以上的煤层进行区域突出危险性评估,评估结论作为新水平和新采区设计以及揭煤作业的依据。对评估为无突出危险的煤层,所有井巷揭煤作业还必须采取区域或者局部综合防突措施;对评估为有突出危险的煤层,按突出煤层进行设计。

突出矿井的设计应当根据对各煤层突出危险性的区域评估结果等,确定煤层开采顺序、巷道布置、区域防突措施的方式和主要参数等。非突出煤层区域评估为有突出危险的,开拓期间的所有揭煤作业前应当采取区域综合防突措施。

突出矿井的非突出煤层和高瓦斯矿井各煤层在新水平、新采区开拓工程的所有煤巷掘进过程中,应当密切观察突出预兆,并在开拓工程揭穿这些煤层时执行揭煤工作面的局部

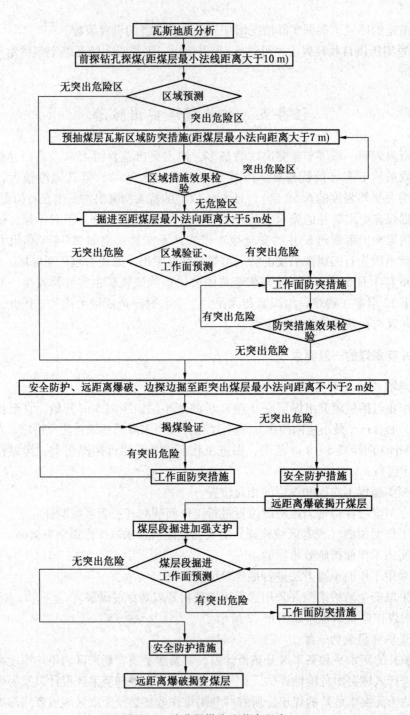

图6-2 井巷揭煤作业基本程序

综合防突措施。

3. 揭煤防突专项设计

《防治煤与瓦斯突出细则》规定,揭煤作业前应当编制井巷揭煤防突专项设计,并报煤矿企业技术负责人审批。井巷揭煤防突专项设计应当包括下列内容:

(1) 井巷揭煤区域煤层、瓦斯、地质构造及巷道布置的基本情况。

(2) 建立安全可靠的独立通风系统及加强控制通风风流设施的措施。

(3) 控制突出煤层层位、准确确定安全岩柱厚度的措施,测定煤层瓦斯参数的钻孔等工程布置、实施方案。

(4) 揭煤工作面突出危险性预测及防突措施效果检验的方法、指标,预测及检验钻孔布置等。

(5) 井巷揭煤工作面防突措施。

(6) 安全防护措施及组织管理措施。

(7) 加强过煤层段巷道的支护及其他措施。

### 二、井巷揭煤的区域综合防突措施

1. 揭煤前10 m的探煤

井巷揭开突出煤层前,必须掌握煤层层位、赋存参数、地质构造等情况。

在揭煤工作面掘进至距煤层最小法向距离10 m之前,应当至少施工2个穿透煤层全厚且进入顶(底)板不小于0.5 m的前探取芯钻孔,并详细记录岩芯资料,掌握煤层赋存条件、地质构造等,如图6-3所示。当需要测定瓦斯压力时,前探钻孔可用作测压钻孔;若二者不能共用时,则必须在最小法向距离7 m前施工两个瓦斯压力测定钻孔,且应当布置在与该区域其他钻孔见煤点间距最大的位置。

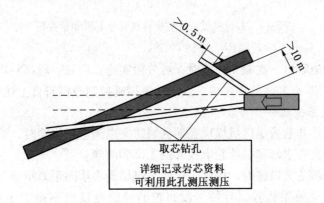

图6-3 揭煤工作面距煤层10 m前探煤钻孔示意图

在地质构造复杂、岩石破碎的区域,揭煤工作面掘进至距煤层最小法向距离20 m之前必须布置一定数量的前探钻孔,也可用物探等手段探测煤层的层位、赋存形态和底(顶)板岩石致密性等情况。

2. 石门揭煤区域预抽范围

穿层钻孔预抽井巷揭煤区域煤层瓦斯区域防突措施的钻孔应当在揭煤工作面距煤层最小法向距离7 m以前实施,并用穿层钻孔至少控制以下范围的煤层:石门和立井、斜井揭煤处巷道轮廓线外12 m(急倾斜煤层底部或者下帮6 m),同时还应当保证控制范围的外边缘到巷道轮廓线(包括预计前方揭煤段巷道的轮廓线)的最小距离不小于5 m。如图6-4所示。

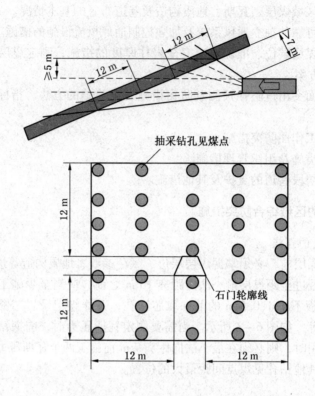

图 6-4 石门揭煤区域防突措施预抽范围和钻孔图

当区域防突措施难以一次施工完成时,可分段实施,但每一段都应当能保证揭煤工作面到巷道前方至少 20 m 之间的煤层内,区域防突措施控制范围符合上述要求。

3. 石门区域效果检验钻孔布置

对穿层钻孔预抽井巷揭煤区域煤层瓦斯区域防突措施进行检验时,至少布置 4 个检验测试点,分别位于井巷中部和井巷轮廓线外的上部和两侧。

当分段实施区域防突措施时,揭煤工作面与煤层最小法向距离小于 7 m 后的各段都必须进行区域防突措施效果检验,且每一段布置的检验测试点不得少于 4 个。如图 6-5 所示。

自煤层顶板揭煤对实施的防突措施效果进行检验时,应当至少增加 1 个位于巷道轮廓线下部的检验测试点。

4. 区域验证方法

根据《防治煤与瓦斯突出细则》规定,经区域预测或者区域防突措施效果检验为无突出危险区的煤层进行揭煤和采掘作业时,必须采用工作面预测方法进行区域验证。而揭煤作业是指从距突出煤层底(顶)板的最小法向距离 5 m 开始,直至揭穿煤层进入顶(底)板 2 m(最小法向距离)的全过程。

井巷揭煤的区域验证,是在揭煤井巷距突出煤层底(顶)板的最小法线距离 5 m 进行(即揭煤作业前进行。地质构造复杂、岩石破碎的区域应当适当加大法向距离),采用的方法是钻屑瓦斯解吸指标法或其他经试验证实有效的方法。如果区域验证有突出危险,

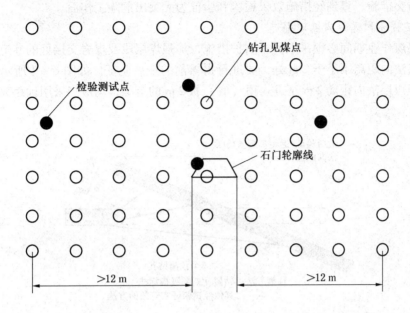

图6-5 井巷揭煤区域检验测试点布置

即进入局部综合防突措施。如果区域验证无突出危险,应当采用物探或者钻探手段边探边掘至距突出煤层法向距离不小于2 m处,然后采用井巷揭煤工作面预测的方法进行揭煤验证。若经揭煤验证仍为无突出危险工作面时,方可揭开突出煤层。

**三、井巷揭煤的局部综合防突措施**

1. 石门揭煤工作面预测

井巷揭煤工作面的突出危险性预测必须在距突出煤层最小法向距离5 m前进行,地质构造复杂、岩石破碎的区域应当适当加大法向距离。如图6-6所示。

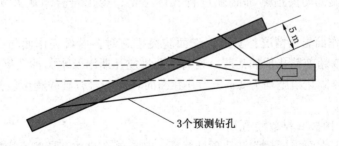

图6-6 5 m前石门揭煤工作面预测示意图

经工作面预测或者措施效果检验为无突出危险工作面时,应当采用物探或者钻探手段边探边掘至距突出煤层法向距离不小于2 m处,然后采用井巷揭煤工作面预测的方法进行揭煤验证。若经揭煤验证仍为无突出危险工作面时,方可揭开突出煤层。

当工作面预测、措施效果检验或者揭煤前验证为突出危险工作面时,必须采取或者补充工作面防突措施，直到经措施效果检验和验证为无突出危险工作面。

2. 揭煤验证和远距离爆破掘进

井巷揭煤作业期间必须采取安全防护措施，加强煤层段及煤岩交接处的巷道支护。在距突出煤层法向距离不小于2 m处，要进行揭煤前的最后验证。如图6-7所示。井巷揭煤工作面距煤层法向距离2 m至进入顶（底）板2 m的范围，均应当采用远距离爆破掘进工艺。

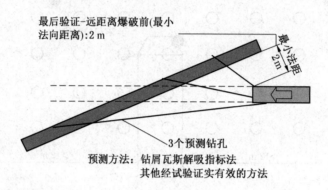

图6-7 揭煤前的最后验证

禁止使用震动爆破揭开突出煤层。

3. 石门揭煤局部防突措施

1）一般要求

（1）井巷揭煤工作面的防突措施包括超前钻孔预抽瓦斯、超前钻孔排放瓦斯、金属骨架、煤体固化、水力冲孔或者其他经试验证明有效的措施。

（2）立井揭煤工作面可以选用前款规定中除水力冲孔以外的各项措施。

（3）金属骨架、煤体固化措施，应当在采用了其他防突措施并检验有效后方可在揭开煤层前实施。

（4）对所实施的防突措施都必须进行实际考察，得出符合本矿井实际条件的有关参数。

（5）根据工作面岩层情况，实施工作面防突措施时，揭煤工作面与突出煤层间的最小法向距离：采取超前钻孔预抽瓦斯、超前钻孔排放瓦斯以及水力冲孔措施均为5 m；采取金属骨架、煤体固化措施均为2 m。当井巷断面较大、岩石破碎程度较高时，还应适当加大距离。

2）超前钻孔预抽（排放）瓦斯

在井巷揭煤工作面采用超前钻孔预抽瓦斯、超前钻孔排放瓦斯防突措施时，钻孔直径一般为75~120 mm。石门揭煤工作面钻孔的控制范围是：石门揭煤工作面的两侧和上部轮廓线外至少5 m，下部至少3 m。立井揭煤工作面钻孔控制范围是：近水平、缓倾斜、倾斜煤层为井筒四周轮廓线外至少5 m；急倾斜煤层沿走向两侧及沿倾斜上部轮廓线外至少5 m，下部轮廓线外至少3 m。钻孔的孔底间距应根据实际考察确定。

揭煤工作面施工的钻孔应当尽可能穿透煤层全厚。当不能一次揭穿（透）煤层全厚时，可分段施工，但第一次实施的钻孔穿煤长度不得小于15 m，且进入煤层掘进时，必须至少留有 5 m 的超前距离（掘进到煤层顶或者底板时不在此限）。

超前预抽钻孔和超前排放钻孔在揭穿煤层之前应当保持抽采或者自然排放状态。

采取排放钻孔措施的，应当明确排放的时间。

3）水力冲孔防突措施

石门揭煤工作面采用水力冲孔防突措施时，钻孔应当至少控制自揭煤巷道至轮廓线外 3~5 m 的煤层，冲孔顺序为先冲对角孔后冲边上孔，最后冲中间孔。水压视煤层的软硬程度而定。石门全断面冲出的总煤量（t）数值不得小于煤层厚度（m）的 20 倍。若有钻孔冲出的煤量较少时，应当在该孔周围补孔。

4）金属骨架措施

井巷揭煤工作面金属骨架措施一般在石门和斜井上部和两侧或者立井周边外 0.5~1.0 m 范围内布置骨架孔。骨架钻孔应当穿过煤层并进入煤层顶（底）板至少 0.5 m，当钻孔不能一次施工至煤层顶（底）板时，则进入煤层的深度不应小于 15 m。钻孔间距一般不大于 0.3 m，对于松软煤层应当安设两排金属骨架，钻孔间距应当小于 0.2 m。骨架材料可选用 8 kg/m 及以上的钢轨、型钢或者直径不小于 50 mm 的钢管，其伸出孔外端用金属框架支撑或者砌入碹内等方法加固。插入骨架材料后，应当向孔内灌注水泥砂浆等不延燃性固化材料。揭开煤层后，严禁拆除金属骨架。

5）煤体固化措施

井巷揭煤工作面煤体固化措施适用于松软煤层，用以增加工作面周围煤体的强度。向煤体注入固化材料的钻孔应当进入煤层顶（底）板 0.5 m 及以上，一般钻孔间距不大于 0.5 m，钻孔位于巷道轮廓线外 0.5~2.0 m 的范围内，根据需要也可在巷道轮廓线外布置多排环状钻孔。当钻孔不能一次施工至煤层顶板时，则进入煤层的深度不应小于 10 m。

各钻孔应当在孔口封堵牢固后方可向孔内注入固化材料。可以根据注入压力升高的情况或者注入量决定是否停止注入。固化操作时，所有人员不得正对孔口。

在巷道四周环状固化钻孔外侧的煤体中，预抽或者排放瓦斯钻孔自固化作业到完成揭煤前应当保持抽采或者自然排放状态，否则，应当施工一定数量的排放瓦斯钻孔。从固化作业完成到揭煤结束的时间超过 5 天时，必须重新进行工作面突出危险性预测或者措施效果检验。

4. 石门揭煤工作面防突措施效果检验内容和方法

工作面执行防突措施后，必须对防突措施效果进行检验。

1）检验内容

工作面防突措施效果检验必须包括以下两部分内容：

（1）检查所实施的工作面防突措施是否达到了设计要求和满足有关规章、标准等规定，并了解、收集工作面及实施措施的相关情况、突出预兆等（包括喷孔、顶钻等），作为措施效果检验报告的内容之一，用于综合分析、判断。

（2）各检验指标的测定情况及主要数据。

2）检验方法

在实施钻孔检验防突措施效果时，分布在工作面各部位的检验钻孔应当布置于所在部位防突措施钻孔密度相对较小、孔间距相对较大的位置，并远离周围的各防突措施钻孔或者尽可能与周围各防突措施钻孔保持等距离。在地质构造复杂地带应当根据情况适当增加检验钻孔。

对井巷揭煤工作面进行防突措施效果检验时,应当选择钻屑瓦斯解吸指标法,或者其他经试验证实有效的方法,但所有用钻孔方式检验的方法中检验孔数均不得少于5个,分别位于井巷的上部、中部、下部和两侧。如图6-8所示。

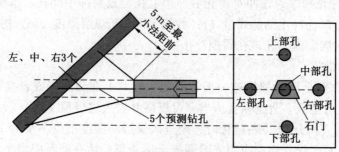

检验方法:钻屑瓦斯解吸指标法
其他经试验证实有效的方法

图6-8 局部措施效果检验

如果工作面措施检验结果的各项指标都在该煤层突出危险临界值以下,且未发现其他异常情况,则措施有效;否则,判定为措施无效,必须重新执行区域综合防突措施或者局部综合防突措施。

5. 石门揭煤安全防护措施

1) 反向风门

在突出煤层的井巷揭煤、煤巷和半煤岩巷掘进工作面进风侧,必须设置至少2道牢固可靠的反向风门。风门之间的距离不得小于4 m。

工作面爆破作业或者无人时,反向风门必须关闭。

2) 远距离爆破

井巷揭穿突出煤层和突出煤层的炮掘、炮采工作面必须采取远距离爆破安全防护措施。

井巷揭煤采用远距离爆破时,必须明确包括起爆地点、避灾路线、警戒范围,制定停电撤人等措施。

井巷揭煤起爆及撤人地点必须位于反向风门外且距工作面500 m以上全风压通风的新鲜风流中,或者距工作面300 m以外的避难硐室内。

# 任务六 防突日常工作管理

## 一、防突管理图板

1. 突出煤层抽掘采动态图板

测量部门随着抽、掘、采工作的推进定时测量巷道的三维坐标,采煤工作面收尺计量，及时填绘抽、掘、采工程平面图，生成新的抽、掘、采动态图。新生成的抽、掘、采动态图能反映出已施工巷道长度，了解设计剩余工程量和掘进工作面目前所处位置；采煤工作面剩余可采长度和剩余储量；瓦斯抽采等内容。

抽、掘、采动态图主要用于生产部门和施工单位掌握工作面目前所处的位置，结合瓦斯地质图分析工作面前方的瓦斯地质情况；根据采掘工作面的剩余工程量或剩余储量，安排抽、掘、采工作结束时所应做的工作和下一步的抽、掘、采接替等。

矿井地测、生产、调度、通风、防突部门以及采掘队应有抽、掘、采动态图，矿井调度室和采掘队应将抽、掘、采工程平面图或施工设计图张贴在办公室或专门会议室的墙壁上，形成图板。采掘队必须做到每班收尺计量，并向调度室汇报。

调度室和采掘队的动态图板至少每天填绘一次，以便于及时预测和分析各采掘工作面前方的瓦斯地质情况，掌握巷道贯通距离、石门见煤位置等情况；以便于采掘队从业人员了解施工工作面前方瓦斯地质情况，准确掌握石门见煤位置、巷道贯通距离等情况，以提前采取针对性的措施，确保安全生产。

2. 现场防突施工图板

采掘工作面事先制作一块带表格的牌板，这种既能填写防突基点到工作面的距离、工作面预测指标、工作面允许推进度，又能记录当班实际推进度的施工牌板称为现场防突施工图板。

现场防突施工图板的主要作用是指导采掘工作面每个班的打眼深度或切割深度，控制工作面安全屏障厚度，防止超采、超掘。突出煤层采掘工作面都必须挂设防突施工图板，每班换班时，打眼工或割煤司机和班长以及瓦斯检查员都应认真阅读防突牌板，了解和掌握当班允许进度，同时应丈量复核防突基点到工作面的距离是否与防突图板上所填写的距离吻合。

## 二、防突管理台账与卡片

1. 突出煤层考察基本参数台账

突出煤层基本参数台账是指突出矿井为煤层瓦斯治理而分水平、分区域建立的瓦斯基本参数考察记录簿。该台账需要保留到矿井开采结束为止。

突出矿井应建立突出煤层基本参数考察台账，考察煤层瓦斯基本参数。矿井开采新水平、新采区，或垂深增大达到 50 m 或采掘范围扩大至新的区域时，应重新进行煤与瓦斯突出鉴定，测定煤层的瓦斯放散初速度 $\Delta p$，煤层坚硬性系数 $f$，煤层瓦斯压力 $p$，观测煤的破坏类型；还应测定煤层瓦斯含量，煤层透气性系数，煤层瓦斯有效抽采半径等基础参数。

2. 煤柱台账

煤柱台账是指突出矿井开采保护层过程中，建立一种由于地质构造、顶板破碎或地面有建筑物等经批准而留设煤柱的记录簿，专门为防治煤与瓦斯突出而建立。台账所记录的数据还可以应用到储量管理、煤炭储量计算中去。

保护层开采工作面应尽可能不留设煤柱，收净充填物，促使邻近煤层充分卸压，消除突出煤层的突出危险性。如因特殊原因必须留设煤柱时，应报告矿总工程师或技术负责人，经同意后方可留设，但必须将煤柱留设的位置、煤柱的大小以及影响范围及时录入煤柱台账，并填绘到瓦斯地质图上。

煤柱台账的主要作用是为开采巷道布置、煤层瓦斯抽采钻孔布置以及其他防突措施的实施，防止采煤工作面误入煤柱区提供可靠的依据。

3. 瓦斯抽采台账

矿井瓦斯抽采台账可分为抽采设备管理台账、瓦斯抽采钻孔施工管理台账、瓦斯抽采流量管理台账 3 种台账。

抽采设备管理台账至少应包括真空泵的型号、数量，钻机的型号、数量，各种管道的型号、长度以及检测负压、浓度、流量的仪器仪表等。

瓦斯抽采钻孔施工管理台账应包括工作面编号或巷道名称，钻场、钻孔编号，钻孔设计抽采半径、方位、倾角、长度、封孔长度等参数，钻孔实际验收的抽采半径、方位、倾角、长度等参数。

抽采流量管理台账应包括工作面编号、巷道名称、钻场、钻孔编号，始抽时间、钻孔单孔流量、工作面总流量、巷道总流量、矿井总流量等。

瓦斯抽采钻孔施工管理台账和抽采流量管理台账应以时间先后顺序分采掘工作面建立，以便进行抽采效果评估或预抽防突效果检验时使用。

抽采设备管理台账主要为抽采设备更新计划或抽采范围扩大新增设备计划以及设备维护检修时所需零配件计划提供依据。

瓦斯抽采钻孔施工管理台账的作用在于分析煤层瓦斯抽采效果，查找抽采设计、钻孔施工中存在的问题，改进下一步工作；抽采流量管理台账主要作用是分析评估煤层瓦斯抽采效果，或结合钻孔施工管理台账划分预抽防突检验单元和防突效果评估。

4. 防突设备仪表使用和完好台账

为确保突出危险预测仪器仪表完好、测试的数据准确，仪器仪表数量满足矿井突出危险性预测的需要、有适当的备用，防突部门应设专人负责仪器仪表的维护、管理和校核工作，并建立防突仪器仪表使用管理台账。

所有仪器仪表均应编号、填写台账，其内容为仪器仪表编号、入井时间、仪表误差及携带仪表入井者的姓名。损坏的仪表不得继续使用，必须及时更换。

突出危险性预测仪器仪表应按规定的时间要求和技术标准定期进行校核，校核前应将待校核仪器仪表编号、允许误差、校核日期、校核人姓名等逐一登记记录。当校核误差大于或等于允许误差时即为不合格，不合格的仪器仪表应立即做好记录。

5. 煤与瓦斯突出记录卡片

为了统计煤与瓦斯突出次数，掌握突出工作面煤层埋深、煤层赋存状态，工作面通风系统、配风量、瓦斯涌出量，工作面采取防突措施和采掘作业工艺，矿井有无突出预兆、突出时间、突出强度以及突出特征等专门制作的一种记录卡片。

煤与瓦斯突出记录卡片连同总结资料应按有关要求上报省级原煤矿安全监管机构和驻地煤矿原安全监察机构。

煤与瓦斯突出记录卡片的主要作用是统计一个矿井、一个地区或全国煤与瓦斯突出次数，突出类型，分析煤与瓦斯突出的基本规律，统计分析各类防突措施的有效性等。矿井应每年对全年的防突技术资料进行系统分析总结，并提出整改措施。

### 三、防突工作现场管理

1. 防治煤与瓦斯突出预测通知单与检验通知单

工作面预测通知单与检验通知单,是针对突出煤层采掘工作面突出危险性预测或局部防突措施效果检验而制作的一种便于预测工作落实,由有关部门和领导审批、施工单位执行的通知单。

这种通知单在企业内部具有明确的责任和法律效力。现场预测人员必须对预测(检验)的数据、收集资料的真实性和可靠性负责;审批人必须对预测(检验)通知中所反映突出资料内容的完整性、全面性以及可靠性负责;执行单位区队长必须按矿技术负责人批准的通知单和相应的技术要求组织施工;否则,必须负相应的法律责任。

在采掘工作面作业前,事先要知道采掘工作面是否具有突出危险,必须进行预测或进行措施效果检验。如果预测(检验)有突出危险时,以便采取防突措施,消除突出危险性,以保障采掘工作面作业的安全。

为使预测(检验)工作方便和不漏项,必须提前制作预测(检验)通知单。预测(检验)通知单制作要求,应将预测(检验)所要做的工作内容完整、齐全地记录在表格中,以便有关领导审查、批准,施工单位执行以及各监管部门监督检查。

2. 防突钻孔施工定位和检查

为确保预测钻孔达到设计的技术要求,在钻孔施工前应将巷道的中腰线延伸到工作面迎头,然后根据煤层赋存情况,以巷道的中腰线或轮廓线为基点,丈量基点到设计钻孔之间的距离,确定预测钻孔开孔的位置。

然后在平行于眼口的适当距离,用钢钉钉入煤壁,将麻绳一端固定在钢钉上,麻绳的另一端拖到巷道后方适当位置并拽紧,用地质罗盘端好钻孔设计方位,将麻绳逐步调整地质罗盘所端的方位,然后将麻绳初步固定在巷道支架上。

用地质罗盘紧靠麻绳测定以调整到钻孔设计倾角为准,最后将麻绳固定在巷道的支架上作为预测钻孔施工的参照物。当钻孔施工完后,在钻孔内插入一根不小于 1.5 m 长的炮棍,用地质罗盘校核钻孔的方位和倾角,施工好的钻孔应满足设计要求。

3. 防突基点及防突标志点的设置和检查

在工作面后方巷道的顶板或两帮上设置一个明显而固定的收尺标志点,该标志点随着采掘工作面的推进而不断前移。该基点用于每个措施循环复尺和每个掘进循环前后收尺,确定措施孔、掘进炮眼深度和控制掘进进尺和采煤工作面推进度,填写防突牌板,防止超采超掘的基础控制点称为防突基点。

防突基点可在工作面后方巷道的顶部或帮上打一个深度不小于 300 mm 的孔,并插入木桩打紧打牢。当防突基点距离工作面的距离太大时,预测人员应将防突基点向工作面移动,移动后必须重新丈量基点到工作面的距离,及时填入预测(检验)通知单,作为新的防突基点,并及时通知矿调度室和施工单位。

预测(检验)人员在每次预测(检验)钻孔施工前必须复核防突基点到工作面的距离,监督检查采掘队是否有超采和超掘现象,工作面突出危险性预测(检验)完成后,准确填写预测(检验)通知单。

抽采设备管理台账主要为抽采设备更新计划或抽采范围扩大新增设备计划以及设备维

护检修时所需零配件计划提供依据。

瓦斯抽采钻孔施工管理台账的作用在于分析煤层瓦斯抽采效果，查找抽采设计、钻孔施工中存在的问题，改进下一步工作。

抽采流量管理台账主要作用是分析评估煤层瓦斯抽采效果，或结合钻孔施工管理台账划分预抽防突检验单元和防突效果评估。

## 任务七 煤与瓦斯突出案例分析

2014年10月5日18时46分，永贵能源开发有限责任公司黔西县新田煤矿发生一起重大煤与瓦斯突出事故，造成10人死亡，4人受伤，直接经济损失1935万元。

事故调查组经过现场勘察、调查取证和技术鉴定分析，查明了事故原因。

### 一、基本情况

1. 矿井概况

新田煤矿为设计生产能力 $0.6 \times 10^6$ t/a 的生产矿井，隶属于永贵能源开发有限责任公司（以下简称永贵公司）。现有新田煤矿等8处矿井（其中2处为托管）。

新田煤矿矿区内有 M4、M5、M8、M9、M12 五层可采煤层，其中 M4、M9 全区可采，M4 煤层平均厚度 2.8 m，M9 煤层平均厚度 2.1 m，为主采煤层；该矿为煤与瓦斯突出矿井，M4、M9 煤层均为突出煤层。煤层均属不易自燃煤层、煤尘无爆炸危险性。矿井绝对瓦斯涌出量 47.62 m³/min，相对瓦斯涌出量 43.65 m³/t。其中，M4 煤层最大瓦斯含量为 20.59 m³/t，最大瓦斯压力 2.32 MPa，瓦斯放散初速度 45 mmHg，坚固性系数 0.5。

矿井采用斜井单水平上下山开拓，共划分为4个采区，开采顺序按煤层层位先上后下开采，首采 M4 煤层。采用联合布置，倾斜长壁综合机械化采煤法。主斜井采用带式输送机运输，副斜井采用绞车提升。中央并列抽出式通风，矿井总风量 9571 m³/min。

事故发生时，井下布置有 1401 综采工作面，1404 回风巷、1404 运输巷、北翼 4 号联络巷、1403 底抽巷、1402 运输巷（反掘）等5个掘进工作面，采掘工作面均已实现综合机械化。

2. 事故点简况

事故发生于 1404 回风巷，设计长度 1181 m，2014年4月开始施工，在南翼回风大巷开口，沿 M4 煤层底板正坡掘进至 200 m 揭穿 M4 煤层后，沿煤层掘进，至事故发生时已掘进 375 m。巷道为矩形断面，净宽 4.6 m，净高 2.8 m，断面为 12.8 m²，采用锚网、钢带、锚索联合支护，综合机械化掘进，带式输送机运输。

依据 1404 回风巷底板瓦斯抽放巷揭露的构造，对应 1404 回风巷在掘进工作面迎头点向后 15 m 左右有一小型背斜，其轴部位于回风巷 360 m 处；另据 1404 运输巷底板瓦斯抽放巷在 S3+47 m 位置揭露 F1404-2 正断层（方位角 110°、倾角 69°、落差 2.5 m），其尖灭区域位于工作面迎头附近，但该断层在 1404 回风巷和其底板瓦斯抽放巷对应位置均未见到；1404 运输巷底板瓦斯抽放巷揭露的轴部位于 S5+15 m 位置的小型背斜，在平面上与 1404 回风巷揭露的小型背斜为同一构造，该小型背斜轴部曲率自 1404 运输巷到 1404 回风巷逐渐变小。

根据专家组现场勘察认定，在1404回风巷360 m位置，揭露小型背斜轴部之后由上山施工变为下山施工，煤层倾角局部前倾19°，煤层厚度由2.8 m增厚到3.5 m，而且煤层中滑面、镜面、揉皱发育，煤层破碎，层理消失，煤体疏松，成为构造煤。

3. 防突设计及实施情况

1) 区域防突措施设计

1404工作面设计采用底板岩巷穿层钻孔预抽煤巷条带瓦斯和顺层钻孔预抽工作面瓦斯的区域性防突措施。底板瓦斯抽放巷布置在M4煤层底板，在底板巷施工上向穿层钻孔，预抽1404工作面运输巷和回风巷条带区域瓦斯，经过抽采，在区域效果检验达标后，进行工作面的运输巷、回风巷掘进。

2) 1404回风巷穿层钻孔防突措施

事故发生地点距1404回风巷开口处375 m的位置，该位置在第三循环（最后一个循环）消突评价范围内。第三循环消突评价范围为363~623 m对应的28~65号钻场间，共有穿层钻孔307个、补充钻孔125个、水力冲孔91个、水力压裂孔8个。

3) 事故前区域措施效果检验情况

2014年9月30日，新田煤矿会审通过了《新田煤矿1404回风顺槽（363~623 m）第三循环区域瓦斯抽采消突评价报告》。该报告主要依据2014年9月11—18日施工的5个检验孔，实测残余瓦斯含量为6.26~7.87 $m^3/t$，故作出1404回风巷在363~623 m范围内煤层已消突的结论。

4) 局部防突措施

1404回风巷掘进工作面防突专项设计规定工作面有突出危险性时，施工超前排放钻孔进行消突，最后一个排放钻孔施工完成8 h后才能进行防突措施效果检验。排放钻孔孔径75 mm，孔深9 m，共施工两排，每排8个，并且保留5 m以上的措施超前距。

2014年9月15日至10月5日，1404工作面回风巷掘进过程中，在345~375.8 m范围内共进行了7次效果检验，K1值最大为0.41，钻屑量最大为3.7 kg/m，每次效果检验留有2 m的超前距。2014年10月2日，永贵公司毕节片区小分队对新田煤矿进行安全检查，共查出隐患40条。其中一条为"在1402回风巷检测中间孔4 m时，K1值为0.62，钻屑量为3.1 kg；而矿上10月2日当班校检K1值为0.26，钻屑量为3.3 kg，批掘7 m，已掘进6 m，现场要求停止掘进，打排放孔"。新田煤矿按要求施工排放钻孔后，经10月3日效果检验其指标不超后，正常掘进。

## 二、事故发生及抢险救援情况

1. 事故发生经过

2014年10月5日，新田煤矿按惯例星期天不召开早班调度会，工作由各区队自行安排。中班各区队共计安排入井134人，分别在井下6个地点作业。其中，掘进一队队长罗某于14时召开班前会，对1404回风巷掘进工作面的工作进行了安排，由跟班队长张某、瓦检员何某（冒名顶替有证人员熊某）率领工人李某、罗某、吴某、卢某、刘某、陈某共计8人到1404回风巷正常掘进。

10月5日17时17分，地面监测监控系统显示1404回风巷T1探头瓦斯浓度超限，最大值达1.21%，超限时长7分27秒。当班监控员冯某立即向值班调度员张某汇报，同时给总工程师李某等人发了超限信息；张某随即打电话向值班矿领导赵某、总工程师李某等人进行了汇报；值班矿领导赵某仅要求张某向李某汇报并查明原因，没有按照制度规定在10 min内赶到调度室指挥撤人（直到事故发生后才赶到调度室）。李某接报后要求张某查明原因后再向其反馈情况。张某随后打电话告知掘进一队地面值班员王某"1404回风巷瓦斯超限，要求其查明原因"。王某立即给掘进一队队长罗某打电话汇报，罗某要求其联系1404回风巷作业的掘进一队跟班队长张某，了解瓦斯超限原因，根据情况决定是否撤人；王某马上和张某取得了联系，张某称因片帮引起瓦斯超限，之后王某将瓦斯超限原因向矿调度室做了汇报。不久，李某给张某打电话询问瓦斯超限原因，张某称是片帮引起的，随即李某给永贵公司总工程师王某进行了汇报。至18时4分，该工作面又连续3次瓦斯报警，瓦斯浓度达到0.8%～1.0%（瓦斯报警浓度为0.8%），张某均按规定进行了汇报，但未引起矿领导重视。18时46分，1404回风巷发生突出，突出煤岩量约2500 t，突出瓦斯量约22万 m³。经清点人数，升井126人（其中2人死亡，4人重伤），8人失踪。

2. 事故信息上报情况

10月5日18时46分，新田煤矿发生煤与瓦斯突出事故后，煤矿未将事故情况向黔西县政府及有关部门报告。县安监局领导接到县监控中心新田煤矿井下瓦斯大面积超限的后赶赴事故现场，19时45分到达煤矿时，煤矿还未核实清楚井下人员情况；县政府及有关部门接到县安监局报告后赶到新田煤矿，立即要求煤矿清点人数。经核查，确定事故造成6人受伤，8人被困。22时56分，黔西县安监局将事故情况向毕节市安监局报告；23时24分毕节市安监局应急救援中心书面向省安监局调度值班室汇报了事故情况；23时55分省安监局以较大涉险事故专报上报国家安全监管总局总值班室；10月6日6时30分，经再次核实，受伤的6人中有2人已死亡；6时55分，省安监局以重大涉险事故上报了国家安全监管总局总值班室。

3. 事故救援情况

事故发生后，张某立即将事故情况向总工程师及有关矿领导进行了报告。矿长李某、总工程师李某、值班矿领导赵某等先后赶到调度室，并启动了应急预案。19时20分，李某召请永贵救护大队参加救援。永贵救护大队2个救护小队赶到矿上后，于19时50分入井侦察后开展搜救工作。

经全力抢险，陆续在1404回风巷突出堆积的煤岩中搜寻到8名失踪人员（均已遇难），10月15日12时16分，最后一名遇难人员搬运出井，抢险救援结束。

### 三、事故原因及性质

1. 直接原因

1404回风巷掘进工作面施工进入复杂地质构造带，未调整区域防突措施，钻孔覆盖面未达到要求，煤体实际未消突；在有突出预兆的情况下，综掘机掘进诱导煤与瓦斯突出。

2. 间接原因

1) 新田煤矿

（1）防突工作不到位。①防突措施调整不及时，1404回风巷掘进工作面在掘进至

360 m 处存在褶曲、煤层变厚等情况，未停止掘进补充或修改防突设计；②穿层抽放钻孔未严格按照规定进行验收，导致部分穿层抽放钻孔与设计不符，区域性防突措施不到位，煤体未消突；③1404 回风巷进入地质构造复杂的区域后，其第三循环区域消突评价 260 m 范围，仅布置了 5 个检测点，未在地质构造复杂区域增加检测点；④新技术应用未充分了解其安全技术特性，采取必要的安全防护措施；违反水力压裂技术施工工序，在掘进施工的同时实施水力压裂工作；⑤煤矿主要负责人未做到每月、每季度进行专项防突研究，对防突工作重视不够。

（2）瓦斯超限撤人制度不落实。①虽制定了瓦斯超限的分级处理规定，但未对瓦斯超限立即撤人作出规定；②事故当班，1404 回风巷从 17 时 17 分起，瓦斯在 1.02% ~ 1.21% 之间，瓦斯超限时间达 7 分 27 秒，煤矿未停止作业并撤人。

（3）管理混乱，隐患治理工作存在差距。①遇难人员中有 2 名工人为冒用他人身份证件登记上岗，部分特种作业人员无证上岗；②对多次出现甲烷传感器不按规定位置安设、定期校验等隐患未采取有效措施处理；③事故发生后，未按规定及时向有关部门报告事故情况。

2）永贵公司

（1）瓦斯管理制度不完善，管理不严格。①制定瓦斯超限的分级处理规定，未明确瓦斯超过 1% 立即撤人；②多次发现新田煤矿瓦斯超限后，未督促其认真分析并采取针对性的措施；③监控中心未配备专职监控员，由调度员兼任，且未进行培训。监控系统运行不正常，不能实现正常语音提示报警，导致 10 月 5 日 17 时 17 分新田煤矿瓦斯超限，直到 17 时 40 分值班调度员才发现瓦斯超限；④公司值班领导及总工程师在接到新田煤矿瓦斯超限的报告后，未督促煤矿及时撤出人员。

（2）隐患治理工作不扎实，隐患统计分析不到位。①对检查出的重大隐患，未按规定挂牌督办和进行跟踪落实。10 月 2 日，公司毕节片区监察小分队在对新田煤矿检查时查出 1404 回风巷 K1 值超标，仅要求停止掘进施工排放孔，未及时进行跟踪和督促落实；②对新田煤矿瓦斯多次超限、井下甲烷传感器经常不按要求安设、误差较大（最大误差达 0.51%）等隐患，未认真督促煤矿进行分析并采取有效治理措施。

（3）技术审批不严格，防突工作不认真。①公司将"一通三防"会议和防突专题会议合并，多次由公司总工程师主持召开安排部署防突工作，主要负责人未按规定每月、每季度进行专项防突研究；②未按规定要求对新田煤矿采掘工作面防突专项设计、区域治理措施、掘进工作面的消突评价报告进行专项审批。

（4）防突新技术应用管理不到位。①公司在引进水力压裂新技术时，未对该项技术进行安全性及实用性专题论证就下发了推广该项技术的文件；②未督促新田煤矿将专项设计、施工方案及安全措施等报批，未制止煤矿在生产区域违反水力压裂技术施工工序进行施工。

3）河南能源化工集团有限责任公司及子公司

（1）永城煤电控股集团有限公司（永煤集团股份有限公司）安全管理不严格。①对瓦斯超限立即撤人未做出明确规定；②督促永贵公司加强隐患排查治理工作方面存在不足；③对永贵公司防突技术审批、新技术运用中存在的问题失察；④公司主要负责人未按规定每月、每季度进行专项防突研究。

(2) 河南能源化工集团有限责任公司对下属子公司安全生产工作督促检查不力。

4) 黔西县政府和相关部门

(1) 黔西县原安全生产监督管理局（黔西县煤矿安全生产监督管理局）安全监管工作不力。对新田煤矿开展隐患排查工作督促不力，对检查中发现的隐患整改跟踪落实不够；黔西县瓦斯监控中心监控人员未经过相关业务知识系统培训，监控信息处置工作流程不清。

(2) 黔西县工业经济和能源局行业管理工作不扎实。行业管理工作流于形式，存在以会议贯彻会议，以文件落实文件的情况，工作有安排和布置，但未具体落到实处。

(3) 黔西县政府在贯彻落实《省人民政府办公厅关于贯彻落实〈国务院办公厅关于进一步加强煤矿安全生产工作的意见〉的实施意见》（黔府办发〔2013〕60号）上存在差距，在督促相关部门对国有煤矿监管工作上存在不足。

# 习 题 六

## 一、单选题

1. 石门揭煤工作面的突出危险性预测应当选（　　）和其他经试验证实有效的方法。

   A. 单项指标法　　　　　　　　B. 钻屑瓦斯解吸指标法
   C. 地质统计分析法　　　　　　D. 其他方法

2. 关于煤（岩）与瓦斯（二氧化碳）突出事故的救护措施，不正确的是（　　）。

   A. 发生煤与瓦斯突出事故，首先停风或反风
   B. 发生煤与瓦斯突出事故时，要根据井下实际情况决定是否停电
   C. 瓦斯突出引起火灾时，要采取综合灭火或惰性灭火
   D. 处理岩石与二氧化碳突出事故时，必须对灾区加大风量，迅速抢救遇险人员

3. 实施石门揭煤远距离爆破需距揭露煤层法距（　　）处开始。

   A. 10 m　　　　B. 7 m　　　　C. 5 m　　　　D. 2 m

4. 突出矿井的突出危险区，掘进工作面进风侧必须设置至少（　　）道牢固可靠的反向风门。

   A. 2　　　　　B. 3　　　　　C. 4

## 二、多选题

1. 煤（岩）与瓦斯（二氧化碳）突出的安全防护措施有（　　）。

   A. 远距离爆破　　　　　　　　B. 大面积瓦斯预抽
   C. 预留开采保护层　　　　　　D. 反向防突风门

2. 井巷揭煤工作面时，可采用（　　）等技术措施。

   A. 抽放瓦斯　　B. 水力冲孔　　C. 排放钻孔　　D. 金属骨架

3. 局部综合防突措施包括下列内容有：（　　）。

   A. 工作面突出危险性预测　　　B. 工作面防突措施
   C. 工作面措施效果检验　　　　D. 安全防护措施

4. 防治煤与瓦斯突出的安全防护措施包括（　　）。

   A. 远距离爆破　　B. 避难硐室　　C. 反向风门　　D. 压风自救系统

E. "六大"系统

### 三、判断题

1. 防突工作应坚持局部防突措施先行的原则。（　）
2. 突出煤层的每个煤巷掘进工作面和采煤工作面都应当编制工作面专项防突设计，报矿技术负责人批准。实施过程中当煤层赋存条件变化较大或巷道设计发生变化时，还应当作出补充或修改设计。（　）
3. 在突出矿井的无突出危险工作面进行采掘作业时，可不采取任何安全防护措施。（　）
4. 突出煤层的掘进工作面应当避开邻近煤层采煤工作面的应力集中范围。（　）
5. 未按要求采取区域综合防突措施的，可以采取局部综合防突措施进行采掘活动。（　）
6. 突出煤层任何区域的任何工作面进行揭煤和采掘作业前，均必须执行安全防护措施。（　）
7. 突出煤层的掘进工作面应当避开邻近煤层采煤工作面的应力集中范围。（　）
8. 采取金属骨架措施预防煤与瓦斯突出时，揭穿煤层后，应拆除或回收骨架。（　）
9. 有煤与瓦斯突出危险的掘进工作面的进风侧必须安设防突反向风门。（　）
10. 防突措施分为区域性防突措施和局部防突措施两类。（　）
11. 无突出危险工作面必须在采取安全防护措施并保留足够的突出预测超前距或防突措施超前距的条件下进行采掘作业。（　）
12. 在揭煤工作面用远距离爆破揭开突出煤层后，若未能一次揭穿至煤层顶（底）板，则仍应当按照远距离爆破的要求执行，直至完成揭煤作业全过程。（　）
13. 工作面防突措施是针对经工作面预测尚有突出危险的局部煤层实施的防突措施。其有效作用范围一般仅限于当前工作面周围的较小区域。（　）
14. 立井揭煤工作面可以采用水力冲孔防突措施。（　）
15. 斜井揭煤工作面的防突措施应当参考石门揭煤工作面防突措施进行。（　）
16. 水力冲孔措施一般适用于打钻时具有自喷（喷煤、喷瓦斯）现象的煤层。（　）
17. 揭煤工作面施工的钻孔，不能穿透煤层全厚。（　）
18. 石门和立井揭煤工作面煤体固化措施适用于松软煤层，用以增加工作面周围煤体的强度。（　）
19. 若突出煤层煤巷掘进工作面前方遇到落差超过煤层厚度的断层，应按石门揭煤的措施执行。（　）
20. 采煤工作面松动爆破时，可以不按远距离爆破的要求执行。（　）
21. 检验孔的深度应当大于防突措施钻孔。（　）
22. 有突出煤层的采区必须设置采区避难所。（　）
23. 在突出煤层的石门揭煤和煤巷掘进工作面进风侧，必须设置至少2道牢固可靠的反向风门，人员进入工作面时必须把反向风门打开、顶牢。工作面爆破和无人时，反向风门必须关闭。（　）

### 四、简答题

1. 局部综合防突措施包括哪几个方面的内容？

2. 我国常见的工作面局部防突措施有哪几种？
3. "四位一体"局部综合防突措施基本程序和要求是什么？
4. 简述有哪些安全防护措施。
5. 简述井巷揭煤防突过程。
6. 简述各类工作面措施效果检验方法。

# 情景七 矿井瓦斯抽采技术

**学习目标**
➢ 理解瓦斯抽采的概念、作用及意义。
➢ 掌握矿井瓦斯抽采的条件和方法。
➢ 熟悉矿井瓦斯抽采系统的工作原理。
➢ 了解穿层水力扩孔等瓦斯抽采新技术。
➢ 掌握矿井瓦斯抽采设计的步骤和方法。
➢ 熟练掌握各种瓦斯抽采方法的适用性。
➢ 了解综合瓦斯抽采技术。

为了减少和解除矿井瓦斯对煤矿安全生产的威胁,利用机械设备和专用管路造成负压,将煤层中存在或释放出的瓦斯抽出来,输送至地面或其他安全地点的做法,称为矿井瓦斯抽采。

瓦斯抽采具有重要的意义,它是解决目前我国煤矿瓦斯事故特别是重特大瓦斯事故的根本措施。瓦斯抽采不仅能减少通风负担、降低通风费用,对消除煤与瓦斯突出起到釜底抽薪的作用;还可以把瓦斯作为宝贵的瓦斯资源,加以利用,化害为利。

## 任务一 矿井瓦斯抽采的条件

瓦斯是成煤过程中产生的,主要存在于煤系地层中。在目前的技术和经济条件下,并不是所有的瓦斯都可以进行抽采。要进行瓦斯抽采,必须做到技术上可行、经济上合理。

是否对煤层瓦斯进行抽采,在我国是以矿井瓦斯涌出量的大小作为瓦斯抽采的基本条件的,其总原则为:如果利用合理的通风的方法不能将涌出的瓦斯稀释至《煤矿安全规程》允许的安全浓度,就必须考虑进行瓦斯抽采,反之,则可以不考虑瓦斯抽采。

**一、矿井瓦斯抽采的必要性**

抽采瓦斯的必要性应对矿井、回采工作面及掘进工作面分别进行抽采瓦斯必要性分析。

1. 国家相关规定

瓦斯抽采是防治瓦斯事故的根本措施,所以《煤矿安全规程》对瓦斯抽采进行了严格的规定。

《煤矿安全规程》第一百八十一条规定,突出矿井必须建立地面永久抽采瓦斯系统。有下列情况之一的矿井,必须建立地面永久抽采瓦斯系统或者井下临时抽采瓦斯系统:

(1) 任一采煤工作面的瓦斯涌出量大于 5 $m^3$/min 或者任一掘进工作面瓦斯涌出量大于 3 $m^3$/min,用通风方法解决瓦斯问题是不合理的。

(2) 矿井绝对瓦斯涌出量达到下列条件的:①大于或者等于 40 $m^3$/min;②年产量

1.0~1.5 Mt 的矿井，大于 30 m³/min；③年产量 0.6~1.0 Mt 的矿井，大于 25 m³/min；④年产量 0.4~0.6 Mt 的矿井，大于 20 m³/min；⑤年产量小于或者等于 0.4 Mt 的矿井，大于 15 m³/min。

2. 通风能力处理瓦斯量核定

当一个矿井、采区或工作面的绝对瓦斯涌出量大于通风所能允许的瓦斯涌出量时，就要抽采瓦斯，即

$$q > q_f = \frac{0.6vSC}{K} \tag{7-1}$$

式中 $q$——矿井（采区或工作面）的瓦斯涌出量，m³/min；

$q_f$——通风所能承担的最大瓦斯涌出量，m³/min；

$v$——通风巷道（或工作面）允许的最大风速，m/s；

$S$——通风巷道（或工作面）断面积，m²；

$C$——《煤矿安全规程》允许的风流中的瓦斯浓度，%；

$K$——瓦斯涌出不均衡系数，取值为 1.2~1.7。

3. 能源利用和环境保护

瓦斯是宝贵的清洁资源同时也是很强的大气温室效应气体，所以抽采瓦斯既有效的利用的能源，又保护了我们居住的地球环境。

瓦斯是一种优质资源，对煤矿瓦斯进行抽放并加以利用，可以给煤矿带来较好的经济效益。我国埋藏 2000 m 以内瓦斯资源量相当于 40 Gt 标准煤，按我国现有能耗标准，相当于我国约使用 27 年的能源。

$CH_4$ 是造成温室效应的主要气体之一，据测算，大气中 $CH_4$ 浓度每增加 $1 \times 10^{-6}$，地球表面温度增加 1 ℃。

每摩尔 $CH_4$ 引起气候变化的作用是每摩尔 $CO_2$ 的 26 倍，因此，减少 $CH_4$ 排放要比减少等量的 $CO_2$ 排放对减少温室效应的贡献要大 20~60 倍。

## 二、矿井瓦斯抽采的可行性

一个矿井、采区或工作面符合《煤矿安全规程》规定的条件应该抽采瓦斯，但真正抽采时不一定能抽出瓦斯。能否抽采出瓦斯主要取决于煤层瓦斯抽采的难易程度，即瓦斯抽采的可行性如何。瓦斯抽采的可行性是指在原始透气性条件下进行预抽的可能性。一般来说，其衡量指标有两个：一为煤层的透气性系数 $\lambda$；二为钻孔瓦斯流量衰减系数 $\alpha$。

1. 煤层的透气性系数

煤层透气性系数是反映煤层瓦斯流动难易程度的标志，其物理意义是 1 m 长的煤体上，其压力平方差为 1 $MPa^2$ 时，通过 1 m² 煤层断面每日流过的瓦斯量，单位为 m²/($MPa^2 \cdot d$)，1 m²/($MPa^2 \cdot d$) = 0.025 mD（毫达西）。

煤层透气性系数测定方法为：

(1) 从岩石巷道向煤层打钻孔，要求钻孔与煤层尽量垂直，记录钻孔方位角和仰角以及钻孔在煤层中的长度，记录钻孔进入煤层和打完煤层的时间（年、月、日、时、分），取这两个时间的平均数，作为打钻时钻孔开始排放瓦斯的起点时间。

(2) 封孔测定钻孔瓦斯压力，封孔要严密不漏气，封孔深度不小于 5 m，测压管常用

直径 8~10 mm 紫铜管，瓦斯涌出量大时可采用直径 15 mm 的钢管。上压力表前，要测定钻孔瓦斯流量，并记录流量和测定流量时的时间（年、月、日、时、分）。

（3）压力上升到煤层真实瓦斯压力或压力稳定后，开始测定煤层的透气性能。卸下压力表排放瓦斯，测量钻孔瓦斯流量，记录卸下压力表大量排瓦斯的时间和每次瓦斯流量和排放时间，两者的时间差即为时间准数中的值。

煤层透气性测定图如图 7-1 所示。

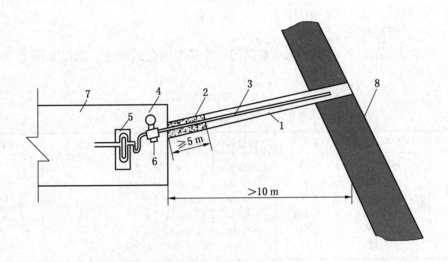

1—钻孔；2—封孔材料；3—测定管；4—压力表；5—流量计；6—控制阀；7—巷道；8—煤层

图 7-1　煤层透气性测定图

煤层透气性系数的计算：
根据上述方法所测的数据，用以下公式进行计算：

$$Y = aF_0^b \tag{7-2}$$

式中　$Y$——流量准数，无因次；
　　　$F_0$——时间准数，无因次；
　　　$a$、$b$——系数与指数，无因次。

$$Y = \frac{qr_1}{\lambda(p_0^2 - p_1^2)} \tag{7-3}$$

式中　$p_0$——煤层原有的绝对瓦斯压力，MPa；
　　　$r_1$——钻孔半径，m；
　　　$p_1$——钻孔排瓦斯时的瓦斯压力，一般取 0.1013 MPa；
　　　$\lambda$——煤层透气性系数，$m^2/(MPa^2 \cdot d)$；
　　　$q$——在排放时间为 $t$ 时，钻孔煤壁单位面积瓦斯流量，$m^3/(m^2 \cdot d)$；

$$q = \frac{Q}{2\pi r_1 L} \tag{7-4}$$

　　　$Q$——在时间 $t$ 时的钻孔总流量，$m^3/d$；
　　　$\pi$——3.1416；

$L$——钻孔长度，一般等于煤层厚度，m。

$$F_0 = \frac{4\lambda t p_0^{1.5}}{\alpha r_1^2} \tag{7-5}$$

式中　$t$——从开始排放瓦斯到测量瓦斯比流量 $q$ 的时间间隔，d；

　　　$\alpha$——煤层瓦斯含量系数，$m^3/(m^3 \cdot MPa^{1/2})$；

$$\alpha = X/\sqrt{p}$$

$X$——煤层瓦斯含量，$m^3/t$；

$p$——煤层瓦斯压力，MPa。

由于流量准数随时间准数变化，难以用一个简单的公式表达，所以采用了分段表示法，见表7-1。

表7-1 透气性系数计算表

| 流量准数 $Y$ | 时间准数 $F_0 = B\lambda$ | 系数 $a$ | 指数 $b$ | 煤层透气性系数 $\lambda$ | 常数 $A$ | 常数 $B$ |
|---|---|---|---|---|---|---|
| $Y = aF_0^b$ $Y = \dfrac{A}{\lambda}$ | $10^{-2} \sim 1$ | 1 | -0.38 | $\lambda = A^{1.61} B^{1/1.64}$ | $A = \dfrac{qr_1}{p_0^2 - p_1^2}$ | $B = \dfrac{4 \times p_0^{1.5}}{\alpha \cdot r_1^2}$ |
| | $1 \sim 10$ | 1 | -0.28 | $\lambda = A^{1.39} B^{1/2.56}$ | | |
| | $10 \sim 10^2$ | 0.93 | -0.20 | $\lambda = 1.1 A^{1.25} B^{0.25}$ | | |
| | $10^2 \sim 10^3$ | 0.588 | -0.12 | $\lambda = 1.83 A^{1.14} B^{1/7.3}$ | | |
| | $10^3 \sim 10^5$ | 0.512 | -0.10 | $\lambda = 2.1 A^{1.11} B^{1/9}$ | | |
| | $10^5 \sim 10^7$ | 0.344 | -0.065 | $\lambda = 3.14 A^{1.07} B^{1/14.4}$ | | |

计算步骤：

第一步：根据测定所得参数，计算出 $A$、$B$ 值。

第二步：一般选择 $\lambda$ 计算公式进行试算（时间 $t$ 小于 1 天时，可先用 $F_0 = 1 \sim 10$ 公式；时间在 1 天以上时，可先用 $F_0 = 10^2 \sim 10^3$ 公式作第一次试算）。

第三步：把求出的 $\lambda$ 值代入 $F_0 = B\lambda$ 中，校验 $F_0$ 值是否在选用公式的范围内。如 $F_0$ 不在所取公式范围，则根据算出的 $F_0$ 值，另选公式计算，直到符合所选公式的范围为止。

2. 钻孔流量衰减系数

钻孔流量衰减系数表示钻孔瓦斯流量随时间延长呈衰减变化的系数。钻孔瓦斯流量与时间呈负指数分布。值越大，流量衰减越快，可抽性越差。

测量方法：选择待测区域，施工 $\phi 75$ mm 的钻孔，测出其初始瓦斯量 $q_0$，经过时间 $t$（10 天以上）后，再测定其瓦斯流量 $q_t$，然后进行计算。

计算公式：按照钻孔瓦斯流量 $q_t = q_0 e^{-\alpha t}$ 公式衰减变化的关系，将该公式取对数求得

$$\alpha = \frac{\ln q_0 - \ln q_t}{t} \tag{7-6}$$

式中　$\alpha$——百米钻孔瓦斯流量衰减系数，$d^{-1}$；

　　　$q_0$——百米钻孔初始瓦斯流量，$m^3/min$；

　　　$q_t$——结果 $t$ 时间的百米钻孔始瓦斯流量，$m^3/min$；

　　　$\ln q_0$、$\ln q_t$——$q_0$、$q_t$ 的自然对数；

　　　$t$——时间，天。

按 $\lambda$ 和 $\alpha$ 判定开采层瓦斯抽采可行性的标准,见表 7-2。

表 7-2 煤层瓦斯抽采难易程度分类标准

| 类 别 | 钻孔流量衰减系数 $d^{-1}$ | 煤层透气性系数/$[m^2 \cdot (MPa^2 \cdot d)^{-1}]$ |
| --- | --- | --- |
| 容易抽采 | <0.003 | >10 |
| 可以抽采 | 0.003~0.05 | 10~0.1 |
| 较难抽采 | >0.05 | <0.1 |

3. 提高瓦斯抽采率的技术

我国大部分矿井原始煤层的透气性较低,属于难抽煤层。但是可以对煤层人工增加透气性,提高瓦斯抽采率。目前主要有压裂技术、水力割裂和矿压增透技术。

在石油领域,压裂是指采油或采气过程中,利用水力作用,使油气层形成裂缝的一种方法,又称水力压裂。压裂是人为地使地层产生裂缝,改善油在地下的流动环境,使油井产量增加,对改善油井井底流条件、减缓层间和改善油层动用状况可起到重要的作用。这种石油行业的技术已经应用于煤矿。

水力压裂是从地面向煤层钻孔,以大于地层静水压力的液体压裂煤层,以增大煤层的透气性,提高抽采率。压裂液是清水加表面活性剂的水溶液、酸溶液,掺入增添剂而制成。压裂钻孔间距一般为 250~300 m。水力压裂适用于瓦斯压力 470~7000 kPa、瓦斯含量高于 10 $m^3$/t 的煤层。

水力割缝是以高压水射流沿煤层层面切割钻孔两侧煤体形成一道缝隙,使其上下煤体松动卸压,增大透气性。我国鹤壁煤矿曾采用水压 7850~11760 kPa 的水力割缝方法使抽放瓦斯量增大 1.7~1.8 倍,使原来较难抽放的煤层变为可抽放的煤层。

在采矿活动中,矿山压力可能造成矿难,同时矿压也能使煤岩体产生裂隙,增加煤层的透气性。目前大多数矿井在进行保护层开采的同时,抽采保护层和被保护层的瓦斯,就是利用矿压的增透特征。边采边抽和边掘边抽也是利用矿压增透的方法。

### 三、矿井瓦斯抽采的效果评价

从防治煤与瓦斯突出的角度,应实现"先抽后建、先抽后掘、先抽后采、预抽达标",并做到"应抽尽抽"。进行煤层瓦斯抽采,一般用抽采率指标来衡量。根据《煤矿瓦斯抽放规范》(AQ 1027—2006),抽采率指标应符合以下规定:

(1)预抽煤层瓦斯的矿井:矿井瓦斯抽采率应不小于 20%,回采工作面瓦斯抽采率应不小于 25%。

(2)邻近层卸压瓦斯抽采的矿井:矿井瓦斯抽采率应不小于 35%,回采工作面应不小于 45%。

(3)采用综合抽采方法的矿井:矿井瓦斯抽采率应不小于 30%。

(4)煤与瓦斯突出矿井:预抽煤层瓦斯后,突出煤层含量应小于该煤层始突深度的原始煤层瓦斯含量,无相关数据则必须把煤层瓦斯含量降到 8 $m^3$/t 以下或将瓦斯压力降到 0.74 MPa(表压)以下。

## 任务二  矿井瓦斯抽采的方法

瓦斯抽采是一项集技术、装备和效益于一体的工作。因此，要做好瓦斯抽采工作，应注意以下几点：

(1) 抽采瓦斯应具有明确的目的性。即主要是降低风流中的瓦斯浓度，改善矿井生产的安全状况，并使通风处于合理和良好状况。因此应尽可能在瓦斯进入矿井风流之前将它抽采出来。在实际应用中，瓦斯抽采还可作为一项防治煤与瓦斯突出的措施单独应用。此外抽出的瓦斯又是一种优质能源，只要保持一定的抽采瓦斯量和浓度，则可加以利用，从而形成"以抽促用，以用促抽"环保型的良性循环。

(2) 抽采瓦斯要有针对性。即针对矿井瓦斯来源，采取相应措施进行抽采。一般来说，矿井瓦斯来源主要包括：本煤层瓦斯涌出（掘进和回采时的瓦斯涌出）；邻近层瓦斯涌出（上下邻近层的可采和不可采煤层涌向开采空间的瓦斯）；围岩瓦斯涌出和采空区瓦斯涌出（本煤层开采后遗留的煤柱、丢煤以及邻近层、围岩的瓦斯在已采区的继续涌出）。这些瓦斯来源是构成矿井或采区瓦斯涌出量的组成部分。在瓦斯抽采中应根据这些瓦斯来源，并考虑抽放地点、时间和空间条件，采取不同的抽采原理和方法，以便进行有效的瓦斯抽采。

(3) 要认真做好抽采设计、施工和管理工作等，以便获得好的瓦斯抽采效果。因此，在设计时，首先应了解清楚矿井地质、煤层赋存及开采等条件，矿井瓦斯方面的有关参数，预测矿井瓦斯涌出量及其组成来源。在此基础上，选择合适的抽采方法，确定可靠的抽采规模，设计一套合理的抽采系统。其次，在抽采瓦斯的开始阶段，还应进行必要的有关参数考察测定，以确定合理的抽采工艺和参数；在正常抽采时，要全面加强管理，积累资料，不断总结经验，从而使抽放瓦斯工作得到不断改进和提高。

瓦斯抽采方法经过几十年的不断发展和提高，根据不同地点、不同煤层条件及巷道布置方式，人们也提出了各种各样的瓦斯抽采方法。

### 一、本煤层抽采技术

本煤层抽采就是在每层煤开采之前或采掘的同时，采用巷道抽采法或钻孔抽采法直接抽采开采煤层的瓦斯。按照抽采与采掘的时间关系，本煤层抽采可分为预抽和边抽两种方法。所谓预抽，就是在开采之前预先抽出煤体内的瓦斯，以减少开采时瓦斯涌出量。预抽又可分为巷道预抽和钻孔预抽两种方法。所谓边抽，就是指边生产边抽采瓦斯，即生产和抽采同时进行，边抽又包括边采边抽和边掘边抽两种方式。

（一）预抽本煤层瓦斯

本煤层瓦斯抽采按抽采机理分为未卸压抽采和卸压抽采；按汇集瓦斯的方法分为巷道预抽、钻孔预抽、巷道与钻孔综合抽采3种方法。

1. 巷道预抽

巷道预抽就是在采煤前事先掘出瓦斯巷道（这些巷道同时考虑采煤工作的需要，也叫采准巷道），然后，将巷道密闭，在密闭处接管路进行抽采，直到采煤时为止。

巷道抽采方法的优点是：煤体卸压范围大，煤的暴露面积大，有利于瓦斯释放。

巷道抽采方法的缺点是：

（1）需要提前掘进瓦斯巷道，提前投资，且在抽采结束即将开采之前，还要对巷道重新修复和支护，浪费工时和材料。

（2）在掘进巷道过程中，由于瓦斯涌出量大，不仅施工困难，增加通风负担，而且瓦斯回收率低，浪费资源。

（3）如果管理不好，抽采巷道密闭不严，不仅抽出的瓦斯浓度低，而且巷道内易引起自然发火。因此，目前应用很少。

2. 钻孔预抽

这种方法由于钻孔贯穿煤层，钻孔与煤层的层理面或垂直或斜交，瓦斯很容易岩层理面流入钻孔，有利于提高抽采效果。此外，抽采工作时在采煤和掘进之前进行的，所以能使生产过程中的瓦斯涌出量大大减少。因此被抽采煤层没受采动影响，煤层压力没有较大的变化（未卸压）。因此，对于透气性低的煤层，可能达不到预抽效果。这种方法适用于煤层瓦斯含量较大，透气性较好和有一定倾斜角度的中厚煤层。

该法按钻孔与煤层的关系分为穿层钻孔和沿煤层钻孔；按钻孔角度分为上向孔、下向孔和水平孔。我国多采用穿层上向钻孔。

穿层钻孔是在底板岩巷中，每隔 30 m 掘一长约 10 m 的钻场，每一个钻场向煤层打 3～5 个钻孔，打三孔时呈扇形布置，中孔仰角 7°，两侧水平孔，如图 7-2 所示。

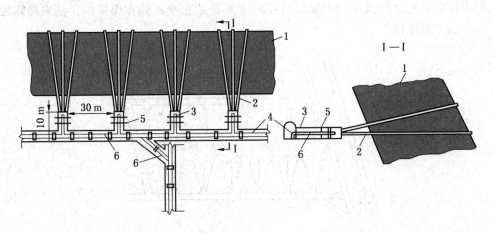

1—煤层；2—钻孔；3—钻场；4—运输大巷；5—密闭；6—抽瓦斯管道

图 7-2 穿层钻孔预抽煤层瓦斯

孔间距是决定抽采效果的重要参数，孔间距应小于极限抽放半径。预抽后钻孔周围瓦斯含量和瓦斯压力逐渐降低，其最大影响范围的半径叫极限抽放半径。极限抽放半径决定于煤体的透气性、抽采时间以及抽采负压的大小。我国一般取孔间距为 30～50 m。

钻孔直径对瓦斯的抽出量有一定的影响，通常采用 70～100 mm。钻孔长度以穿透煤层并打入顶板 0.5～1.0 m 为宜。

抽采负压对抽采效果有一定的影响，但有时影响不大。提高抽采负压反而增大了孔口和管道系统的漏气。一般情况下，钻孔口负压不超过 14 kPa 为宜。

钻孔封闭有两种方法：一种是钻场密闭法，即在钻场硐室内建筑密闭墙，墙中设有抽瓦斯管和放水管，如图7-2中5所示。另一种是钻孔插管封闭法，如图7-3所示。即在孔内插入套管2，然后孔壁与管壁之间可用胶圈机械式封孔器或胶圈自锁封孔器封孔，再将套管2接于瓦斯缓冲器3，再连至抽瓦斯管，直通瓦斯抽采泵。

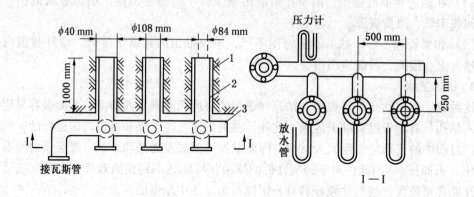

1—钻孔；2—套管；3—瓦斯缓冲器
图7-3　钻孔插管封闭法

沿煤层钻孔预抽瓦斯布孔如图7-4所示。另一种方式是在掘进煤层平巷之前，在石门内打沿煤层钻孔进行预抽。沿煤层钻孔的优点是钻孔全长均在煤层中，抽采暴露面积大，钻孔施工速度快。

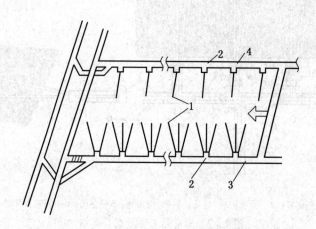

1—钻孔；2—钻场；3—运输巷；4—上部回风巷
图7-4　沿煤层钻孔预抽瓦斯布孔

抽采效果用抽采率表示。抽采率为抽采量和涌出总量（含抽采量）之百分比。为了提高低透气性煤层预抽效果，可采取以下一些措施：

（1）增大钻孔直径。有些矿井增大钻孔直径后预抽效果明显，如阳泉煤矿钻孔由$\phi 73$ mm增至出$\phi 300$ mm后，抽出瓦斯量约增大3倍。目前各国的抽放钻孔直径均有增大的趋势。

（2）加大抽采负压。某些矿井提高抽采负压后抽采量明显增加，如鹤壁插采负压由

3.3 kPa 提高到 10.6 kPa 后，抽放瓦斯量增加 25%。但提高抽采负压对增加抽采量有一定的限制。

（3）提高煤层透气性。提高煤层透气性的办法常用的有水力压裂、水力割缝。

3. 巷道与钻孔综合抽采

该种方法就是把以上两种方法进行综合利用，虽然投资较大，但效果较好。

（二）边采掘边抽本煤层瓦斯

1. 边采边抽（随采随抽）

在煤层比较致密、透气性低，单纯用预抽方法达不到抽采效果，或者虽然煤层透气性较好、容易抽采，但因生产接续紧张，没有充分的预抽时间，开采时瓦斯涌出量较大时，往往采用边采边抽的法以弥补预抽的不足。

边采边抽的方法使用于瓦斯大、时间紧、预抽不充分的地区及煤层透气性较小但抽采可能的较薄或中厚煤层，可抽采工作面前方和两侧卸压带的卸压瓦斯，如图 7-5 所示。在回采工作面的前方一定距离有一个集中应力带，集中应力可松动煤体增加透气性，随着工作面的推进集中应力带向前移动，形成新的卸压带，但应力集中带与回采工作面之间始终保持一个约 10 m 的卸压带，在此卸压带内可以抽采瓦斯。若将抽采钻孔提前布置在煤层内，当卸压带移至钻孔时，便可抽出流量较大的瓦斯。由于每一个钻孔抽采卸压瓦斯的时间短，故抽采率不高。本煤层边采边抽适用于本煤层开采时瓦斯涌出量大的矿井，也是解决单一煤层瓦斯涌出量大的有效方法。

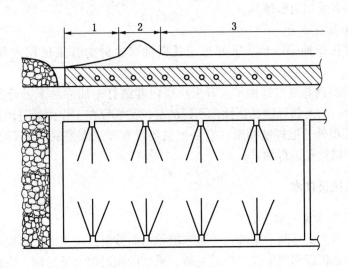

1—卸压带；2—应力集中带；3—常压带

图 7-5 随采随抽钻孔布置

为了提高瓦斯抽采率，可以采用前述的提高煤层透气性的办法，提高煤层透气性。

2. 边掘边抽

随着掘进工作面的不断推进，钻场和钻孔也要向前排列，这种方法由于工作面前方和巷道两帮的一定范围内形成了压力集中带，造成煤壁松动，因而煤体中解吸的瓦斯能直接被钻孔抽出，从而大大减少巷道内的瓦斯涌出量。由于增加了掘钻场和打钻孔的工程量和时间，所以，对掘进工作面的掘进速度有一定影响。另外，这种方法只能降低掘进时的瓦斯涌出量，采煤时仍要打钻抽采。

边掘边抽的方法适用于预抽不充分或瓦斯涌出量大的煤巷掘进工作面，对透气性低的煤层也有一定的效果。

## 二、邻近层抽采技术

在开采煤层群时，受采动影响，开采煤层上下一定距离内的其他煤层中的瓦斯就会沿着由于卸压作用造成的裂隙流入开采煤层的工作面空间，我们称这些煤层为这一开采煤层的邻近层。为了解除邻近层涌出的瓦斯对于采煤层的威胁，从开采煤层或围岩大巷中间向邻近层打钻，抽采邻近层中的瓦斯，以减少邻近层由于受采动影响而向开采煤层涌出的瓦斯量。这种瓦斯抽采称作邻近层瓦斯抽采，并分为上邻近层瓦斯抽采（抽采上邻近层中的瓦斯）和下邻近层瓦斯抽采（抽采下邻近层中的瓦斯）两种方式。

1. 上邻近层瓦斯抽采

按抽采钻孔的布置位置，上邻近层抽采又分为开采层层内巷道打钻抽采和开采层层外巷道打钻抽采两种。

（1）开采层层内巷道打钻抽采。开采层层内巷道打钻抽采是上邻近层瓦斯抽采经常采用的一种方法。将钻场设在回风副巷内，由钻场向上邻近层打穿层钻孔进行抽采。

（2）开采层层外巷道打钻抽采。钻场设在开采煤层顶板的岩巷中，向上邻近层打钻，每个钻场的钻孔多采用扇形排列。

2. 下邻近层瓦斯抽采

与上邻近层瓦斯抽采一样，下邻近层瓦斯抽采也分为开采层层内和层外打钻抽采两种。

（1）开采层层内巷道打钻抽采。开采层层内巷道打钻抽采是下邻近层瓦斯抽采经常采用的一种方法。与上邻近层瓦斯抽采不同的是，钻场设在工作面的进风正巷内。

（2）开采层层外巷道打钻抽采。它是把钻场设在开采煤层底板岩石巷道中，从钻场向下邻近层打穿层钻孔进行抽采。

## 三、采空区抽采技术

1. 采空区瓦斯来源

采空区的瓦斯主要有两个来源：一是未能采出而被留在采空区的煤炭中存有一定数量的残存瓦斯；二是顶板和周围煤岩中的瓦斯。采空区积聚的大量瓦斯，往往被漏风带入采煤工作面或生产巷道，影响正常生产；另外，有时由于大气压力或通风系统变化的影响，在工作面及采空区之间的压力平衡被破坏时，采空区的瓦斯会大量涌入工作面，威胁安全生产，甚至酿成重大事故。

2. 采空区瓦斯抽采方法

1）采煤工作面的采空区瓦斯抽采

抽采采煤工作面采空区瓦斯时应将采空区全部密闭，以防止向采空区漏风。可以在回风巷的密闭处插管进行抽采，也可以在回风巷每隔一定距离（30~50 m）掘一个斜口绕行巷道作钻场，由钻场向采空区上方打钻孔，使钻孔进入冒落带或裂隙带，然后将绕行巷道密闭并接设管路进行抽采。随着工作面的推进,不断掘出新的钻场(旧钻孔可继续使用)。这种方法适用于处理采空区瓦斯涌出而引起的工作面瓦斯超限或上隅角瓦斯积聚,效果甚佳。

2)采煤结束后的采空区瓦斯抽采

对采煤工作已结束的采区,可在进、回风巷道内修筑永久性密闭,两个密闭之间用河沙或黏土充满填实,并接设瓦斯管路进行抽采。

3)采空区瓦斯抽采应注意的事项

为了做到安全抽采采空区瓦斯,必须注意以下两个问题:

(1)控制抽采负压,保证瓦斯质量。因为受采动影响采空区围岩透气性大大提高,因而若抽采负压过大,则很容易使空气进入采空区而降低抽出的瓦斯浓度,且有自然发火危险的煤层还会因氧气浓度的增加而引起采空区内的自然发火。

(2)定期进行检查测定,避免自然发火。对于有自然发火危险的煤层,为防止采空区因抽采瓦斯而引起煤炭自然发火,必须定期进行检查并采集气样进行分析测定,其内容包括密闭或抽采管内气体成分（$O_2$、$CO$、$CO_2$、$CH_4$）、温度负压和流量等,并分析其变化动态,当一氧化碳含量或温度呈上升趋势时,应进行控制抽采(低负压抽采);当发现有自然发火征兆时,必须立即停止抽采并采取向密闭内注水、注浆等防火措施,待自然发火征兆消除后再逐渐恢复抽采。

**四、抽采瓦斯方法选择依据**

选择抽采方法和形式时,一般要考虑瓦斯来源、煤层状况、采掘条件、抽放工艺等因素。其原则为:

(1)如果瓦斯来自于开采层本身,则既可采用钻孔抽放,也可采用巷道预抽形式直接把瓦斯从开采层中抽出,且多数形式采用钻孔预抽法。

(2)如果瓦斯主要来自于开采煤层的顶、底板邻近煤层内,则可采用在顶底板煤、岩中的巷道,打一些穿至邻近煤层的钻孔,抽放邻近煤层中的瓦斯。

(3)如果在采空区或废弃巷道内有大量瓦斯积聚,则可采用采空区瓦斯抽采方法。

(4)如果在煤巷掘进时就有严重的瓦斯涌出,而且难以用通风方法加以排除,则需采用钻孔预抽或巷道边掘边抽的方法。

(5)如果是低透气性煤层,则在采取正常的瓦斯抽采方法的同时,还应当采取人工增大煤层透气性的措施(如水力压裂、水力割缝等),以提高煤层瓦斯抽采效果。

总之,在选择瓦斯抽采方法时,应综合考虑,既要考虑煤层条件、瓦斯赋存状况、开拓开采及巷道布置条件,又要考虑抽采设备的能力及经济条件,以求达到最佳效果。

# 任务三 瓦斯抽采钻场布置

**一、钻场(钻孔)的间距**

1. 本煤层抽采钻孔布置

沿倾斜布孔:以钻孔与钻场工作面水平所成的角度来划分,有上向孔、下向孔、水平孔 3 种形式。

3 种形式的优缺点如下：

（1）下向式钻孔瓦斯流量较大，可以加速排放瓦斯，但下向孔中易积水，打钻施工困难。

（2）上向式钻孔不会积水，瓦斯涌出量较均衡，但在相同条件下比下向孔略小。

（3）水平孔处于二者之间。3 种形式根据各矿具体条件均可选用。

沿走向布孔：沿走向布孔的间距，决定于抽采瓦斯的影响范围，即抽采半径 $B$，而影响范围的大小与煤质、瓦斯等诸因素有关，各矿煤层抽采半径可由实测中得出，如图 7-6 所示。

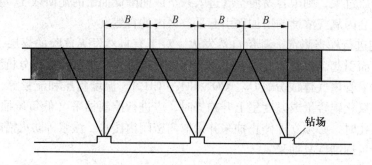

图 7-6　本层抽采钻孔沿煤层走向分布

由各矿实践经验所得出的钻孔抽放半径，见表 7-3。

表 7-3　各矿区抽采半径参考

| 矿　井 | 抽采半径/m | 抽采时间/月 |
|---|---|---|
| 淮南 | 7~8 | |
| 焦作 | 10~15 | 4 |
| 鹤壁 | 3~4 | |
| 峰峰 | 10~17 | 6 |
| 抚顺 | 40 | 30 |
| 中梁山 | 20 | 448 |
| 北票 | 5 | 3 |
| 天府 | 10~15 | |

2. 邻近层抽采钻孔间距

决定钻孔间距主要是根据钻孔的抽采影响范围，我国各矿井由于邻近层赋存条件的不同，钻孔间距的大小也不一样。在一定条件下，上邻近层的影响范围要大些，下邻近层要小些，近距离邻近层要小些，远距离邻近层要大些。

（1）抽采影响距离 $L$，它是随着开采层工作面的推移，瓦斯量逐渐增加，当达到最大值后又逐渐下降，直至恢复到原来的水平，此时钻孔至回采工作面的距离为"抽采影响距离"。

（2）有效抽采距离 $L_1$，当满足下列条件，工作面推过钻孔的距离称为"有效抽采距离"。条件如下：

① 钻孔抽出的瓦斯浓度不应小于30%；

② 回采工作面回风流中的瓦斯可以维持在允许限度之内；

③ 钻孔瓦斯流量不应小于一个常数，例如原阳泉矿务局，当钻孔瓦斯流量小到0.3～0.5 m³/min 以下时，即可不再抽放。

（3）始抽距离 $L_2$，钻孔能够抽出瓦斯是在回采工作面采过钻孔一定距离后才开始的，这个距离称为"始抽距离"。

抽采影响距离、有效抽采距离、始抽距离如图7-7所示。

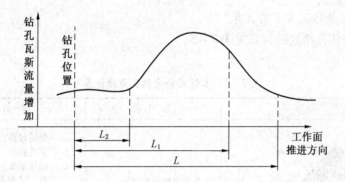

图7-7 邻近层抽放钻孔间距的确定

钻孔的始抽距离，为设计布置采区内第一个抽放钻场位置提供了依据，而钻孔的有效抽放距离，决定着工作面的钻场个数。

钻场间距可用下式计算

$$M = K(L_1 - L_2) \tag{7-7}$$

式中　　$K$——抽放不均衡系数；

$L_1$——有效抽采距离，m；

$L_2$——始抽距离，m。

钻孔间距参数见表7-4。

表7-4　钻孔间距参数

| | 层间距/m | 有效抽采距离 $L_1$/m | 始抽距离 $L_2$/m | $K$ | 合理孔距/m |
|---|---|---|---|---|---|
| 上邻近层 | 10 | 30～50 | 10～20 | 0.8 | 16～24 |
| | 20 | 40～60 | 15～25 | 0.8 | 20～28 |
| | 30 | 50～70 | 20～30 | 0.9 | 27～36 |
| | 40 | 60～80 | 25～35 | 0.9 | 32～41 |
| | 60 | 80～100 | 35～45 | 0.9 | 42～50 |
| | 80 | 100～120 | 45～55 | 0.9 | 50～60 |

表7-4（续）

| 层间距/m | | 有效抽采距离 $L_1$/m | 始抽距离 $L_2$/m | K | 合理孔距/m |
|---|---|---|---|---|---|
| 下邻近层 | 10 | 25~45 | 10~15 | 0.8 | 12~24 |
| | 20 | 35~55 | 15~20 | 0.9 | 18~32 |
| | 30 | 45~60 | 20~25 | 0.9 | 23~41 |
| | 40 | 70~90 | 30~35 | 0.9 | 36~50 |
| | 80 | 110~130 | 30~60 | 0.9 | 54~63 |

## 二、钻孔角度的确定

1. 本煤层抽采钻孔角度的计算

本煤层抽采钻孔角度的计算见表7-5。

表7-5 本煤层抽采钻孔角度计算

| 图　示 | 公　式 | 符　号　注　释 |
|---|---|---|
| （垂直煤层走向钻孔示意图） | 垂直煤层走向钻孔<br>1. $\beta = \tan^{-1} \dfrac{H}{L \pm \dfrac{H}{\tan\alpha}}$<br>2. $l = L \dfrac{\sin\alpha}{\sin(\alpha \pm \beta)}$ | $\alpha$—煤层倾角，(°)；<br>$\beta$—钻孔角度，(°)；<br>$L$—钻场至煤层顶、底板的水平距离，可在井巷平面图上量取，m；<br>$H$—钻孔终孔高度，m；<br>±—钻场在底板时，上向孔取（－）下向孔取（＋），钻场在顶板时，上向孔取（＋），下向孔取（－）；公式2中的±号相反；<br>$l$—钻孔长度，m |
| （斜交煤层走向钻孔示意图） | 斜交煤层走向钻孔<br>1. $\gamma' = \tan^{-1} \dfrac{B}{l\cos\beta}$<br>2. $\beta' = \tan^{-1}\left(\dfrac{H}{B}\sin\gamma'\right)$<br>3. $l' = \dfrac{H}{\sin\beta'}$ | $\gamma'$—垂直煤层走向钻孔与斜交煤层走向钻孔的水平投影的夹角，(°)；<br>$l$—垂直煤层走向钻孔长度，m；<br>$B$—孔底分布距离，m，由钻孔抽放半径确定；<br>$\beta'$—斜交煤层钻孔的角度，(°)；<br>$\beta$、$H$—同上；<br>$l'$—斜交煤层钻孔长度，m；<br>$\gamma$—垂直煤层走向钻孔与斜交煤层走向钻孔的夹角，(°) |

2. 邻近层钻孔角度计算

钻孔布置原则：

（1）钻孔必须深入到邻近层的卸压带内。

(2) 保持钻孔不受岩压活动影响而中断。
(3) 考虑打钻是否方便。

邻近层钻孔合适位置如图7-8所示。

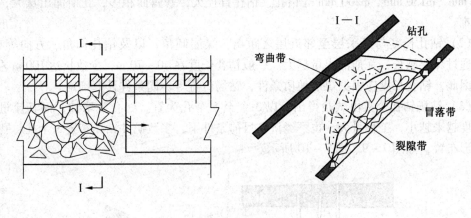

图7-8 邻近层钻孔合适位置

邻近层钻孔角度计算见表7-6。

表7-6 邻近层钻孔角度计算

| 图 示 | 公 式 | 符 号 注 释 |
|---|---|---|
| 邻近层钻孔示意图 | 缓倾斜煤层钻孔角度计算<br>1. $\beta = \tan^{-1} \dfrac{N}{N\operatorname{ctg}(\gamma + \alpha) + b} - \alpha$<br>2. $\tan(\alpha \pm \beta) = \dfrac{N}{a+b}$ | $\beta$—钻孔与水平线的夹角，(°)；<br>$N$—层间距离，m；<br>$\alpha$—煤层倾角，(°)；<br>$b$—未卸压范围长度，m；<br>$\gamma$—邻近层卸压角，见表7-7；<br>$a$—工作面内部煤柱一侧阻碍邻近层卸压的宽度，m；<br>$b'$—煤柱宽，再加10~15 m备用；<br>$\beta'$—钻孔角度，(°) |
| 急倾斜钻孔示意图 | 急倾斜钻孔角度计算从开采水平的运输巷打钻时<br>$\tan(180° - \alpha - \beta') = \dfrac{N}{b'}$，<br>$\tan(\alpha - \beta') = \dfrac{N}{b'}$；<br>从开采水平的上部回风巷打钻时<br>$\tan(\alpha + \beta') = \dfrac{N}{b'}$ | |

表7-7 邻近层卸压角 $\gamma$ 值

| $N$/m | 3~10 | 10~30 | 30~80 |
|---|---|---|---|
| $\gamma$/(°) | 70 | 75 | 80 |

### 三、钻孔直径、长度及个数的确定

(1) 钻孔直径一般采用 φ42 mm、φ50 mm、φ73 mm、φ75 mm、φ89 mm、φ108 mm、φ127 mm、φ130 mm、φ200 mm 等钻孔,钻孔直径大,暴露面积多,瓦斯涌出量大,但施工困难。

(2) 钻孔长度与开采层至邻近层之距离,煤层倾角,以及钻孔仰角、方向等有关,钻孔通过煤层越长,瓦斯涌出量越大。一般钻孔长度在 40~70 m,少数长达 100 m 左右。因此,钻孔长度应根据煤层地质条件,钻场位置等不同条件计算确定。

(3) 钻场钻孔个数由试验得出,以 3 个至 5 个孔为宜。如孔数增加,而其流量增加的幅度越来越小,工程量大,也不经济。目前条件下,多数矿井钻场布置 3 个孔,孔位成三角形布置,如图 7-9、图 7-10 所示。

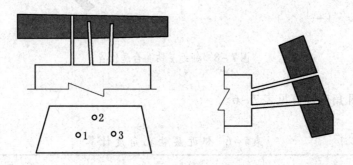

图 7-9 钻场钻孔位置示意图

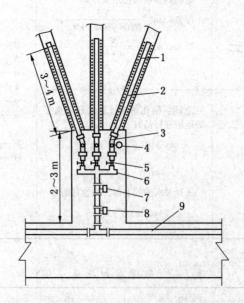

1—封孔堵料;2—导管;3—胶管;4—压力表;5—阀门;6—汇流管;7—放水器;
8—流量计;9—瓦斯支管(φ108 mm)

图 7-10 钻场管路布置

# 任务四 矿井瓦斯抽采设计与施工

## 一、矿井瓦斯抽采设计所需的基础资料及参数

矿井瓦斯抽采设计所需的基础资料包括：矿井概况、煤层赋存条件、矿井煤炭储量、生产能力、巷道布置、采煤方法及通风状况等。

矿井瓦斯抽采所需各煤层的基础参数包括：矿井瓦斯等级、各煤层瓦斯风氧化带深度、煤层瓦斯压力、煤层瓦斯含量、煤中残存瓦斯含量、煤的孔隙率、瓦斯含量分布梯度、煤层透气性系数、百米钻孔瓦斯流量及其衰减系数、瓦斯放散初速度、瓦斯抽采半径等。

## 二、矿井瓦斯抽采设计原则及内容

瓦斯抽采设计必须结合矿井实际，抽采方法有开采层瓦斯抽采、邻近层瓦斯抽采、采空区瓦斯抽采和几种抽采方法综合应用的综合抽采方法，瓦斯抽采设计时应遵循如下原则：

(1) 抽采瓦斯方法应适合煤层赋存状况、开采巷道布置、地质和开采条件。

(2) 应根据瓦斯来源及涌出构成进行设计，尽量采取综合抽采瓦斯方法，以提高抽采瓦斯效果。

(3) 有利于减少井巷工程量，实现抽采巷道与开采巷道相结合。

(4) 选择的抽采瓦斯方法应有利于抽采巷道布置与维修、提高瓦斯抽采效果和降低抽采成本。

(5) 所选择的抽采方法应有利于抽采工程施工、抽采管路敷设以及抽采时间增加。

瓦斯抽采设计的内容包括：

(1) 矿井概况及煤层赋存条件。

(2) 煤层瓦斯压力测定、瓦斯含量测定及瓦斯储量的计算。

(3) 煤层瓦斯涌出量、可抽量、抽采方式的确定。

(4) 瓦斯抽采率计算。

(5) 瓦斯管路系统、设备选型计算。

(6) 瓦斯综合利用。

(7) 工程概算、设备材料清单、劳动组织配备。

(8) 编制瓦斯抽采说明书。

(9) 附图，包括瓦斯抽采系统图、钻场布置图、钻孔布置图等。

## 三、矿井瓦斯抽采设备与抽采系统

### (一) 瓦斯泵

瓦斯泵选型有以下原则：

(1) 瓦斯抽采泵的抽气速率，必须满足矿井瓦斯抽采期间最大瓦斯抽采量的要求，在抽采初期，瓦斯量小于抽采泵的速率期间，可以装置回流循环管和自动调节阀控制瓦斯

抽采量。

(2) 在抽采期间，抽采泵压强必须满足能克服瓦斯管路系统最大压力损失（最大阻力）。

(3) 抽采设备本身必须具有高度的气密性，防止运转期间瓦斯渗入泵站内。

(4) 抽采设备必须配备防爆电气设备及防爆电动机。

我国煤矿常用的瓦斯泵有3种类型：水环式真空瓦斯泵、离心式瓦斯泵和回转式瓦斯泵。它们的工作原理见表7-8。

表7-8 常用瓦斯泵工作原理表

| 瓦斯泵类型 | 工作原理 | 运转原理图 |
| --- | --- | --- |
| 水环式真空瓦斯泵 | 工作叶轮偏心地装在泵体内，它旋转时，由于离心力的作用，泵内的水沿外壳流动形成水环，该水环也是偏心的，在水环的前半圈，水的内表面逐渐离开叶轮轮毂，形成逐渐扩展的空腔而由抽吸口吸入瓦斯；在后半圈，水环内表面逐渐靠近轮毂，形成逐渐压缩的空腔，而把压缩的瓦斯经压出口排出 | 1—外壳；2—压出口；3—工作叶轮；4—压出管；5—抽吸管；6—抽吸口；7—水环 |
| 回转式瓦斯泵 | 图示左侧叶轮做逆时针转动时，右侧叶轮做顺时针转动，瓦斯从上面吸入，随着旋转所形成的压缩工作容积的减小，瓦斯受到压缩，最后从下端出口排出。两个叶轮在转动中，始终保持进气与排气空间处于隔绝状态，以防压出的瓦斯被吸入进气侧 | 1—叶轮；2—压缩中的瓦斯；3—机壳 |
| 离心式瓦斯泵 | 叶轮的旋转带动瓦斯旋转而产生离心力，从而使瓦斯经入口吸入叶轮，增加了动能与势能的瓦斯经扩散器排出 | 1—叶轮；2—机壳；3—扩散器 |

常用瓦斯泵的优缺点及适用条件：

(1) 水环式真空瓦斯泵的优缺点及适用条件。水环式真空泵的优点是真空度高，结构简单，运转可靠，工作叶轮内有水环，没有爆炸危险。它的缺点是流量较小，正压侧压力低轴及外壳磨损较大。主要适用于瓦斯抽出量较小、管路较长和需要抽放负压较高的矿井或区域，在瓦斯浓度变化较大，特别是浓度较低的矿井安全性高。

由于水环真空瓦斯泵安全性好，抽采负压大，所以使用较为广泛。目前较常用的水环真空瓦斯泵主要为武汉特种水泵厂和淄博水泵厂生产的2BEC系列水环式真空泵。

（2）回转式瓦斯泵的优缺点及适用条件。回转式瓦斯泵的优点是抽采流量不受阻力变化的影响，运行稳定，效率较高，便于维护保养；在同功率、流量与压力条件下，回转式瓦斯泵价格为离心式瓦斯泵的50%左右。它的缺点是检修工艺要求高，叶轮之间以及叶轮与机壳之间间隙必须适当，间隙过小，易摩擦发热，间隙过大，漏气大，效率降低；运转中噪声大；压力高时，气体漏损较大，磨损较严重，它适用于流量要求稳定而阻力变化大及负压较高的瓦斯抽采矿井。

（3）离心式瓦斯泵的优缺点及适用条件。离心式瓦斯泵的优点是运转可靠，不易出故障；运行稳定，供气较均匀；磨损小，寿命长；流量高，噪声低。它适用于瓦斯抽出量大（30~1200 $m^3/min$）、管道阻力不高（4~5 kPa）的瓦斯抽采矿井。

（二）瓦斯抽采泵站

瓦斯抽采泵站是安装瓦斯抽采泵的地点，泵站是瓦斯抽采系统的重要组成部分，其安全管理必须符合《煤矿安全规程》对瓦斯抽采系统的要求。瓦斯抽采泵站根据瓦斯抽采泵安装地点的不同，可分为地面泵站和井下泵站两类，也可根据使用期限分为固定泵站和临时泵站。

1. 地面固定瓦斯抽采泵站的设施要求

地面固定瓦斯抽采泵站的设施必须符合下列要求：

（1）地面泵站必须使用不燃性材料建筑，并必须有防雷电装置。泵站距进风井口和主要建筑物不得小于50 m，并用栅栏或围墙保护。

（2）地面瓦斯抽采泵站和泵站周围20 m范围内，严禁堆积、存放易燃物和存在明火。

（3）地面瓦斯抽采泵站的架空线路应当有全线避雷设施。

（4）瓦斯抽采泵及其附属设备至少应有1套备用。

（5）地面泵站内电气设备、照明和其他电气仪表都应采用矿用防爆型，否则必须采取安全措施。

（6）泵站内必须有直通调度室的电话，并安设自动监控系统或仪表，能够监控、监测瓦斯抽采管道的瓦斯浓度、流量、压力等参数。

（7）干式瓦斯抽采泵的吸气侧管路系统中，必须安装有防回火、防回气和防爆作用的安全装置，并定期检查，保持性能良好。

（8）瓦斯抽采泵站的放空管的出口高度应超过泵站房顶3 m以上。

（9）瓦斯抽采泵站必须有专人值班，经常检查仪器运行情况，检测各项参数，并做好记录。当瓦斯泵停止运转时，必须立即向调度室汇报。如果利用瓦斯，在瓦斯泵停止运转后和恢复运转前，必须通知使用瓦斯的用户，取得同意后，方可恢复供应瓦斯。

2. 井下临时瓦斯抽采泵站设置时的规定

井下临时瓦斯抽采泵站设置时应遵守以下规定：

（1）井下临时瓦斯抽采泵站应设置在需要抽采瓦斯地点附近的新鲜风流中。

（2）临时瓦斯抽采泵站安装地点巷道的高度、长度、宽度等应符合安装瓦斯泵的要求。临时瓦斯抽采泵站附近的巷道应地质构造稳定、岩性坚固、巷道支护情况良好，以免瓦斯抽采泵长期运转过程中有巷道异常变形而必须搬迁瓦斯抽采泵，影响瓦斯抽采工作。

（3）临时瓦斯抽采泵站安装时，应考虑其使用期限，如果使用时间较长，为保持瓦斯的持续抽采，应考虑同时安装同型号的备用瓦斯抽采泵，以便运行泵在使用过程中出现故障时能够及时切换使用。

（4）瓦斯泵的安装要符合运转平稳、供排水系统齐全、噪声符合相关规定的原则。

（5）临时瓦斯抽采泵站抽出的瓦斯可以引排到地面、总回风巷或分区回风巷，但必须保证稀释后的瓦斯浓度不会超过《煤矿安全规程》的相关规定。

（6）在建有地面永久抽采系统的矿井，临时抽采泵站抽出的瓦斯可以输送至永久抽采系统的管路内，但必须使矿井的瓦斯浓度符合有关规定。

（7）抽出的瓦斯排入回风巷时，在抽采瓦斯管路出口处必须设置栅栏、悬挂警戒牌等。栅栏设置的位置是上风侧距抽采管路出口 5 m，下风侧距管路出口 30 m，两栅栏间禁止任何作业。

（8）在下风栅栏外必须设甲烷断电仪或矿井安全监控系统的甲烷传感器，巷道风流中瓦斯浓度超限时，可实现报警断电，并进行处理。

（三）抽采管道

1. 瓦斯抽采管路的铺设

瓦斯抽采管路由总管、分管及支管等组成，管材一般选用无缝钢管、焊接管等。

瓦斯抽采管路系统的铺设应根据矿井的开拓系统、巷道状况、钻场位置、瓦斯流量等因素而定。应尽量做到：井下抽采管路出气系统设于回风巷道内；抽采管路在铺设时必须吊挂平直，离地高度不小于 300 mm；必须保证抽采系统中所有管路的接头严密、不漏气，正式抽采前，必须对所有抽采管路进行试通、试漏；管路铺设在有提升运输的巷道内时，抽采管路与矿车最外缘的间隙必须大于 700 mm；严禁瓦斯管路与电脑同侧吊挂及与带电物体接触及砸坏瓦斯管路，设有抽采管路的巷道需要进行维修时，必须制定保护抽采管路的措施；瓦斯抽采管路要每隔一定距离或在高度起伏变化处留有防水三通，以便在管道发生积水及有杂物堵塞时采取措施处理。

2. 瓦斯抽采管路的选择

正确选择瓦斯抽采管路是做好瓦斯抽采工作的一个重要环节，其状态好坏，不仅影响抽采效果，还影响矿井安全，选择管路应注意以下几点：

（1）瓦斯主干管路一般应选择钢或铁质管路，采掘工作面可以选择高强度、耐腐蚀、不易燃、抗静电的轻型材质瓦斯管路。

（2）瓦斯管路系统必须根据其巷道布置图，选择其中曲线段最少、距离最短的巷道中敷设。

（3）瓦斯管路敷设在不经常通行的巷道中，避免管路被撞坏。抽采设备和管路一旦发生故障时瓦斯不至于进入采掘工作面。

（4）瓦斯管路宜设在回风系统中，并考虑整个系统日常的检修和维护方便。

（5）瓦斯管路系统的管子长度，一般以实际的统计长度另加 10% 备用长度，确定为管路的总长度。

（6）瓦斯管路直径，在采区工作面内一般选用 200 ~ 250 mm，大巷的干管选用 250 ~ 325 mm，井筒和地面选用 325 ~ 400 mm，甚至更粗的管路。

3. 瓦斯抽采管路的连接

抽采瓦斯管路与钻孔可用高压胶皮软管通过抽采多通连接,高压胶皮软管的尺寸可根据封孔套管的直径来选择,煤层钻孔一般选用6.3 cm的高压胶管,岩石钻孔一般选用7.6~10 cm的高压胶管。

4. 抽采管路的验收

为了保证安装质量,一般在投产前必须做一次严密性的检查,检查方法可以用正压,也可以用负压方法试验,通常负压的方法比较简单,即首先将管路末端安设堵盘,始端留出小三通与机器连接,便可试漏气。试漏气时,一般用U型压差计或真空表测量管内压力。随堵气工作进行,管路漏气不断减少,压力水柱逐步上升,压力较高的真空泵试气压力可达50.6~101.3 kPa或压力较低的鼓风机试漏气压力达到30~35 kPa,即认为合格,管路可以用来抽采瓦斯。

正压检查是将要检查的两端密闭,然后在这段瓦斯管路中引入压缩空气,当达到规定压力后停止送气,观测瓦斯管路压力变化情况,如果压力下降较小,说明气密性较好,合乎要求,反之应重新检查维护,直到达到标准为止。

5. 瓦斯抽放管路安装及拆卸注意事项

瓦斯抽放管路安装及拆卸应注意的事项主要有以下几点:

(1) 管路要托挂或垫起,吊挂要平直,拐弯处设弯头,不拐急弯。管子的接头接口要拧紧,用法兰盘连接的管子必须加垫圈,做到不漏气、不漏水。

(2) 在倾斜和水平巷道中安设管路时,必须先按管托,管托间距不大于10 m,要接好一节运一节,并把接好的管子用卡子或8~10号铁丝卡在或绑在预先打好的管子托架上。

(3) 在通风不良处或瓦斯尾巷中安装管路时,除要有防范措施外,还应配有瓦检员,在检查瓦斯符合有关规定后方可工作。

(4) 拆卸管子时,要两人拖出管子,一人拧下螺丝。

(5) 当管路通过风门、风桥等设施时,管路要从墙的一角打孔通过,接好后用灰浆堵严。

(6) 在有电缆的巷道内铺设管路时,应铺设在电缆的另一侧,严禁瓦斯管路与电缆同侧吊挂。

(7) 用法兰盘连接管子时,严禁手指插入两个法兰盘间隙及螺丝眼,以防错动挤手。

(8) 管路铺设时每隔3~4 m要有一吊挂点,保持平、直、稳。井下严禁使用易摩擦产生静电的塑料管。

(9) 新安装或更换的管路要进行漏气和漏水实验,不合标准的不能使用。

(10) 连接瓦斯管路时必须加胶垫、上全法兰盘螺丝并拧紧,以确保不漏气。安装孔板流量计时,必须严格按质量标准施工。拆除或更换瓦斯管路时,必须把计划拆除的管路与在使用的管路用闸阀或闸门隔开,瓦斯管路内的瓦斯排除后方可动工拆除。

(四) 孔板流量计

为了全面掌握和了解井下瓦斯的抽采情况,更好地管理瓦斯抽采工作,需要在瓦斯抽采总管路、支(干)管路和各钻场内安设流量计,以便了解各管路的瓦斯量。

(五) 安全防护装置

瓦斯抽采管路中应按要求设置安全装置，其主要作用是确保瓦斯抽采管路的安全、可靠、有效地运行，便于控制、防止和消灭管路中的瓦斯爆炸与燃烧事故的发生和扩大。主要安全防护装置有：防水装置、防回气装置、防爆、防回火装置，流量控制装置，放空和避雷装置等。

1. 放水器

瓦斯抽采管路工作时，不断有水积存在管路的低洼处，为减少阻力，保证管路安全有效地工作，应及时排放积水。因此在瓦斯抽采管路中煤200～300 m（最长不超过500 m）的低洼处安设一只放水器。放水器分为人工放水器和自动放水器。人工放水器多设于井下瓦斯主管路和积水量较大、负压较高的地点，这种放水器容易加工，安装简便。自动放水器常用于瓦斯钻场或单孔抽采地点和负压稳定的支管路中，设计时应考虑放水高度必须大于管内正常作用的最大负压值。

2. 防爆阻火器

《煤矿安全规程》规定，干式抽采瓦斯泵吸气侧管路中，必须装设有防回火、防回气、防爆炸作用的安全装置，并定期检查，保证性能良好。防爆阻火其具有良好的"三防"性能，它在瓦斯压力为0.17 MPa下发生瓦斯爆炸时不传爆。它的主要原理是：防爆阻火器芯为一条光滑平带和一条斜条波纹的不锈钢带重叠缠绕而成。这两条钢带像螺丝一样，一层叠一层，卷成厚厚的一盘，中间形成众多的小三角形间隙，因为这些间隙（0.7 mm）小于甲烷最大不传爆间隙（1.14 mm）和甲烷最大熄火直径（2.25 mm），所以能有效地防止甲烷爆炸的传播和组织甲烷火焰的蔓延。

3. 瓦斯抽采用抗静电塑料管

抽采瓦斯用抗静电硬质塑料管比钢管轻、耐腐蚀、成本较低，所以使用量逐渐增多，常被用作封孔套管。

4. 抽采瓦斯参数监测仪

瓦斯抽采站参数监测仪可以连续监测瓦斯抽采管路中的甲烷浓度、流量、负压、泵房内泄露瓦斯浓度、泵机的轴温等参数，由微机完成测量、显示、打印等工作。当任一参数超限时，可发出声光报警信号，并按给定程序停止或启动泵机。它的技术参数是：管路内甲烷浓度0～100%；管路内瓦斯流量0～150 $m^3$/min；负压0～0.1 MPa；泵房内泄露瓦斯浓度0～4%。

5. 放空管

放空管一般安设在地面瓦斯泵房出、入管路上，靠近泵房，便于操作。当瓦斯泵发生故障或检修停运时，可以打开泵房入口放空管对空排放。当井下瓦斯浓度降低，不利用民用安全时，可打开泵房出口放空管对空排放，而瓦斯泵则可继续工作，不影响正常抽采工作。

放空管出口至少高出地面10 m，而且至少高出20 m范围内的建筑物3 m以上；放空管必须接地；放空管周围有高压线或其他易点燃瓦斯危险时，应编制专门的安全措施。

6. 避雷器

在瓦斯泵房和瓦斯罐附近的较高大建筑物周围或中心地带应设置避雷器。其主要作用时防止阴雨天气由于雷电引起的电火花破坏建筑物或点燃放空管瓦斯，防止火灾等事故。

# 任务五 矿井瓦斯抽采泵及管路选择计算

## 一、矿井瓦斯抽采泵的设计选择与计算

1. 瓦斯抽采泵的设计选择原则

瓦斯抽采泵的设计选择原则有以下几方面：

（1）瓦斯抽采设备的抽气速率，必须满足矿井瓦斯抽采期间预计最大瓦斯抽采量的要求。在抽采期间，瓦斯量小于设备的抽气速率期间，可以装备回流循环管和自动调节阀控制瓦斯抽采量。

（2）在抽采期间，抽采设备负压必须满足能克服瓦斯管路系统最大压力损失（最大阻力）。

（3）抽采设备本身必须具有高度的气密性、防止运转过程中瓦斯渗入抽采机房。

（4）抽采设备必须配备防爆电气设备及防爆电动机。

我国煤矿常用的瓦斯泵有 3 种类型：水环式真空瓦斯泵、离心式瓦斯泵和回转式瓦斯泵。可根据其优缺点及适用条件选择合理的抽采泵。

2. 瓦斯抽采泵的设计计算

1）瓦斯抽采泵流量计算

瓦斯抽采泵流量必须满足抽采系统服务年限之内最大抽采量的需要。

$$Q = \frac{100 Q_z K}{x \eta} \tag{7-8}$$

式中  $Q$——瓦斯抽采泵的额定流量，$m^3/min$；

$Q_z$——矿井瓦斯最大抽采总量（纯量），$m^3/min$；

$x$——矿井抽采瓦斯浓度，%；

$\eta$——瓦斯抽采泵的机械效率，一般取 0.8；

$K$——备用系数，$K = 1.2$。

2）瓦斯抽采泵压力计算

瓦斯抽采泵的压力是克服瓦斯从井下抽采孔口起，经抽采管路到抽采泵，再从抽采泵送到利用点所消耗的全部阻力损失，即

$$\begin{aligned} H &= (H_{入} + H_{出})k = [(H_{入直} + H_{入局} + H_{钻负}) + (H_{出直} + H_{出局} + H_{出正})]K \\ &= (H_{直} + H_{局} + H_{钻负} + H_{出正})K \end{aligned} \tag{7-9}$$

式中  $H$——瓦斯泵的压力，kPa；

$H_{入}$——井下负压段管路全部阻力损失，kPa；

$H_{出}$——井上正压段管路全部阻力损失，kPa；

$K$——备用系数，$K = 1.2$；

$H_{入直}$——井下负压段管路摩擦阻力损失，kPa；

$H_{入局}$——井下负压段管路局部阻力损失，kPa；

$H_{钻负}$——井下抽采钻场或钻孔必须造成的负压，kPa；

$H_{出直}$——井上正压段管路摩擦阻力损失，kPa；

$H_{出局}$——井上正压段管路局部阻力损失，kPa；

$H_{出正}$——利用点在瓦斯出口处所必须造成的正压，kPa，一般取 0.5～1 kPa；

$H_{直}$——井上、下管路最大总摩擦阻力损失，kPa；

$H_{局}$——井上、下最长管路系统的局部阻力损失之和，kPa。

3）瓦斯抽采泵真空度计算

$$\eta_z = \frac{H_C}{101.3} \times 100 \qquad (7-10)$$

式中　$\eta_z$——相对于标准大气压的真空度，%；

　　　$H_C$——矿井抽采负压，kPa；

$$H_C = (H_{总} + H_{钻负}) \times 1.2$$

　　　$H_{总}$——抽采管路最大总阻力，kPa。

## 二、矿井瓦斯抽采管路的设计选择与计算

抽采管路系统的选择应根据矿井的开拓系统、钻场位置、钻孔流量等因素而确定。应尽量做到：抽采管位于回风道内，铺设在运输巷道时，应固定在井壁并有一定高度，水平段要求坡度一致，以防积水堵塞。抽采瓦斯管路由总管、分管和支管做组成，管材用钢管或铸铁管。管路铺设路线选定后，应进行管道直径和阻力计算，以选择抽采泵。

1. 管径计算

根据主管、干管、支管中的不同瓦斯流量，均按下式计算管径，即

$$d = 0.1457 \left(\frac{Q}{v}\right)^{1/2} \qquad (7-11)$$

式中　$d$——瓦斯管路内径，m；

　　　$Q$——瓦斯管内的流量，m³/min；

　　　$v$——瓦斯流动速度，m/min，一般选 5～15 m/min。

2. 管壁厚度计算

当采用钢板卷焊或强度要求较高的远距离输送干管，按下式计算壁厚，即

$$\delta = \frac{p d_{外}}{2[\sigma]} \qquad (7-12)$$

式中　$\delta$——瓦斯管壁厚度，mm；

　　　$p$——管路中最大工作压力，MPa；

　　　$d_{外}$——瓦斯外管径，mm；

　　　$[\sigma]$——容许应力，对于铸铁取 19.6 MPa，焊接钢管取 58.8 MPa，无缝钢管取 78.4 MPa，有屈服强度数值时，取屈服极限强度的 60%。

3. 管路摩擦阻力计算

计算直管摩擦阻力，可按下式计算：

$$H_z = \frac{9.8 L \gamma Q^2}{k_0 D^5} \qquad (7-13)$$

式中　$H$——阻力损失，Pa；

　　　$L$——直管长度，m；

$\gamma$——混合瓦斯对空气的密度比,$\gamma = 1 - 0.446c/100 = 0.8216$;

$c$——管路内瓦斯浓度,%,$c = 40$;

$Q$——瓦斯流量,m³/h;

$D$——管道内径,cm;

$k_0$——系数,见表7-9。

表7-9 不同管径的系数 $k_0$ 值

| 通称管径/mm | 15 | 20 | 25 | 22 | 40 | 50 |
|---|---|---|---|---|---|---|
| $k_0$ 值 | 0.46 | 0.47 | 0.48 | 0.49 | 0.50 | 0.52 |
| 通称管径/mm | 70 | 80 | 100 | 125 | 150 | >150 |
| $k_0$ 值 | 0.55 | 0.57 | 0.62 | 0.67 | 0.70 | 0.71 |

4. 管路局部阻力估算

局部阻力可用估算法计算,一般取摩擦阻力的10%~20%。管路系统长,管网复杂或主管径较小者,可按上限取值;反之,则按下限取值。

5. 管路总阻力计算

瓦斯抽采管网系统的总阻力($H_总$)为

$$H_总 = H_z + H_局 \tag{7-14}$$

式中 $H_总$——管路总阻力,Pa;

$H_z$——摩擦阻力,Pa;

$H_局$——局部阻力,Pa。

## 任务六 煤矿瓦斯治理规划

### 一、规划的作用

大量煤矿重特大瓦斯灾害事故分析证明,煤矿"抽、掘、采"失衡是导致瓦斯事故发生的重要原因之一。应通过制定煤矿瓦斯治理中长期整体规划,确保瓦斯抽采的"时空"条件,做到生产安排与瓦斯抽采达标煤量相匹配,使采掘生产活动始终在抽采达标的安全煤量区域内进行,杜绝瓦斯灾害事故的发生。

同时,通过煤矿瓦斯治理规划的制定,可以使矿井的瓦斯治理工作模式化、科学化,能够保持瓦斯治理工作的连续性开展,为矿井的可持续发展提供重要参考依据。

### 二、规划的指导思想

根据国家对煤矿安全生产的要求,归纳总结出煤矿瓦斯治理规划的指导思想为:坚持"以人为本"和"安全发展",牢固树立"瓦斯治理工程就是生命工程、资源工程和效益工程"的意识,充分体现"理念超前、系统可靠、技术先进、保障有力"的原则。加强领导、落实责任、增加投入、依靠科技,着力构建"通风可靠、抽采达标、监控有效、管理到位"的煤矿瓦斯综合治理工作体系。坚持"区域防突措施先行，局部防突措施补充"的战略方针，贯彻"可保必保、应抽尽抽、一面一策、以用促抽、抽采达标"的技术原则，合理布局，积极构建瓦斯治理"时空"保障，确保"抽、掘、采"平衡。强化瓦斯抽采，根治瓦斯灾害，变高瓦斯突出危险煤层为低瓦斯无突出危险煤层，实现煤炭和瓦斯两个资源的安全高效共采。

### 三、规划的目标

规划的目标主要内容如下：
（1）杜绝瓦斯爆炸事故，消除煤与瓦斯突出动力现象。
（2）落实"区域防突措施先行，局部防突措施补充"瓦斯治理战略，采用先进有效的瓦斯治理技术。
（3）实现"一采、一抽、一备"格局，做到"抽、掘、采"平衡。
（4）实现瓦斯抽采最大化，即瓦斯抽采量、瓦斯利用量、瓦斯抽采率和瓦斯利用率达到标准要求的同时，确保煤矿安全生产。
（5）合理布局矿井开拓煤量、准备煤量、安全煤量和回采煤量，确保矿井生产在安全煤量范围内进行。

煤矿瓦斯治理规划应与煤矿生产相结合，规划应明确总体目标和分年度实施目标，并进行合理量化，按计划分步实施。

# 任务七 综合瓦斯抽采技术

随着煤矿机械化水平的提高，尤其是综采放顶煤开采方法的应用，由于开采强度的大幅度提高，开采层、邻近层（包括围岩）、采空区等瓦斯涌出量急剧增加，有的采煤工作面瓦斯涌出量超过 $100\ m^3/min$。这样大的瓦斯涌出量，使原有的抽采方式、方法已不能消除工作面瓦斯威胁。为了实现高产高效矿井采煤工作面的安全生产，要求瓦斯抽采技术要有一个新的突破，而解决此问题的方法是实行综合瓦斯抽采。

从20世纪80年代开始，随着机采、综采和综放采煤技术的发展和应用，采区巷道布置方式有了新的改变，采掘推进速度加快、开采强度增大，使工作面绝对瓦斯涌出量大幅度增加，尤其是存在邻近层的工作面，其瓦斯涌出量的增长幅度更大，采区瓦斯平衡构成也发生了很大变化。为了解决高产高效工作面多瓦斯涌出源、高瓦斯涌出量的问题，必须结合矿井的地质开采条件，实施综合抽采瓦斯，即把开采煤层瓦斯采前预抽、卸压邻近层瓦斯边采边抽及采空区瓦斯采后抽采和地面瓦斯抽采等多种方法在一个采区内综合使用，在空间上及时间上为瓦斯抽采创造更多的有利条件。在工艺及方式方面，将钻探抽采与巷道抽采相结合、井下抽采与地面钻孔抽采相结合、常规抽采与强化抽采相结合、垂直短钻孔抽采与水平长钻孔抽采相结合的技术措施。采用综合抽采方法后可最大限度地利用时间及空间增加瓦斯抽采量、提高瓦斯抽采率，尽可能多地降低成本，缓解掘、抽、采的接替紧张状态。综合瓦斯抽采方法在技术原理上没有新颖之处，它仅是针对多瓦斯涌出源的特点将多种抽采方法综合在一起，使瓦斯抽采量及抽采率达到最高。

在一个矿井或一个工作面采用多种方式方法抽采瓦斯是综合抽采方法的特点，它是当前高产高效矿井瓦斯抽采技术的发展方向,也是关于治理瓦斯的"密钻孔、严封闭、综合抽"技术方针的重要方面。综合抽采瓦斯是矿井防止瓦斯事故可靠的安全保障措施,也为开发利用煤层气资源提供了经济有效的技术手段。

## 习 题 七

### 一、单选题

1. 抽放瓦斯泵及其附属设备,至少应有( )套备用。
   A. 1　　　　　B. 2　　　　　C. 3　　　　　D. 4

2. 预抽瓦斯钻孔的孔口不得低于( )kPa,卸压瓦斯抽采钻孔的孔口负压不得低于( )KPa。
   A. 15,10　　　B. 13,5　　　C. 13,10　　　D. 15,5

3. 编制设计时必须根据矿井瓦斯涌出情况及治理措施要求对移动抽采泵进行合理选型,抽采能力富余系数不小于( )倍。
   A. 2　　　　　B. 3　　　　　C. 4　　　　　D. 5

4. 移动抽采泵正压侧管路长度原则上不大于( )m,负压侧的管路长度原则上不大于( )m。
   A. 200,500　　B. 500,1000　　C. 500,3000　　D. 500,1500

5. 抽采管路管径必须统一,变径时必须设异径变头或过度接,管径选取应按最大抽采混量分段计算,并与抽采泵能力相匹配,其富余系数不小于( )倍。
   A. 1.3　　　　B. 1.5　　　　C. 1.2　　　　D. 2

6. 抽采管路通过的巷道曲线段少、距离短,管路安装应平直,转弯时角度不应大于( )。
   A. 30°　　　　B. 40°　　　　C. 50°　　　　D. 60°

### 二、多选题

1. 瓦斯抽采安全方面的"三防装置"是( )。
   A. 防粉尘　　　B. 防回火装置　　C. 防回气装置　　D. 防爆炸装置

2. 提高抽采效率要求( )。
   A. 大钻孔　　　B. 多钻孔　　　C. 严封闭　　　D. 综合抽

3. 瓦斯抽采管路敷设遵循的原则( )。
   A. 平　　　　　B. 直　　　　　C. 缓　　　　　D. 高

4. 衡量瓦斯抽采难易程度的指标是:( )。
   A. 煤层的透气性系数 $\lambda$　　　　B. 煤层的硬度
   C. 煤层的化学性质　　　　　　　D. 钻孔瓦斯流量衰减系数 $\alpha$

### 三、判断题

1. 钻场布置应受采动影响,并应避开地质构造带,同时应便于维护、利于封孔、保证抽采效果。( )

2. 瓦斯抽采管路敷设遵循的三原则是平、直、缓。( )

3. 突出矿井必须建立满足防突工作要求的地面永久瓦斯抽采系统。( )

4. 瓦斯抽放的目的是：预防瓦斯超限，确保矿井安全生产，开发利用瓦斯资源，变害为利。（    ）
5. 对于瓦斯涌出量大的煤层或采空区，在采用通风方法处理瓦斯不合理时，应采取瓦斯抽放措施。（    ）
6. 抽放钻孔直径越大，其抽放有效半径越大。（    ）
7. 煤层透气性系数越小，抽放瓦斯越容易。（    ）
8. 井下临时抽放瓦斯泵站可以安设在回风巷道内。（    ）
9. 干式抽放瓦斯泵吸气侧管路系统中，必须装设有防回火防回气和防爆炸作用的安全装置，并不定期检查，保持性能良好。（    ）
10. 钻孔封孔越严密，越有利于提高抽放效果。（    ）
11. 预抽煤层瓦斯可以降低和消除突出危险。（    ）
12. 井下瓦斯泵站排放瓦斯管路出口栅栏设置的位置是上风侧距管路出口 5 m、下风侧距管路出口 30 m，两栅栏间禁止任何作业。（    ）
13. 抽放正、负压管路都应安设自动放水器。（    ）
14. 金属材质的瓦斯管路应进行防腐处理。（    ）
15. 抽放计量器具必须符合国家相关标准。（    ）
16. 抽放瓦斯是防止瓦斯事故的治本措施。（    ）
17. 抽放管路系统巡检是抽放瓦斯管理工作的重要内容。（    ）

## 四、简答题

1. 什么是矿井瓦斯抽采？有何意义？
2. 如何判别煤层是否需进行瓦斯抽采？
3. 如何对煤层瓦斯抽采难易程度进行分类？
4. 煤层瓦斯抽采的方法有哪些？如何分类？
5. 矿井瓦斯抽采系统包括哪些设备？
6. 地面瓦斯抽采泵站设计时有哪些要求？
7. 井下瓦斯抽采泵站设计时有哪些要求？
8. 瓦斯抽采泵站安全防护装置有哪些？
9. 如何对矿井瓦斯抽采泵进行设计选择？
10. 如何对矿井瓦斯抽采管路进行设计选择？
11. "瓦斯抽采钻孔越深越好，越密越好"，对不对？为什么？
12. 抽采负压是不是越大越好？为什么？
13. 从抽采钻孔流量、负压、浓度三者关系上怎样判断钻孔塌孔、漏气、抽浅部有效、抽深部有效？
14. 煤层顺层钻孔或穿岩钻孔抽采能否与高位、上隅角、老塘抽采使用同一趟抽采管道？为什么？

## 参 考 文 献

[1] 俞启香. 矿井瓦斯防治 [M]. 徐州：中国矿业大学出版社，1992.
[2] 卢义玉，王克全，李晓红. 矿井通风与安全 [M]. 重庆：重庆大学出版社，2006.
[3] 付建华. 煤矿瓦斯灾害防治理论研究与工程实践 [M]. 徐州：中国矿业大学出版社，2005.
[4] 许江. 煤与瓦斯突出潜在危险区预测的研究 [M]. 重庆：重庆大学出版社，2004.
[5] 林伯泉. 矿井瓦斯防治理论与技术 [M]. 徐州：中国矿业大学出版社，2010.
[6] 马丕梁. 煤矿瓦斯灾害防治技术手册 [M]. 北京：化学工业出版社，2007.
[7] 张国枢. 通风安全学 [M]. 徐州：中国矿业大学出版社，2011.
[8] 金连生. 全国煤矿安全技术培训通用教材 [M]. 北京：煤炭工业出版社，2003.
[9] 张铁蜀. 矿井瓦斯综合治理技术 [M]. 北京：煤炭工业出版社，2001.
[10]《煤矿安全规程》(2016年版) [S]. 北京：煤炭工业出版社，2016.
[11]《防治煤与瓦斯突出细则》(2019年版) [S]. 北京：煤炭工业出版社，2019.